Korrosionstabellen nichtmetallischer Werkstoffe

geordnet nach angreifenden Stoffen

Von

Dr. techn. Franz Ritter

Leoben-Linz

Springer-Verlag
Geschättsbiblithek

Wien
Springer-Verlag
1956

ISBN-13: 978-3-7091-8037-2   e-ISBN-13: 978-3-7091-8036-5
DOI: 10.1007/ 978-3-7091-8036-5

Vorwort.

Technische und wirtschaftliche Überlegungen lassen oft die Verwendung von nichtmetallischen Werkstoffen in der chemischen Technik wünschenswert erscheinen. Dem planenden Ingenieur bereitet es aber meist große Schwierigkeiten, Angaben über das Verhalten verschiedener in Betracht kommender Werkstoffe zusammenzustellen.

Es wurde deshalb schon häufig der Wunsch geäußert, das Korrosionsverhalten nichtmetallischer Werkstoffe in ähnlicher Weise behandelt zu sehen, wie es in den Korrosionstabellen metallischer Werkstoffe geschah.

In jahrelanger Arbeit hat der Verfasser aus dem Schrifttum der verschiedenen Länder die Angaben über das Korrosionsverhalten nichtmetallischer Werkstoffe zusammengetragen und immer wieder daraufhin gesichtet, daß nur möglichst verläßliche Angaben in diesem Buche dem Benützer vorgelegt werden. Zahlenmäßige Angaben können nur in einzelnen Fällen gemacht werden, meist fehlen diese aus dem Grunde, weil die zahlenmäßige Erfassung der Abtragung keinen Wert hat, da die Änderung der Gebrauchseigenschaften wie die Verminderung der Zugfestigkeit oder der Härte etwa durch Quellung schon lange vor einer merklichen Abtragung den Werkstoff unbrauchbar gemacht hat. Wohl gibt es Vorschläge für Bewertungsmaßstäbe, die diese verschiedenen Umstände berücksichtigen, doch konnte noch keine derartige Bewertungsskala zur allgemeinen Annahme gelangen.

Es mußten daher die Korrosionsangaben durch die Begriffe „beständig", „bedingt beständig" und „unbeständig" vermittelt werden, was sicher keine in jeder Beziehung befriedigende Lösung darstellt, aber den Vorteil leichter Verständlichkeit und allgemeiner Anwendbarkeit bietet.

Wenn das vorliegende Buch nunmehr den Freunden der Korrosionstabellen zur Benützung übergeben wird, so geschieht dies mit der aufrichtigen Bitte, Untersuchungsergebnisse und Erfahrungen, die das Korrosionsverhalten nichtmetallischer Werkstoffe betreffen, für die Bearbeitung einer späteren Auflage zur Verfügung zu stellen.

Der Verfasser wird alle diese Mitteilungen sorgfältig sammeln und unter Hinweis auf die Stelle, der er die Mitteilung verdankte, in der nächsten Auflage der Allgemeinheit vorlegen, damit auch die Korrosionstabellen nichtmetallischer Werkstoffe immer mehr ein verläßlicher Ratgeber für Forschung und Betrieb werden.

Herrn Dr. Fried. Maschek danke ich für seine Hilfe bei der Zusammenstellung der Korrosionsangaben, dem Verlag Springer in Wien sage ich herzlichen Dank für das bereitwillige Eingehen auf vielfache Ausstattungswünsche.

Leoben-Linz, im März 1956.

Franz Ritter.

Inhaltsverzeichnis.

Anleitung zur Benützung der Tabellen.

Die angreifenden Stoffe sind in alphabetischer Reihenfolge angeordnet. In vielen Fällen sind die chemische Formel, der Schmelzpunkt (FP) und der Siedepunkt (SP) angegeben. Die erste Spalte trägt die Bezeichnung

W. V. Nr.

Hier sind die Nummern des Werkstoffverzeichnisses eingetragen. Im Werkstoffverzeichnis findet man die Werkstoffe nach Gattungen, wie z. B. „SiO_2-haltige Stoffe" und Gruppen, wie z. B. „21 Glas" zusammengefaßt. Die in der betreffenden Zeile gemachten Angaben gelten für die ganze Gruppe, wenn hinter der Beständigkeitsangabe keine weitere Werkstoffnummer angeführt ist. Ist aber anschließend an die Beständigkeitsangabe noch eine Werkstoff-Nummer angegeben, wie etwa „beständig 20° : 511" so bedeutet dies, daß der Werkstoff 511 — also Polyäthylen — bei 20° gegenüber dem angreifenden Stoff als beständig angesehen werden kann. Obgleich das Korrosionsverhalten eines Werkstoffes vielfach Hinweise auf das Verhalten verwandter Werkstoffe zu geben vermag, muß jedoch besonders bei den auf Kunststoffbasis aufgebauten Werkstoffen zur Vorsicht bei Rückschlüssen geraten werden.

In der Spalte

Werkstoff

werden die Namen der einzelnen Werkstoffgruppen angeführt.

Zusammensetzung des angreifenden Stoffes.

In allen Fällen, in denen es sich um eine wäßrige Lösung handelt, wurde dies durch das Zeichen Lg. oder durch g/l zum Ausdruck gebracht. Die Bezeichnung r e i n bedeutet den normalen für technische Zwecke hinreichenden Reinheitsgrad. W a s s e r f r e i gibt an, daß auch Spuren von Feuchtigkeit nicht vorhanden sein dürfen. H a n d e l s w a r e gibt an, daß der angreifende Stoff in handelsüblicher Reinheit und Konzentration vorliegt.

Da zahlenmäßige Angaben bei nichtmetallischen Werkstoffen meist nicht vorliegen, oder überhaupt nicht gemacht werden können, wurde das Korrosionsverhalten durch die Angaben

beständig, bedingt beständig, unbeständig

ausgedrückt. Ein Werkstoff ist dann *beständig*, wenn er durch den angreifenden Stoff in seinen Gebrauchseigenschaften nur so wenig verändert wird, daß er längere Zeit einwandfrei verwendbar bleibt. Mit *bedingt beständig* soll zum Ausdruck gebracht werden, daß der Werkstoff nur mit gewissen Einschränkungen hinsichtlich der Temperatur, der Konzentration des angreifenden Stoffes und der Zeitdauer der Einwirkung Verwendung finden kann. *Unbeständig* ist ein in den meisten Fällen unbrauchbarer Werkstoff.

Die Angabe einer verhältnismäßig niedrigen Temperatur schließt eine Verwendung des Werkstoffes bei höherer Temperatur nicht unbedingt aus, sie bedeutet, daß die Beständigkeitsprüfung eben bei dieser Temperatur durchgeführt wurde. Zu beachten ist auch, daß oft geringe Beimengungen anderer Stoffe das Korrosionsverhalten sehr stark beeinflussen können.

Ritter, Nichtmetallische Werkstoffe.

Nachstehend sind die Beständigkeitsangaben dieses Buches den entsprechenden Beständigkeitsangaben, wie sie im Schrifttum zu finden sind gegenübergestellt.

beständig	excellent	satisfactory	A
bedingt beständig	good	slight attack	B
	fairly	attacked (questionable life)	C
unbeständig	poor	unsatisfactory (failed)	D

Werkstoffverzeichnis.

53 Polyvinyläther

54 Polyvinylester und dessen
Derivate

55 Polyacryl- und
Polymethacrylverbindungen

56 Aldehyd- und Ketonharze

6 Zellulose und Natürliche Faserstoffe
61 Zellulose, Baumwolle
62 Nicht abgewandelter Zellstoff

63 Zelluloseester

64 Zelluloseäther

524 Polyfluoräthylen
525 Polychlorofluorocarbone
  5251 Polychlortrifluoräthylen
531 Polyvinylmethyläther
532 Polyvinyläthyläther
533 Polyvinylisobutyläther
541 Polyvinylacetat
542 Polyvinylalkohol
543 Polyvinylformal
544 Polyvinylacetal
545 Polyvinylbutyral
551 Polyacrylnitril und Mischpolymerisate
552 Polyacrylester
553 Polymethacrylester
554 Polyacryl- und Polymethacrylesterhaltige
Mischpolymerisate

621 Pergamentierter Zellstoff (Vulkanfiber)
622 Umgefällter Zellstoff (Reyon, Zellglas)
631 Zellulosenitrat
632 Sekundäres Zelluloseacetat
633 Zellulosetriacetat
634 Zelluloseacetobutyrat
635 Zellulosepropionat
641 Methylzellulose
642 Äthylzellulose
643 Hydroxylierte Methyl- oder
Äthylzellulose
644 Carboxylierte Methyl- oder
Äthylzellulose
645 Benzylzellulose

65 Schafwolle
66 Naturseide
Asbestgewebe, Glasseide und andere Faserstoffe finden sich in den zugehörigen Werkstoffgruppen

7 Verschiedene organische Stoffe
71 Naturharze
72 Wenig abgewandelte Naturharze
73 Petroleumharze
74 Paraffin
75 Chlorierte Paraffine
76 Chlornaphthalin
77 Bitumenhaltige und asphalthaltige
Stoffe

8 Holz
81 Fichte
82 Eiche
83 Oregon-Kiefer
84 Yellow-Kiefer
85 Tanne (Rottanne)
86 Rotholz, Kaliforniaholz
87 Ahorn
88 Zypresse
89 Buche (Rotbuche)

9 Säurefeste Kitte
91 Silikatzemente
92 Säurekitte mit Wasserglas

921 mit Natronwasserglas
922 mit Kaliwasserglas
923 für die Zellstoffindustrie

93 Säurekitte mit Kunstharz

94 Säurekitte mit Bitumen
95 Säurekitte mit Asbest und
    Phenolharzen
96 Phenolzemente (C-haltig)
97 Schwefelzemente (C-haltig)
98 Furanzemente (C-haltig)

931 Type N
932 Type A
933 Type F
934 Type CN

Korrosionstabellen,
nach angreifenden Stoffen alphabetisch geordnet.

W.V. Nr.	Werkstoff	Zusammensetzung des angreifenden Stoffes	Verhalten gegen den angreifenden Stoff
Abgase.			
1	Kohlenstoff	Verbrennungsgase $(CO_2, SO_2, H_2O, N_2, O_2)$	*beständig 400°*
21	Glas	Verbrennungsgase $(CO_2, SO_2, H_2O, N_2, O_2)$	*beständig*
22	Quarz	Verbrennungsgase $(CO_2, SO_2, H_2O, N_2, O_2)$	*beständig bei hoher Temp.*
23	Natursteine	Verbrennungsgase $(CO_2, SO_2, H_2O, N_2, O_2)$	*beständig*
24	Zementhaltige Baustoffe	Verbrennungsgase $(CO_2, SO_2, H_2O, N_2, O_2)$	*beständig* (Zement : Kies = 1 : 3)
25	Keramische Auskleidungen	Verbrennungsgase $(CO_2, SO_2, H_2O, N_2, O_2)$ auch $PbBr_2$-Dampf	*beständig*
26	Steinzeug	Verbrennungsgase $(CO_2, SO_2, H_2O, N_2, O_2)$	*beständig*
27	Porzellan	Verbrennungsgase $(CO_2, SO_2, H_2O, N_2, O_2)$	*beständig*
29	Email	Verbrennungsgase $(CO_2, SO_2, H_2O, N_2, O_2)$	*beständig*
51	Polymere Kohlenwasserstoffe	$+$ Spur H_2F_2	*beständig 60°:* 512; *beständig 100°:* 512 (gefüllt); *unbeständig 100°:* 512 (ungefüllt)
		$+$ CO_2	*beständig 80°:* 512; *beständig 100°:* 512 (gefüllt); *bedingt beständig 100°:* 512 (ungefüllt)
		$+$ Nitrosespuren	*beständig 60°:* 512; *bedingt beständig 80°:* 512
		$+$ Nitrose höherer Konz.	*unbeständig 60°:* 512
		$+$ SO_3 geringe Konz.	*bedingt beständig 20°:* 512
		$+$ SO_3 höhere Konz.	*unbeständig 20°:* 512
		$+$ HCl	*beständig 80°:* 511, 512; *beständig 100°:* 512 (gefüllt); *bedingt beständig 100°:* 512 (ungefüllt)
		$+$ H_2SO_4 feucht	*beständig 60°:* 511, 512; *bedingt beständig 80°:* 512
		$+$ 2% H_2SO_4	*unbeständig 120°:* 512
		$+$ SO_2 geringe Konz.	*beständig 60°:* 511; *beständig 80°:* 512; *beständig 100°:* 512 (gefüllt);

W. V. Nr.	Werkstoff	Zusammensetzung des angreifenden Stoffes	Verhalten gegen den angreifenden Stoff
52	Polymere halogenierte Kohlenwasserstoffe		*bedingt beständig 100°: 512 (ungefüllt)*
		+ 50% SO_2	*beständig 50°: 512 (gefüllt)*
		+ Spur H_2F_2	*beständig 60°: 521; bedingt beständig 60°: 521w; unbeständig 100°: 521*
		+ CO_2	*beständig 60°: 521; unbeständig 80°: 521*
		+ Nitrosespuren	*beständig 60°: 521; bedingt beständig 60°: 521w*
		+ Nitrose höherer Konz.	*unbeständig 60°: 521*
		+ SO_3 geringe Konz.	*beständig 20°: 521*
		+ SO_3 höhere Konz.	*bedingt beständig 20°: 521*
		+ HCl	*beständig 60°: 521; bedingt beständig 60°: 521w; unbeständig 80°: 521*
		+ H_2SO_4 feucht	*beständig 60°: 521; bedingt beständig 60°: 521w; unbeständig 80°: 521*
		+ SO_2 geringe Konz.	*beständig 60°: 521; bedingt beständig 60°: 521w; unbeständig 80°: 521*
		+ 50% SO_2	*bedingt beständig 50°: 521*
8	Holz		*beständig bei niedr. Temp.*

Abwasser.

W. V. Nr.	Werkstoff	Zusammensetzung des angreifenden Stoffes	Verhalten gegen den angreifenden Stoff
47	Polyurethane		*beständig 60°*
51	Polymere Kohlenwasserstoffe		*beständig 60°: 511, 512*
52	Polymere halogenierte Kohlenwasserstoffe	jede Art, auch stark sauer, ohne organ. Lösungsmittel	*beständig 20°: 521w; beständig 40°: 521; bedingt beständig 40°: 521w*
		mit Spuren von Phenol oder Butanol	*beständig 20°: 521*
		Gaswasser	*beständig 20°: 521*
55	Polyacryl- und Polymethacrylverbindungen	ohne organische Lösungsmittel	*beständig: 553*

Acetaldehyd. CH_3CHO. *SP 20,2°*

W. V. Nr.	Werkstoff	Zusammensetzung des angreifenden Stoffes	Verhalten gegen den angreifenden Stoff
1	Kohlenstoff	Handelsware	*beständig*
21	Glas	Handelsware	*beständig*
22	Quarz	Handelsware	*beständig*
23	Natursteine	Handelsware	*beständig*
24	Zementhaltige Baustoffe	Handelsware	*unbeständig*
25	Keramische Auskleidungen	Herstellung	*beständig: 251*
26	Steinzeug	Handelsware	*beständig*
27	Porzellan	Handelsware	*beständig*
29	Email	Herstellung	*beständig*
31	Weichgummi	50%	*beständig*
32	Hartgummi	50%	*beständig*
33	Butadienpolymerisate	Handelsware	*unbeständig*

W. V. Nr.	Werkstoff	Zusammensetzung des angreifenden Stoffes	Verhalten gegen den angreifenden Stoff
36	Chloroprenpolymerisate	Handelsware	*bedingt beständig 30°*
41	Phenolharze	Handelsware	*beständig:* 411
43	Furanharze	Handelsware	*beständig:* 431
51	Polymere Kohlenwasserstoffe	Handelsware	*beständig 20°:* 512 (gefüllt); *bedingt beständig 20°:* 511, 512 (ungefüllt)
		40% Lg.	*beständig 20°:* 512; *bedingt beständig 80°:* 512 (ungefüllt); *unbeständig 80°:* 512 (gefüllt)
		40% Lg.	*beständig 40°:* 511
52	Polymere halogenierte Kohlenwasserstoffe	4% Lg.	*beständig:* 521
		40% Lg. wäßrig	*beständig 40°:* 521; *unbeständig 20°:* 521w, 523; *unbeständig 40°:* 522; *unbeständig 80°:* 521
		90% Lg. mit 10% CH_3COOH	*unbeständig 20°:* 522
		Handelsware	*bedingt beständig:* 523
55	Polyacryl- und Polymethacrylverbindungen	Handelsware	*unbeständig*
77	Bitumenhaltige und asphalthaltige Stoffe	Handelsware	*unbeständig*
8	Holz	Handelsware (verdünnt)	*beständig*
91	Silikatzemente	Handelsware	*beständig 20°*
92	Säurekitte mit Wasserglas	Handelsware	*beständig:* 922
93	Säurekitte mit Kunstharz	Handelsware	*beständig:* 931, 932, 933, 934
96	Phenolzemente	Handelsware	*beständig 20°*
97	Schwefelzemente	50% Lg.	*beständig 20°*
		Handelsware	*bedingt beständig 20°*
98	Furanzemente	Handelsware	*beständig 20°*

Acetanilid. $C_6H_5NHCOCH_3$. *FP 114°*

1	Kohlenstoff	Handelsware	*beständig*
21	Glas	Handelsware	*beständig*
22	Quarz	Handelsware	*beständig*
23	Natursteine	Handelsware	*beständig*
25	Keramische Auskleidungen	Handelsware	*beständig:* 251, 252
26	Steinzeug	Handelsware	*beständig*
27	Porzellan	Handelsware	*beständig*
29	Email	Handelsware	*beständig*

Acetessigester. $CH_3COCH_2COOC_2H_5$. *SP ca. 180°*

21	Glas	Destillation	*beständig* (Bildung von Enolform begünstigt)
22	Quarz	Destillation	*beständig* (Bildung von Ketoform begünstigt)

W. V. Nr.	Werkstoff	Zusammensetzung des angreifenden Stoffes	Verhalten gegen den angreifenden Stoff
23	Natursteine Zementhaltige Baustoffe	Handelsware	*beständig*
25	Keramische Auskleidungen	Handelsware	*beständig:* 251
26	Steinzeug	Handelsware	*beständig*
27	Porzellan	Handelsware	*beständig*
29	Email	Handelsware	*beständig*
41	Phenolharze	Handelsware	*beständig:* 411
42	Carbamidharze	Handelsware	*beständig:* 421, 423
46	Polyamide	Handelsware	*beständig*
51	Polymere Kohlenwasserstoffe	Handelsware	*beständig 20°:* 511, 512
52	Polymere halogenierte Kohlenwasserstoffe	Handelsware	*unbeständig 20°:* 521, 521w

Aceton. $H_3C \cdot CO \cdot CH_3$. *SP 56,3°*

W. V. Nr.	Werkstoff	Zusammensetzung des angreifenden Stoffes	Verhalten gegen den angreifenden Stoff
1	Kohlenstoff	rein, wäßrig, sauer	*beständig, SP:* 14
21	Glas	rein, sauer	*beständig bei Siedetemp.*
22	Quarz	rein, sauer	*beständig bei Siedetemp.*
23	Natursteine	rein	*beständig*
25	Zementhaltige Baustoffe	säurefrei	*beständig, nur geringer Angriff*
25	Keramische Auskleidungen	rein, sauer	*beständig*
26	Steinzeug	rein, sauer	*beständig bei Siedetemp.*
27	Porzellan	rein, sauer	*beständig bei Siedetemp.*
29	Email	rein, sauer	*beständig*
31	Weichgummi	Handelsware	*bedingt beständig*
32	Hartgummi	Handelsware	*unbeständig*
33	Butadienpolymerisate	Handelsware	*unbeständig*
35	Isoprenmischpolymerisate	Handelsware	*beständig 30°:* 351; *bedingt beständig 60°:* 351
36	Chloroprenpolymerisate	Handelsware	*bedingt beständig 30°*
38	Silikongummi	Handelsware	*unbeständig 20°*
41	Phenolharze	Handelsware	*bedingt beständig:* 411
42	Carbamidharze	Handelsware	*beständig:* 421, 423
43	Furanharze	Handelsware	*beständig bei Siedetemp.:* 431
44	Polyesterharze	25% Lg.	*beständig 65°:* 441
		50% Lg.	*beständig 20°:* 441; *bedingt beständig 65°:* 441
		75% Lg.	*unbeständig 20°:* 441
		100%	*unbeständig 20°:* 441
46	Polyamide	Handelsware	*unbeständig* *beständig*
51	Polymere Kohlenwasserstoffe	Handelsware	*bedingt beständig 20°:* 511, 512, 514
52	Polymere halogenierte Kohlenwasserstoffe	wasserhaltig	*unbeständig 20°:* 521, 521w, 522

W. V. Nr.	Werkstoff	Zusammensetzung des angreifenden Stoffes	Verhalten gegen den angreifenden Stoff
		Handelsware	*beständig bei Siedetemp.: 524; bedingt beständig 25°: 5251; unbeständig 20°: 521, 521w, 523*
54	Polyvinylester und Derivate	Handelsware	*unbeständig: 541*
55	Polyacryl- und Polymethacryl-verbindungen	Handelsware	*unbeständig: 552, 553*
62	Nicht abgewandelter Zellstoff	Handelsware	*beständig: 621*
77	Bitumenhaltige und asphalt-haltige Stoffe	Handelsware	*unbeständig*
8	Holz	Handelsware	*beständig*
91	Silikatzemente	Handelsware	*beständig bei Siedetemp.*
92	Säurekitte mit Wasserglas	Handelsware	*beständig: 922*
93	Säurekitte mit Kunstharz	Handelsware	*beständig: 932, 934*
95	Säurekitte mit Asbest und Phenolharz	Handelsware	*unbeständig*
96	Phenolzemente	Handelsware	*beständig 50°*
97	Schwefelzemente	Handelsware	*unbeständig 20°*
98	Furanzemente	Handelsware	*beständig 20°*

Acetophenon. $C_6H_5COCH_3$. *SP 202°*

W. V. Nr.	Werkstoff	Zusammensetzung des angreifenden Stoffes	Verhalten gegen den angreifenden Stoff
1	Kohlenstoff	Handelsware	*beständig 60°*
21	Glas	Handelsware	*beständig*
22	Quarz	Handelsware	*beständig*
23	Natursteine Zementhaltige Baustoffe	Handelsware	*beständig*
25	Keramische Auskleidungen	Feuchte; saure Mischung aus Benzol und Acetophenon (Herstellung)	*beständig: 251*
26	Steinzeug	Feuchte; saure Mischung aus Benzol und Acetophenon (Herstellung)	*beständig*
27	Porzellan	Handelsware	*beständig*
29	Email	Handelsware	*beständig*
36	Chloropren-polymerisate	Handelsware	*unbeständig*
52	Polymere halo-genierte Kohlen-wasserstoffe	Handelsware	*beständig 25°: 5251; bei Siedetemp.: 524*
77	Bitumenhaltige und asphalt-haltige Stoffe	Handelsware	*unbeständig*
8	Holz	Handelsware	*beständig*

W. V. Nr.	Werkstoff	Zusammensetzung des angreifenden Stoffes	Verhalten gegen den angreifenden Stoff
Acetylchlorid. CH$_3$COCl. *SP 50,9*			
21	Glas	Handelsware	*beständig*
22	Quarz	Handelsware	*beständig*
23	Natursteine	Handelsware	*beständig*
24	Zementhaltige Baustoffe	Handelsware	*unbeständig*
25	Keramische Auskleidungen	Handelsware	*beständig*
26	Steinzeug	Handelsware	*beständig*
27	Porzellan	Handelsware	*beständig*
29	Email	Handelsware	*beständig*
36	Chloroprenpolymerisate	Handelsware	*unbeständig*
52	Polymere halogenierte Kohlenwasserstoffe	Handelsware	*bedingt beständig 25°: 5251*
63	Zelluloseester	Handelsware	*unbeständig*
77	Bitumenhaltige und asphalthaltige Stoffe	Handelsware	*unbeständig*
Acetylen. HC≡CH			
1	Kohlenstoff	Gas	*beständig*
21	Glas	Gas	*beständig* (bei Rotglut entsteht etwas C$_6$H$_6$)
22	Quarz	Gas	*beständig 1000°*
23	Natursteine	Gas	*beständig*
24	Zementhaltige Baustoffe	Gas	*beständig*
25	Keramische Auskleidungen	Gas	*beständig*
26	Steinzeug	Gas	*beständig 400°*
27	Porzellan	Gas	*beständig 1000°*
29	Email	Gas	*beständig 450°*
31	Weichgummi	Gas	*unbeständig*
52	Polymere halogenierte Kohlenwasserstoffe	Gas	*bedingt beständig: 521*
77	Bitumenhaltige und asphalthaltige Stoffe	Gas	*beständig*
8	Holz	Gas	*beständig*
92	Säurekitte mit Wasserglas	Gas	*beständig: 922*
93	Säurekitte mit Kunstharz	Gas	*beständig: 931, 932, 933, 934*
Acrolein. H$_2$C=CH · CHO. *SP 52°*			
1	Kohlenstoff	Handelsware	*beständig*
21	Glas	Handelsware	*beständig*
22	Quarz	Handelsware	*beständig*
23	Natursteine	Handelsware	*beständig*
25	Keramische Auskleidungen	Herstellung aus Allyläther	*beständig*

W. V. Nr.	Werkstoff	Zusammensetzung des angreifenden Stoffes	Verhalten gegen den angreifenden Stoff
26	Steinzeug	Handelsware	*beständig*
27	Porzellan	Handelsware	*beständig*
29	Email	Handelsware	*beständig*

Acrylsäureäthylester. $CH_2=CH \cdot COO \cdot C_2H_5$. *SP 98,5*

51	Polymere Kohlenwasserstoffe	Handelsware	*unbeständig 20°*
52	Polymere halogenierte Kohlenwasserstoffe	Handelsware, 100%	*unbeständig 20°*

Adipinsäure. $HOOC-(CH_2)_4-COOH$. *SP 265° (100 mm)*

1	Kohlenstoff	Lg.	*beständig*
21	Glas	Lg.	*beständig*
22	Quarz	Lg.	*beständig*
23	Natursteine	Lg.	*beständig*
24	Zementhaltige Baustoffe	Lg.	*unbeständig*
25	Keramische Auskleidungen	Lg.	*beständig*
26	Steinzeug	Lg.	*beständig*
27	Porzellan	Lg.	*beständig*
29	Email	Lg.	*beständig*
51	Polymere Kohlenwasserstoffe	kalt ges. Lg.	*beständig 20°: 512;* *bedingt beständig 60°: 512*
52	Polymere halogenierte Kohlenwasserstoffe	kalt ges. Lg.	*beständig 20°: 521;* *bedingt beständig 60°: 521*
8	Holz	Handelsware	*beständig*

Äpfelsäure. $HOOC \cdot CHOH \cdot CH_2 \cdot COOH$

1	Kohlenstoff	Handelsware	*beständig*
21	Glas	Handelsware	*beständig*
22	Quarz	Handelsware	*beständig*
23	Natursteine	Handelsware	*beständig*
24	Zementhaltige Baustoffe	Handelsware	*unbeständig*
25	Keramische Auskleidungen	Handelsware	*beständig*
26	Steinzeug	Handelsware	*beständig*
27	Porzellan	Handelsware	*beständig*
29	Email	Handelsware	*beständig*
52	Polymere halogenierte Kohlenwasserstoffe	1% Lg.	*beständig 20°: 251*
77	Bitumenhaltige und asphalthaltige Stoffe	Handelsware	*beständig*
8	Holz	Handelsware	*beständig*

Äther. $C_2H_5 \cdot O \cdot C_2H_5$. *SP 34,6°*

1	Kohlenstoff	Handelsware	*beständig bei Siedetemp.*
21	Glas	Handelsware	*beständig bei Siedetemp.* (Narkoseäther braunes Glas)

W. V. Nr.	Werkstoff	Zusammensetzung des angreifenden Stoffes	Verhalten gegen den angreifenden Stoff
22	Quarz	Handelsware	*beständig bei Siedetemp.*
23	Natursteine	Handelsware	*beständig*
24	Zementhaltige Baustoffe	Handelsware	*beständig, aber undicht*
25	Keramische Auskleidungen	Handelsware	*beständig*
26	Steinzeug	Handelsware	*beständig bei Siedetemp.*
27	Porzellan	Handelsware	*beständig bei Siedetemp.*
29	Email	Handelsware	*beständig*
31	Weichgummi	Handelsware	*unbeständig*
32	Hartgummi	Handelsware	*unbeständig*
33	Butadien-polymerisate	Handelsware	*unbeständig*
36	Chloropren-polymerisate	Handelsware	*bedingt beständig 30°*
41	Phenolharze	Handelsware	*beständig: 411;* *beständig: 411 + Asbest*
42	Carbamidharze	Handelsware	*beständig: 421, 423*
43	Furanharze	Handelsware	*beständig: 431;* *beständig: 43 + Asbest*
44	Polyesterharze	Handelsware	*unbeständig 20°: 441*
46	Polyamide	Handelsware	*beständig*
51	Polymere Kohlen-wasserstoffe	Handelsware	*bedingt beständig 20°: 511, 512;* *unbeständig 20°: 514*
52	Polymere halo-genierte Kohlen-wasserstoffe	Handelsware	*beständig bei Siedetemp.: 524;* *unbeständig 20°: 521, 521w, 522, 523, 5251*
55	Polyacryl- und Polymethacryl-verbindungen	Handelsware	*unbeständig: 552, 553*
77	Bitumenhaltige und asphalthaltige Stoffe	Handelsware	*unbeständig 25°*
8	Holz	Handelsware	*beständig (undicht)*
91	Silikatzemente	Handelsware	*beständig bei Siedetemp.*
92	Säurekitte mit Wasserglas	Handelsware	*beständig: 922*
93	Säurekitte mit Kunstharz	Handelsware	*beständig: 931, 932, 933, 934*
96	Phenolzemente	Handelsware	*beständig 20°*
97	Schwefelzemente	Handelsware	*unbeständig 20°*
98	Furanzemente	Handelsware	*beständig 20°*

Ätherische Öle.

W. V. Nr.	Werkstoff	Zusammensetzung des angreifenden Stoffes	Verhalten gegen den angreifenden Stoff
21	Glas	Handelsware	*beständig bei Siedetemp. (für Versand feinster Öle braunes Glas)*
22	Quarz	Handelsware	*beständig bei Siedetemp.*
23	Natursteine	Handelsware	*beständig*
24	Zementhaltige Baustoffe	Handelsware	*unbeständig*
25	Keramische Auskleidungen	Handelsware	*beständig*

W. V. Nr.	Werkstoff	Zusammensetzung des angreifenden Stoffes	Verhalten gegen den angreifenden Stoff
26	Steinzeug	Handelsware	*beständig* (für Lagerung)
27	Porzellan	Handelsware	*beständig* (für Lagerung)
29	Email	Handelsware	*beständig* (für Lagerung)
51	Polymere Kohlenwasserstoffe	Handelsware	*unbeständig 60°: 512*

Äthylacetat. $CH_3CO \cdot OC_2H_5$. *SP 77,1°*

W. V. Nr.	Werkstoff	Zusammensetzung des angreifenden Stoffes	Verhalten gegen den angreifenden Stoff
1	Kohlenstoff	Handelsware	*beständig bei Siedetemp.*
21	Glas	Handelsware	*beständig 60°: 218*
22	Quarz	Handelsware	*beständig bei Siedetemp.*
23	Natursteine	Handelsware	*beständig*
24	Zementhaltige Baustoffe	Handelsware	*unbeständig*
25	Keramische Auskleidungen	Handelsware	*beständig*
26	Steinzeug	Handelsware	*beständig bei Siedetemp.*
27	Porzellan	Handelsware	*beständig bei Siedetemp.*
29	Email	Handelsware	*beständig*
31	Weichgummi	Handelsware	*unbeständig 25°*
32	Hartgummi	Handelsware	*unbeständig 25°*
36	Chloroprenpolymerisate	Handelsware	*unbeständig*
41	Phenolharze	Handelsware	*beständig: 411*
42	Carbamidharze	Handelsware	*beständig: 421, 423*
43	Furanharze	Handelsware	*beständig bei Siedetemp.: 431*
44	Polyesterharze	Handelsware	*bedingt beständig 20°: 441; unbeständig 65°: 441*
46	Polyamide	Handelsware	*beständig*
51	Polymere Kohlenwasserstoffe	Handelsware	*unbeständig 20°: 511, 514*
52	Polymere halogenierte Kohlenwasserstoffe	Handelsware	*beständig bei Siedetemp.: 524; unbeständig 20°: 521, 522, 523, 5251*
77	Bitumenhaltige und asphalthaltige Stoffe	Handelsware	*unbeständig 25°*
8	Holz	Handelsware	*beständig*
91	Silikatzemente	Handelsware	*beständig 55°*
92	Säurekitte mit Wasserglas	Handelsware	*beständig: 922*
93	Säurekitte mit Kunstharz	Handelsware	*beständig: 932, 934*
96	Phenolzemente	Handelsware	*beständig 60°*
97	Schwefelzemente	Handelsware	*unbeständig 20°*
98	Furanzemente	Handelsware	*beständig 60°*

Äthylamin. $C_2H_5 \cdot NH_2$. *SP 16,6°*

W. V. Nr.	Werkstoff	Zusammensetzung des angreifenden Stoffes	Verhalten gegen den angreifenden Stoff
1	Kohlenstoff	Handelsware	*beständig bei Siedetemp.: 14*
8	Holz		
92	Säurekitte mit Wasserglas	Handelsware	*beständig: 921, 922*
93	Säurekitte mit Kunstharz	Handelsware	*beständig: 932, 934*

W. V. Nr.	Werkstoff	Zusammensetzung des angreifenden Stoffes	Verhalten gegen den angreifenden Stoff
Äthylbutyrat. $CH_3(CH_2)_2COOC_2H_5$. *SP 120°*			
1	Kohlenstoff	Handelsware	*beständig*
21	Glas	Handelsware	*beständig*
22	Quarz	Handelsware	*beständig*
23	Natursteine	Handelsware	*beständig*
25	Keramische Auskleidungen	Handelsware	*beständig*
26	Steinzeug	Handelsware	*beständig*
27	Porzellan	Handelsware	*beständig*
29	Email	Handelsware	*beständig*
51	Polymere Kohlenwasserstoffe	Handelsware	*bedingt beständig 20°: 511; unbeständig 60°: 511*
52	Polymere halogenierte Kohlenwasserstoffe	Handelsware	*unbeständig 25°: 5251*
Äthylchlorid. C_2H_5Cl. *SP 13,1°*			
1	Kohlenstoff	100%	*beständig 150°*
21	Glas	Handelsware	*beständig bei Siedetemp.*
22	Quarz	Handelsware	*beständig bei Siedetemp.*
23	Natursteine	Handelsware	*beständig*
24	Zementhaltige Baustoffe	Handelsware	*unbeständig*
25	Keramische Auskleidungen	Handelsware	*beständig*
26	Steinzeug	Handelsware	*beständig bei Siedetemp.*
27	Porzellan	Handelsware	*beständig (für Rohrleitungen)*
29	Email	Herstellung	*beständig*
31	Weichgummi	100%	*unbeständig 25°*
32	Hartgummi	100%	*unbeständig 25°*
41	Phenolharze	Handelsware	*beständig: 411*
42	Carbamidharze	Handelsware	*beständig: 421, 423*
43	Furanharze	Handelsware	*beständig: 431*
44	Polyesterharze	Handelsware	*beständig 15°: 441*
46	Polyamide	Handelsware	*beständig*
51	Polymere Kohlenwasserstoffe	Handelsware	*unbeständig 20°: 511, 514*
52	Polymere halogenierte Kohlenwasserstoffe	Handelsware	*unbeständig 20°: 521, 523*
55	Polyacryl- und Polymethacrylverbindungen	Handelsware	*unbeständig: 552, 553*
77	Bitumenhaltige und asphalthaltige Stoffe	Handelsware	*unbeständig 25°*
8	Holz	Handelsware	*beständig*
91	Silikatzemente	Handelsware	*beständig bei Siedetemp.*
96	Phenolzemente	Handelsware	*beständig 20°*
97	Schwefelzemente	Handelsware	*unbeständig 20°*
98	Furanzemente	Handelsware	*beständig 60°*

W. V. Nr.	Werkstoff	Zusammensetzung des angreifenden Stoffes	Verhalten gegen den angreifenden Stoff

Äthylenbromid. $CH_2BrCH_2Br.$ *SP 131,6°*

W. V. Nr.	Werkstoff	Zusammensetzung des angreifenden Stoffes	Verhalten gegen den angreifenden Stoff
1	Kohlenstoff	Handelsware	*beständig*
		100%	*beständig 90°: 14*
21	Glas	Handelsware	*beständig*
22	Quarz	Handelsware	*beständig*
23	Natursteine	Handelsware	*beständig*
24	Zementhaltige Baustoffe	Handelsware	*unbeständig*
25	Keramische Auskleidungen	Handelsware	*beständig*
26	Steinzeug	Herstellung	*beständig*
27	Porzellan	Handelsware	*beständig*
29	Email	Handelsware	*beständig*
41	Phenolharze	Handelsware	*beständig 20°: 411*
51	Polymere Kohlenwasserstoffe	Handelsware	*unbeständig: 512*
52	Polymere halogenierte Kohlenwasserstoffe	Handelsware	*unbeständig: 521*
55	Polyacryl- und Polymethacrylverbindungen	Handelsware	*unbeständig: 553*
77	Bitumenhaltige und Asphalthaltige Stoffe	Handelsware	*unbeständig*
8	Holz	Handelsware	*beständig*
95	Säurekitte mit Asbest und Phenolharz	Handelsware	*beständig*

Äthylenchlorhydrin. $CH_2OH—CH_2Cl$

W. V. Nr.	Werkstoff	Zusammensetzung des angreifenden Stoffes	Verhalten gegen den angreifenden Stoff
1	Kohlenstoff	Handelsware	*beständig;*
		8%	*beständig 50°: 14*
21	Glas	Handelsware	*beständig 100°*
22	Quarz	Handelsware	*beständig 100°*
23	Natursteine	Handelsware	*beständig*
25	Keramische Auskleidungen	Herstellung	*beständig: 251*
26	Steinzeug	Handelsware	*beständig 100°*
27	Porzellan	Handelsware	*beständig 100°*
29	Email	Handelsware	*beständig*
41	Phenolharze	Handelsware	*beständig: 411*
43	Furanharze	Handelsware	*beständig: 431*
44	Polyesterharze	25% Lg.	*beständig 95°: 441*
		50% Lg.	*beständig 95°: 441*
		75% Lg.	*beständig 95°: 441*
		100%	*beständig 95°: 441*
51	Polymere Kohlenwasserstoffe	Handelsware	*bedingt beständig 20°: 514; unbeständig 70°: 514*
52	Polymere halogenierte Kohlenwasserstoffe	2% Lg. Handelsware	*beständig 20°: 523 unbeständig: 521, 523*

W. V. Nr.	Werkstoff	Zusammensetzung des angreifenden Stoffes	Verhalten gegen den angreifenden Stoff
77	Bitumenhaltige und asphalthaltige Stoffe	Handelsware	*unbeständig 25°*
91	Silikatzemente	Handelsware	*beständig 120°*
96	Phenolzemente	Handelsware	*beständig 100°*
97	Schwefelzemente	Handelsware	*unbeständig 20°*
98	Furanzemente	Handelsware	*beständig 100°*

Äthylenchlorid. $CH_2Cl \cdot CH_2Cl$. *SP 83,7°*

W. V. Nr.	Werkstoff	Zusammensetzung des angreifenden Stoffes	Verhalten gegen den angreifenden Stoff
1	Kohlenstoff	sauer, feucht	*beständig 84°: 14*
21	Glas	Handelsware	*beständig bei Siedetemp.*
22	Quarz	Handelsware	*beständig bei Siedetemp.*
23	Natursteine	Handelsware	*beständig*
24	Zementhaltige Baustoffe	Handelsware	*unbeständig*
25	Keramische Auskleidungen	Handelsware	*beständig*
26	Steinzeug	Handelsware	*beständig bei Siedetemp.*
27	Porzellan	Handelsware	*beständig bei Siedetemp.*
29	Email	Handelsware	*beständig*
31	Weichgummi	Handelsware	*unbeständig 25°*
32	Hartgummi	Handelsware	*unbeständig 25°*
33	Butadienpolymerisate	Handelsware	*unbeständig 25°*
36	Chloroprenpolymerisate	Handelsware	*unbeständig*
41	Phenolharze	Handelsware	*beständig 20°: 411*
43	Furanharze	Handelsware	*beständig bei Siedetemp.*
44	Polyesterharze	Handelsware	*unbeständig 20°: 441*
51	Polymere Kohlenwasserstoffe	Handelsware	*bedingt beständig 20°: 511; unbeständig 20°: 512, 514; 60°: 511*
52	Polymere halogenierte Kohlenwasserstoffe	Handelsware	*bedingt beständig 25°: 5251, 523; unbeständig 20°: 521*
55	Polyacryl- und Polymethacrylverbindungen	Handelsware	*unbeständig: 552, 553*
77	Bitumenhaltige und asphalthaltige Stoffe	Handelsware	*unbeständig 25°*
8	Holz	Handelsware	*beständig*
91	Silikatzemente	Handelsware	*beständig 70°*
96	Phenolzemente	Handelsware	*beständig 70°*
97	Schwefelzemente	Handelsware	*unbeständig 20°*
98	Furanzemente	Handelsware	*beständig 60°*

Äthylenglykol.

W. V. Nr.	Werkstoff	Zusammensetzung des angreifenden Stoffes	Verhalten gegen den angreifenden Stoff
21	Glas	Handelsware	*beständig 100°*
26	Steinzeug	Handelsware	*beständig 100°*
27	Porzellan	Handelsware	*beständig 100°*
31	Weichgummi	Handelsware	*beständig 70°*

W. V. Nr.	Werkstoff	Zusammensetzung des angreifenden Stoffes	Verhalten gegen den angreifenden Stoff
32	Hartgummi	Handelsware	*beständig 70°*
36	Chloroprenpolymerisate	Handelsware	*beständig 70°*
44	Polyesterharze	25—75% Lg. 100%	*beständig 100°: 441* *beständig 120°: 441*
51	Polymere Kohlenwasserstoffe	Lg. Handelsware	*beständig 70°: 514* *beständig 20°: 511; 70°: 514;*
52	Polymere halogenierte Kohlenwasserstoffe	Handelsware	*beständig 20°: 523*
54	Polyvinylester und Derivate	Handelsware	*unbeständig: 541*
77	Bitumenhaltige und asphalthaltige Stoffe	Handelsware	*beständig 65°*
91	Silikatzemente	Handelsware	*beständig 185°*
96	Phenolzemente	25% Lg. Handelsware	*beständig 100°* *beständig 120°*
97	Schwefelzemente	50% Lg. Handelsware	*beständig 50°;* *bedingt beständig 70°* *unbeständig 50°*
98	Furanzemente	25% Lg. Handelsware	*beständig 100°* *beständig 120°*

Äthylenoxyd. $CH_2\!-\!CH_2$ mit O-Brücke

W. V. Nr.	Werkstoff	Zusammensetzung des angreifenden Stoffes	Verhalten gegen den angreifenden Stoff
1	Kohlenstoff	Handelsware	*beständig*
21	Glas	Handelsware	*beständig*
22	Quarz	Handelsware	*beständig*
23	Natursteine	Handelsware	*beständig*
24	Zementhaltige Baustoffe	Handelsware	*beständig*
25	Keramische Auskleidungen	Handelsware	*beständig*
26	Steinzeug	Handelsware	*beständig*
27	Porzellan	Handelsware	*beständig*
29	Email	Handelsware	*beständig*
51	Polymere Kohlenwasserstoffe	100%, flüssig	*unbeständig —20°: 512*
52	Polymere halogenierte Kohlenwasserstoffe	Handelsware, 100%, flüssig	*unbeständig —20°: 521*

Alaun. $KAl(SO_4)_2$

W. V. Nr.	Werkstoff	Zusammensetzung des angreifenden Stoffes	Verhalten gegen den angreifenden Stoff
1	Kohlenstoff	Lg.	*beständig*
21	Glas	Lg. 10—50% Lg.	*beständig* *beständig 100°: 218*
22	Quarz	Lg.	*beständig*
23	Natursteine	Lg.	*beständig*
24	Zementhaltige Baustoffe	Lg.	*bedingt beständig (dichten mit Alaunlösung)*
25	Keramische Auskleidungen	Lg.	*beständig*
26	Steinzeug	Lg.	*beständig*

W. V. Nr.	Werkstoff	Zusammensetzung des angreifenden Stoffes	Verhalten gegen den angreifenden Stoff
27	Porzellan	Lg.	*beständig*
29	Email	Lg.	*beständig*
31	Weichgummi	Lg.	*beständig*
32	Hartgummi	Lg.	*beständig*
33	Butadien-polymerisate	Lg.	*beständig*
35	Isoprenmisch-polymerisate	25—75% Lg.	*beständig 90°: 351*
36	Chloropren-polymerisate	verd.-konz. Lg.	*beständig 93°*
41	Phenolharze	verd.-konz. Lg. fest	*beständig 100°: 411* *beständig 100°: 411*
43	Furanharze	Lg.	*beständig 120°*
44	Polyesterharze	25% Lg.	*beständig bei Siedetemp.: 441*
51	Polymere Kohlen-wasserstoffe	Lg. festes Salz	*beständig 60°: 511, 512, 514* *beständig 60°: 511, 514*
52	Polymere halo-genierte Kohlen-wasserstoffe	verd.-konz. Lg. fest	*beständig 40°: 522;* *beständig 60°: 521, 521w;* *beständig 100°: 523* *beständig 60°: 521;* *beständig 100°: 523*
55	Polyacryl- und Polymethacryl-verbindungen	Lg.	*beständig: 553*
77	Bitumenhaltige und asphalt-haltige Stoffe	25% Lg.	*beständig 65°*
8	Holz	Lg.	*beständig*
91	Silikatzemente	25% Lg.	*beständig 120°*
96	Phenolzemente	25% Lg. fest	*beständig 100°* *beständig 120°*
97	Schwefelzemente	Lg. und fest	*beständig 80°*
98	Furanzemente	25% Lg. fest	*beständig 100°* *beständig 120°*

Alizarin.

W. V. Nr.	Werkstoff	Zusammensetzung des angreifenden Stoffes	Verhalten gegen den angreifenden Stoff
1	Kohlenstoff	Handelsware	*beständig*
21	Glas	Handelsware	*beständig*
22	Quarz	Handelsware	*beständig*
23	Natursteine	Handelsware	*beständig*
25	Keramische Auskleidungen	Handelsware	*beständig*
26	Steinzeug	Handelsware	*beständig*
27	Porzellan	Handelsware	*beständig*
29	Email	Handelsware	*beständig*
55	Polyacryl- und Polymethacryl-verbindungen	Handelsware	*beständig: 511*
61	Zellulose, Baum-wolle	Handelsware	*beständig*
77	Bitumenhaltige und asphalt-haltige Stoffe	Handelsware	*beständig*
8	Holz	Handelsware	*beständig*

W. V. Nr.	Werkstoff	Zusammensetzung des angreifenden Stoffes	Verhalten gegen den angreifenden Stoff

Alkohol. C_2H_5OH. *SP 78,3°*

W. V. Nr.	Werkstoff	Zusammensetzung des angreifenden Stoffes	Verhalten gegen den angreifenden Stoff
1	Kohlenstoff	100% Handelsware	*beständig bei Siedetemp.: 14; beständig (auch in Gegenwart von Cl_2)*
21	Glas	Handelsware	*beständig bei Siedetemp.*
22	Quarz	Handelsware	*beständig bei Siedetemp.*
23	Natursteine	Handelsware	*beständig*
24	Zementhaltige Baustoffe	Handelsware	*beständig, aber undicht (Anstriche aus Wasserglas 25% empfohlen)*
25	Keramische Auskleidungen	Handelsware	*beständig*
26	Steinzeug	Handelsware	*beständig bei Siedetemp.*
27	Porzellan	Handelsware	*beständig bei Siedetemp.*
29	Email	Handelsware	*beständig bei Siedetemp.*
31	Weichgummi	Handelsware	*beständig 50°*
32	Hartgummi	Handelsware	*unbeständig 50°*
35	Isoprenmischpolymerisate	Handelsware	*beständig 70°: 351*
36	Chloroprenpolymerisate	Handelsware	*beständig 29°*
38	Silikongummi	Handelsware	*bedingt beständig 20°*
41	Phenolharze	10—50% Lg. Handelsware	*beständig 75°: 411 beständig 20°: 411*
42	Carbamidharze	Handelsware	*beständig: 421, 423*
43	Furanharze	Handelsware	*beständig bei Siedetemp.: 431*
44	Polyesterharze	25% Lg. — 100%	*beständig bei Siedetemp.: 441*
46	Polyamide	Handelsware	*beständig*
51	Polymere Kohlenwasserstoffe	40—96% Lg.	*beständig 60°: 512, 514; bedingt beständig 20°: 511; 80°: 512; unbeständig 60°: 511*
52	Polymere halogenierte Kohlenwasserstoffe	10—50% Lg. 40—96% Lg.	*beständig 75°: 523 beständig 40°: 521; bedingt beständig 60°: 521; unbeständig 40°: 521w*
		96% Lg.	*beständig 25°: 523, 5251; beständig 40°: 522*
		96% Lg. + 2% Tolud (vergällt)	*beständig 20°: 521; unbeständig 20°: 521w*
		Gärungsmaische	*beständig 40°: 521; bedingt beständig 60°: 521*
		Essigsäure-Gärungsmaische	*beständig 20°: 521; bedingt beständig 50°: 521w*
54	Polyvinylester und Derivate	Handelsware	*unbeständig: 541*
77	Bitumenhaltige und asphalthaltige Stoffe	Handelsware	*unbeständig;*
8	Holz	Handelsware	*beständig*
91	Silikatzemente	Handelsware	*beständig bei Siedetemp.*
92	Säurekitte mit Wasserglas	Handelsware	*beständig: 921, 922*

W. V. Nr.	Werkstoff	Zusammensetzung des angreifenden Stoffes	Verhalten gegen den angreifenden Stoff
93	Säurekitte mit Kunstharz	Handelsware	*beständig: 932, 934*
95	Säurekitte mit Asbest und Phenolharz	Handelsware	*beständig*
96	Phenolzemente	verd.-konz. Lg.	*beständig bei Siedetemp.*
97	Schwefelzemente	50% Lg.	*beständig 20°;* *bedingt beständig 60°*
		Handelsware	*unbeständig 20°*
98	Furanzemente	Handelsware	*beständig bei Siedetemp.*

Allylalkohol. $CH_2=CH \cdot CH_2OH$. *SP 97,1°*

W. V. Nr.	Werkstoff	Zusammensetzung des angreifenden Stoffes	Verhalten gegen den angreifenden Stoff
1	Kohlenstoff	Handelsware	*beständig*
21	Glas	Handelsware	*beständig bei Siedetemp.*
22	Quarz	Handelsware	*beständig bei Siedetemp.*
23	Natursteine	Handelsware	*beständig 25°: 239*
25	Keramische Auskleidungen	Handelsware	*beständig*
26	Steinzeug	Handelsware	*beständig bei Siedetemp.*
27	Porzellan	Handelsware	*beständig bei Siedetemp.*
29	Email	Handelsware	*beständig*
51	Polymere Kohlenwasserstoffe	Handelsware	*beständig 20°: 512;* *bedingt beständig 20°: 511;* *60°: 512;* *unbeständig 80°: 512*
52	Polymere halogenierte Kohlenwasserstoffe	Handelsware	*bedingt beständig 20°: 521;* *unbeständig 60°: 521*
77	Bitumenhaltige und asphalthaltige Stoffe	Handelsware	*unbeständig*
8	Holz	Handelsware	*beständig*

Allylchlorid. $CH_2=CH \cdot CH_2Cl$. *SP 44,6°*

W. V. Nr.	Werkstoff	Zusammensetzung des angreifenden Stoffes	Verhalten gegen den angreifenden Stoff
1	Kohlenstoff	Handelsware	*bei Siedetemp.: 14*
21	Glas	Handelsware	*bei Siedetemp.*
26	Steinzeug	Handelsware	*bei Siedetemp.*
27	Porzellan	Handelsware	*bei Siedetemp.*
41	Phenolharze	Handelsware	*beständig: 411*
43	Furanharze	Handelsware	*beständig: 431*
51	Polymere Kohlenwasserstoffe	Handelsware	*bedingt beständig 20°: 511*
52	Polymere halogenierte Kohlenwasserstoffe	Handelsware	*beständig 20°: 522, 524;* *bedingt beständig 25°: 5251;* *unbeständig: 521, 523*
55	Polyacryl- und Polymethacrylverbindungen	Handelsware	*unbeständig*
91	Silikatzemente	Handelsware	*beständig 25°*
96	Phenolzemente	Handelsware	*beständig 20°*
97	Schwefelzemente	Handelsware	*unbeständig 20°*
98	Furanzemente	Handelsware	*beständig 20°*

W. V. Nr.	Werkstoff	Zusammensetzung des angreifenden Stoffes	Verhalten gegen den angreifenden Stoff
Aluminium. Al. *FP 658°*			
1	Kohlenstoff	Herstellung, Schmelzen	*beständig*
23	Natursteine	geschmolzen	*beständig:* 239
25	Keramische Auskleidungen	geschmolzen	*unbeständig*
26	Steinzeug	geschmolzen	*unbeständig*
27	Porzellan	geschmolzen	*unbeständig*
Aluminiumacetat. $(CH_3COO)_2AlOH$			
1	Kohlenstoff	Lg. basisch	*beständig*
21	Glas	Lg. basisch	*beständig*
22	Quarz	Lg. basisch	*beständig*
23	Natursteine	Lg. basisch	*beständig 25°:* 239
24	Zementhaltige Baustoffe	Lg. basisch	*unbeständig*
25	Keramische Auskleidungen	Lg. basisch	*beständig*
26	Steinzeug	Lg. basisch	*beständig*
27	Porzellan	Lg. basisch	*beständig*
29	Email	Lg. basisch	*beständig*
41	Phenolharze	Lg.	*beständig:* 411; *beständig:* 411 + Asbest
43	Furanharze	Lg.	*beständig:* 431; *beständig:* 43 + Asbest
51	Polymere Kohlenwasserstoffe	Lg.	*beständig:* 511
52	Polymere halogenierte Kohlenwasserstoffe	Lg.	*beständig:* 521, 523
55	Polyacryl- und Polymethacrylverbindungen	Lg.	*beständig:* 553
61	Zellulose, Baumwolle	Lg. basisch	*beständig*
8	Holz	Lg. basisch	*beständig*
Aluminiumchlorat. $Al(ClO_3)_3$			
1	Kohlenstoff	Lg.	*beständig*
21	Glas	Lg.	*beständig*
22	Quarz	Lg.	*beständig*
23	Natursteine	Lg.	*beständig*
24	Zementhaltige Baustoffe	Lg.	*unbeständig*
25	Keramische Auskleidungen	Lg.	*beständig*
26	Steinzeug	Lg.	*beständig*
27	Porzellan	Lg.	*beständig*
29	Email	Lg.	*beständig*
41	Phenolharze	Lg.	*beständig:* 411; *beständig:* 411 + Asbest
43	Furanharze	Lg.	*beständig:* 431; *beständig:* 43 + Asbest

W. V. Nr.	Werkstoff	Zusammensetzung des angreifenden Stoffes	Verhalten gegen den angreifenden Stoff
51	Polymere Kohlenwasserstoffe	Lg.	*beständig:* 511
52	Polymere halogenierte Kohlenwasserstoffe	Lg.	*beständig:* 521, 523
55	Polyacryl- und Polymethacrylverbindungen	Lg.	*beständig:* 553
8	Holz	Lg.	*beständig*

Aluminiumchlorid. AlCl₃

W. V. Nr.	Werkstoff	Zusammensetzung des angreifenden Stoffes	Verhalten gegen den angreifenden Stoff
1	Kohlenstoff	Herstellung (Ton, HCl)	*beständig bei Siedetemp.:* 14
21	Glas	Lg. 25% Lg.	*beständig* *beständig 100°:* 218
22	Quarz	Lg.	*beständig*
23	Natursteine	Lg.	*beständig*
24	Zementhaltige Baustoffe	Lg.	*unbeständig*
25	Keramische Auskleidungen	Lg.	*beständig*
26	Steinzeug	Lg.	*beständig 100°*
27	Porzellan	Lg.	*beständig 100°*
29	Email	Lg.	*beständig* (auch beim Eindampfen)
31	Weichgummi	10% Lg.	*beständig 70°*
32	Hartgummi	10% Lg.	*beständig 70°*
33	Butadienpolymerisate	Lg.	*beständig*
35	Isoprenmischpolymerisate	25—75% Lg.	*beständig 100°:* 351
36	Chloroprenpolymerisate	25% Lg.	*beständig 65°*
41	Phenolharze	Lg.	*beständig:* 411; *beständig:* 411 + Asbest
43	Furanharze	Lg.	*beständig:* 431; *beständig:* 43 + Asbest
44	Polyesterharze	10% Lg. 25% Lg. in C_2H_5OH	*beständig 65°:* 441 *beständig 65°:* 441
51	Polymere Kohlenwasserstoffe	25% Lg. in C_2H_5OH 50% Lg. kalt ges. Lg. festes Salz	*beständig 70°:* 514 *beständig 70°:* 511 *beständig 60°:* 512; *bedingt beständig 100°:* 512 (gefüllt); *unbeständig 100°:* 512 (ungefüllt) *beständig 60°:* 511
52	Polymere halogenierte Kohlenwasserstoffe	25% Lg. fest	*beständig 40°:* 521, 522; *bedingt beständig 60°:* 521; *unbeständig 80°:* 521 *beständig 40°:* 522; *beständig 60°:* 521, 523
77	Bitumenhaltige und asphalthaltige Stoffe	Lg.	*beständig 65°*
8	Holz	Lg.	*bedingt beständig*

W. V. Nr.	Werkstoff	Zusammensetzung des angreifenden Stoffes	Verhalten gegen den angreifenden Stoff
91	Silikatzemente	Lg. in C_2H_5OH	*beständig 78°*
92	Säurekitte mit Wasserglas	Lg. Handelsware	*beständig: 921*
93	Säurekitte mit Kunstharz	Lg. Handelsware	*beständig: 931, 932, 933, 934*
95	Säurekitte mit Asbest und Phenolharz	Lg.	*beständig*
96	Phenolzemente	25% Lg. in C_2H_5OH	*beständig 80°*
97	Schwefelzemente	25% Lg. in C_2H_5OH	*bedingt beständig 20°; unbeständig 70°*
98	Furanzemente	25% Lg. in C_2H_5OH	*beständig 60°*

Aluminiumfluorid. AlF_3

W. V. Nr.	Werkstoff	Zusammensetzung des angreifenden Stoffes	Verhalten gegen den angreifenden Stoff
1	Kohlenstoff	verd.-konz. Lg.	*beständig 100°: 14*
21	Glas	Lg.	*unbeständig*
22	Quarz	Lg.	*unbeständig*
23	Natursteine	Lg.	*bedingt beständig*
24	Zementhaltige Baustoffe	Lg.	*bedingt beständig*
25	Keramische Auskleidungen	Lg.	*unbeständig*
26	Steinzeug	Lg.	*unbeständig*
27	Porzellan	Lg.	*unbeständig*
29	Email	Lg.	*unbeständig*
31	Weichgummi	Lg. Lg.	*beständig* *unbeständig zum Auskleiden von Reaktionstrommeln*
32	Hartgummi	Lg. Lg.	*beständig* *unbeständig zum Auskleiden von Reaktionstrommeln*
33	Butadien-polymerisate	Lg. Lg.	*beständig* *unbeständig zum Auskleiden von Reaktionstrommeln*
35	Isoprenmisch-polymerisate	5% Lg.	*beständig 60°: 351*
41	Phenolharze	Lg. fest	*beständig 20°: 411; beständig: 411 + Asbest* *beständig 20°: 411*
43	Furanharze	Lg.	*beständig: 431; beständig: 43 + Asbest*
44	Polyesterharze	festes Salz	*unbeständig 20°: 441*
51	Polymere Kohlen-wasserstoffe	festes Salz	*beständig 60°: 511, 514*
52	Polymere halo-genierte Kohlen-wasserstoffe	10% Lg. fest	*beständig 20°: 521, 523* *beständig 20°: 521, 523*
77	Bitumenhaltige und asphalt-haltige Stoffe	Lg.	*beständig*
8	Holz	Lg.	*beständig*
91	Silikatzemente	Lg.	*unbeständig 25°*
95	Säurekitte mit Asbest und Phenolharz	Lg.	*beständig*

W. V. Nr.	Werkstoff	Zusammensetzung des angreifenden Stoffes	Verhalten gegen den angreifenden Stoff
96	Phenolzemente	fest	*beständig 100°*
97	Schwefelzemente	fest	*beständig 90°*
98	Furanzemente	fest	*beständig 120°*

Aluminiumhydroxyd. $Al(OH)_3$

W. V. Nr.	Werkstoff	Zusammensetzung des angreifenden Stoffes	Verhalten gegen den angreifenden Stoff
1	Kohlenstoff	Lg.	*beständig*
21	Glas	Lg.	*beständig*
22	Quarz	Lg.	*beständig*
23	Natursteine	Lg.	*beständig*
24	Zementhaltige Baustoffe	Lg.	*beständig*
25	Keramische Auskleidungen	Lg.	*beständig*
26	Steinzeug	Lg.	*beständig*
27	Porzellan	Lg.	*beständig*
29	Email	Lg.	*beständig*
41	Phenolharze	Lg.	*beständig: 411;* *beständig: 411 + Asbest*
42	Carbamidharze	Lg.	*beständig: 421, 423*
43	Furanharze	Lg.	*beständig: 431;* *beständig: 43 + Asbest*
46	Polyamide	Lg.	*beständig*
51	Polymere Kohlenwasserstoffe	fest	*beständig 70°: 511*
52	Polymere halogenierte Kohlenwasserstoffe	50% Lg. fest	*beständig 70°: 521;* *unbeständig 20°: 523* *beständig 70°: 521;* *bedingt beständig 20°: 523*
77	Bitumenhaltige und asphalthaltige Stoffe	Lg.	*beständig*
8	Holz	Lg.	*beständig*
91	Silikatzemente	Lg.	*beständig 150°*
96	Phenolzemente	fest	*beständig 130°*
97	Schwefelzemente	fest	*beständig 90°*
98	Furanzemente	fest	*beständig 100°*

Aluminiumnitrat. $Al(NO_3)_3 \cdot 9\,H_2O$

W. V. Nr.	Werkstoff	Zusammensetzung des angreifenden Stoffes	Verhalten gegen den angreifenden Stoff
1	Kohlenstoff	Lg.	*beständig*
21	Glas	Lg.	*beständig*
22	Quarz	Lg.	*beständig*
23	Natursteine	Lg.	*beständig*
24	Zementhaltige Baustoffe	Lg.	*unbeständig*
25	Keramische Auskleidungen	Lg.	*beständig*
26	Steinzeug	Lg.	*beständig*
27	Porzellan	Lg.	*beständig*
29	Email	Lg.	*bsständig*
36	Chloroprenpolymerisate	verd.-konz. Lg.	*beständig 93°*
41	Phenolharze	Lg.	*beständig: 411;* *beständig: 411 + Asbest*

W. V. Nr.	Werkstoff	Zusammensetzung des angreifenden Stoffes	Verhalten gegen den angreifenden Stoff
43	Furanharze	Lg.	*beständig:* 431; *beständig:* 43 + Asbest
51	Polymere Kohlenwasserstoffe	Lg.	*beständig:* 511
52	Polymere halogenierte Kohlenwasserstoffe	Lg.	*beständig:* 521, 523

Aluminiumsulfat. $Al_2(SO_4)_3$

W. V. Nr.	Werkstoff	Zusammensetzung des angreifenden Stoffes	Verhalten gegen den angreifenden Stoff
1	Kohlenstoff	Lg.	*beständig*
21	Glas	Lg. 10—50% Lg.	*beständig* *beständig 100°:* 218
22	Quarz	Lg.	*beständig*
23	Natursteine	Lg.	*beständig*
24	Zementhaltige Baustoffe	Lg.	*unbeständig*
25	Keramische Auskleidungen	Herstellung	*beständig*
26	Steinzeug	Lg.	*beständig*
27	Porzellan	Lg.	*beständig*
29	Email	Lg.	*beständig*
31	Weichgummi	Lg.	*beständig*
32	Hartgummi	Lg.	*beständig*
33	Butadienpolymerisate	Lg.	*beständig*
35	Isoprenmischpolymerisate	10—30% Lg.	*beständig 90°:* 351
36	Chloroprenpolymerisate	verd.-konz. Lg.	*beständig 93°*
41	Phenolharze	10% Lg. 20% Lg.	*beständig 75°:* 411; 411 + Asbest *beständig 50°:* 411
43	Furanharze	Lg.	*beständig 120°:* 431; *beständig:* 43 + Asbest
44	Polyesterharze	25% Lg. festes Salz	*beständig 120°:* 441 *beständig 120°:* 441
51	Polymere Kohlenwasserstoffe	bis kalt ges. Lg. festes Salz	*beständig 60°:* 511, 512, 514; 80°: 512 (gefüllt); *bedingt beständig 70°:* 512 (ungefüllt); *100°:* 512 (gefüllt); *unbeständig 100°:* 512 (ungefüllt) *beständig 60°:* 511, 514
52	Polymere halogenierte Kohlenwasserstoffe	verd. Lg. verd.-kalt ges. Lg. fest	*beständig 40°:* 522, 523 *beständig 40°:* 521; *bedingt beständig 60°:* 521; *unbeständig 80°:* 521 *beständig 20°:* 523; *60°:* 521
55	Polyacryl- und Polymethacrylverbindungen	Lg.	*beständig:* 553
77	Bitumenhaltige und asphalthaltige Stoffe	25% Lg.	*beständig 65°*

W. V. Nr.	Werkstoff	Zusammensetzung des angreifenden Stoffes	Verhalten gegen den angreifenden Stoff
8	Holz	Lg.	*bedingt beständig*
91	Silikatzemente	25% Lg. fest	*beständig 125°* *beständig 390°*
92	Säurekitte mit Wasserglas	Lg.	*beständig: 922*
93	Säurekitte mit Kunstharz	Lg.	*beständig: 931, 932, 933, 934*
95	Säurekitte mit Asbest und Phenolharz	Lg.	*beständig*
96	Phenolzemente	30% Lg. fest	*beständig 100°* *beständig 130°*
97	Schwefelzemente	25% und fest	*beständig 100°*
98	Furanzemente	30% Lg. fest	*beständig 100°* *beständig 120°*

Ameisensäure. HCOOH. *SP 100,5°*

W. V. Nr.	Werkstoff	Zusammensetzung des angreifenden Stoffes	Verhalten gegen den angreifenden Stoff
1	Kohlenstoff	konz. Lg.	*beständig, bei Siedetemp.:* 13, 14
21	Glas	Lg.	*beständig (Rohre, Lagerung)*
		verd.-konz. Lg.	*beständig 20°:* 218
22	Quarz	verd.-konz. Lg.	*beständig*
23	Natursteine	verd.-konz. Lg.	*beständig*
24	Zementhaltige Baustoffe	verd.-konz. Lg.	*unbeständig*
25	Keramische Auskleidungen	konz. Lg.	*beständig 100°*
26	Steinzeug	Lg.	*beständig (Lagerung)*
27	Porzellan	Lg.	*beständig (Lagerung)*
29	Email	Lg.	*beständig, aber anfangs geringer Angriff*
31	Weichgummi	verd. Lg. konz. Lg.	*beständig 20°* *unbeständig*
32	Hartgummi	verd. Lg. konz. Lg.	*beständig 20°* *unbeständig*
33	Butadien-polymerisate	Lg.	*unbeständig*
35	Isoprenmisch-polymerisate	25—75% Lg.	*beständig 60°:* 351
36	Chloropren-polymerisate	verd.-konz. Lg.	*beständig 29°*
41	Phenolharze	Lg.	*beständig:* 411; *beständig:* 411 + Asbest
42	Carbamidharze	Lg.	*bedingt beständig:* 421, 423
43	Furanharze	90% Lg.	*beständig bei Siedetemp.:* 431; *beständig:* 43 + Asbest
44	Polyesterharze	25% Lg.	*beständig 20°:* 441; *bedingt beständig 40°:* 441; *unbeständig 65°:* 441
		50% Lg.	*bedingt beständig 20°:* 441; *unbeständig 40°:* 441
		75% Lg.	*unbeständig 20°:* 441
		95% Lg.	*unbeständig 20°:* 441
46	Polyamide	Lg.	*unbeständig*

W. V. Nr.	Werkstoff	Zusammensetzung des angreifenden Stoffes	Verhalten gegen den angreifenden Stoff
47	Polyurethane	konz. Lg.	*unbeständig*
51	Polymere Kohlenwasserstoffe	5% Lg.	*beständig 70°: 514*
		15% Lg.	*bedingt beständig 70°: 514*
		25% Lg.	*bedingt beständig 20°: 514*
		40% Lg.	*beständig 60°: 511, 512*
		50% Lg.	*unbeständig 20°: 514;* *beständig 60°: 512, 511*
		80% Lg.	*beständig 60°: 511, 512*
		90% Lg.	*beständig 60°: 511, 512*
		100%	*beständig 20°: 512* (gefüllt); *bedingt beständig 20°: 512* (ungefüllt); *60°: 512* (gefüllt); *unbeständig 20°: 514; 60°: 512* (ungefüllt)
52	Polymere halogenierte Kohlenwasserstoffe	verd. Lg.	*beständig 25°: 523, 5251; bei Siedetemp.: 524*
		50% Lg.	*beständig 40°: 521; bedingt beständig 40°: 521w; bedingt beständig 60°: 521; unbeständig 40°: 522*
		konz. Lg.	*beständig 20°: 521; unbeständig 20°: 521w; unbeständig 60°: 521,*
55	Polyacryl- und Polymethacrylverbindungen	Lg.	*beständig 100°: 553*
62	Nicht abgewandelter Zellstoff	verd. Lg.	*beständig: 621*
63	Zelluloseester	verd. Lg.	*unbeständig: 631, 632*
65	Schafwolle	Lg.	*beständig*
77	Bitumenhaltige und asphalthaltige Stoffe	10% Lg.	*beständig 20°; bedingt beständig 65°*
		25% Lg.	*bedingt beständig 20°*
		100%	*unbeständig 20°*
8	Holz	Lg.	*bedingt beständig* (verdünnte Säure)
91	Silikatzemente	100% Lg.	*beständig bei Siedetemp.*
92	Säurekitte mit Wasserglas	Lg.	*beständig: 922*
93	Säurekitte mit Kunstharz	Lg.	*beständig: 931, 932, 933, 934*
95	Säurekitte mit Asbest und Phenolharz	40% Lg.	*beständig 20°*
96	Phenolzemente	50—100%	*beständig 100°*
97	Schwefelzemente	50% Lg.	*bedingt beständig 80°*
		65% Lg.	*beständig 20°*
		konz. Lg.	*bedingt beständig 20°; unbeständig 80°*
98	Furanzemente	50% Lg.	*beständig 100°*
		90% Lg.	*beständig 100°*

Ammoniak. NH₃, NH₄OH

W. V. Nr.	Werkstoff	Zusammensetzung des angreifenden Stoffes	Verhalten gegen den angreifenden Stoff
1	Kohlenstoff	Lg.	*beständig bei Siedetemp.: 14*
21	Glas	Lg.	*beständig*
		3% Lg.	*unbeständig 100°: 218*

W. V. Nr.	Werkstoff	Zusammensetzung des angreifenden Stoffes	Verhalten gegen den angreifenden Stoff
22	Quarz	Lg.	*beständig 100°*
23	Natursteine	Lg.	*beständig*
24	Zementhaltige Baustoffe	Lg.	*beständig* (für Behälter bewährt)
25	Keramische Auskleidungen	Lg.	*beständig*
26	Steinzeug	Lg.	*beständig 100°*
27	Porzellan	Lg.	*beständig 100°*
29	Email	Lg.	*beständig*
31	Weichgummi	Lg.	*beständig 25°*
32	Hartgummi	Lg.	*beständig 25°*
33	Butadienpolymerisate	Lg.	*beständig*
35	Isoprenmischpolymerisate	25% Lg. konz. Lg.	*beständig 60°: 351* *bedingt beständig 60°: 351*
36	Chloroprenpolymerisate	ges. Lg.	*beständig 38°*
41	Phenolharze	Lg.	*bedingt beständig: 411*
42	Carbamidharze	verd. Lg.	*beständig: 421, 423*
43	Furanharze	Lg.	*beständig bei Siedetemp.: 431;* *beständig: 43 + Asbest*
44	Polyesterharze	Lg.	*unbeständig 20°: 441*
46	Polyamide	30% Lg.	*beständig*
51	Polymere Kohlenwasserstoffe	30% Lg. 50% Lg. ges. Lg. trockenes Gas flüssig	*beständig 70°: 514* *beständig 70°: 511* *beständig 80°: 512;* *100°: 512 (gefüllt);* *bedingt beständig 100°: 512* *(ungefüllt)* *beständig 60°: 512, 511* *beständig 70°: 511;* *unbeständig 20°: 512, 514*
52	Polymere halogenierte Kohlenwasserstoffe	verd. Lg. 10% Lg. konz. Lg. Gas, wasserfrei NH$_3$ verflüssigt	*beständig 40°: 521, 521w, 522;* *bedingt beständig 60°: 521w;* *unbeständig 20°: 523* *beständig 25°: 5251* *beständig 40°: 521;* *bedingt beständig 60°: 521;* *unbeständig 80°: 521* *beständig 40°: 522;* *beständig 60°: 521;* *bedingt beständig 25°: 5251* *bedingt beständig 20°: 521;* *unbeständig 20°: 521w*
55	Polyacryl- und Polymethacrylverbindungen	Lg. NH$_3$ trocken, feucht, verflüssigt	*beständig: 552* *beständig: 553*
77	Bitumenhaltige und asphalthaltige Stoffe	Lg.	*unbeständig*
8	Holz	Lg. verdünnte kalte, wäßrige Lg. konz. heiße Lg.	*bedingt beständig bis unbeständig* *beständig* *unbeständig*

W. V. Nr.	Werkstoff	Zusammensetzung des angreifenden Stoffes	Verhalten gegen den angreifenden Stoff
91	Silikatzemente	NH_3 flüssig	*unbeständig 25°*
92	Säurekitte mit Wasserglas	Lg.	*beständig:* 921, 922
93	Säurekitte mit Kunstharz	Lg.	*beständig:* 931, 932, 933, 934
95	Säurekitte mit Asbest und Phenolharz	Lg.	*beständig*
96	Phenolzemente	95% Lg.	*unbeständig 20°*
97	Schwefelzemente	Lg.	*unbeständig 20°*
98	Furanzemente	Lg.	*beständig 20°*

Ammoniumazid. NH_4N_3

W. V. Nr.	Werkstoff	Zusammensetzung des angreifenden Stoffes	Verhalten gegen den angreifenden Stoff
1	Kohlenstoff	fest	*beständig*
21	Glas	fest	*beständig*
22	Quarz	fest	*beständig*
26	Steinzeug	fest	*beständig*
27	Porzellan	fest	*beständig*
29	Email	fest	*beständig*

Ammoniumbicarbonat. NH_4HCO_3

W. V. Nr.	Werkstoff	Zusammensetzung des angreifenden Stoffes	Verhalten gegen den angreifenden Stoff
1	Kohlenstoff	Lg.	*beständig*
21	Glas	Lg.	*beständig 100°*
22	Quarz	Lg.	*beständig 100°*
23	Natursteine	Lg.	*beständig*
24	Zementhaltige Baustoffe	Lg.	*beständig*
25	Keramische Auskleidungen	Lg.	*beständig*
26	Steinzeug	Lg.	*beständig 100°*
27	Porzellan	Lg.	*beständig 100°*
29	Email	Lg.	*beständig*
31	Weichgummi	Lg.	*beständig 70°*
32	Hartgummi	Lg.	*beständig 70°*
35	Isoprenmischpolymerisate	25% Lg.	*beständig 100°:* 351
41	Phenolharze	Lg.	*beständig:* 411; *beständig:* 411 + Asbest
43	Furanharze	Lg.	*beständig:* 431; *beständig:* 43 + Asbest
44	Polyesterharze	20% Lg. festes Salz	*beständig 60°:* 441 *beständig 20°:* 441
51	Polymere Kohlenwasserstoffe	10% Lg. festes Salz	*beständig 60°:* 514 *beständig 70°:* 511, 514
52	Polymere halogenierte Kohlenwasserstoffe	25% Lg. konz. Lg. festes Salz	*beständig 70°:* 521, 523 *beständig 40°:* 522 *beständig 70°:* 521, 523
55	Polyacryl- und Polymethacrylverbindungen	Lg.	*beständig*
77	Bitumenhaltige und asphalthaltige Stoffe	Lg.	*beständig 65°*

W. V. Nr.	Werkstoff	Zusammensetzung des angreifenden Stoffes	Verhalten gegen den angreifenden Stoff
8	Holz	Lg.	*beständig*
91	Silikatzemente	20% Lg. fest	*beständig 95°* *beständig 60°*
96	Phenolzemente	15% Lg.	*beständig 30°*
97	Schwefelzemente	10% Lg. und fest	*beständig 20°*
98	Furanzemente	10% Lg.	*beständig 40°*

Ammoniumbifluorid. NH_4HF_2

W. V. Nr.	Werkstoff	Zusammensetzung des angreifenden Stoffes	Verhalten gegen den angreifenden Stoff
1	Kohlenstoff	Lg.	*beständig 170°: 14*
21	Glas	Lg.	*unbeständig*
22	Quarz	Lg.	*unbeständig*
25	Keramische Auskleidungen	Lg.	*unbeständig*
26	Steinzeug	Lg.	*unbeständig*
27	Porzellan	Lg.	*unbeständig*
29	Email	Lg.	*unbeständig*
41	Phenolharze	Lg.	*beständig: 411;* *beständig: 411 + Asbest*
43	Furanharze	Lg.	*beständig: 431;* *beständig: 43 + Asbest*
51	Polymere Kohlenwasserstoffe	Lg.	*beständig: 511*
52	Polymere halogenierte Kohlenwasserstoffe	Lg. verd.-konz. Lg.	*beständig: 521, 523* *beständig 40°: 522*
55	Polyacryl- und Polymethacrylverbindungen	Lg.	*beständig*
77	Bitumenhaltige und asphalthaltige Stoffe	Lg.	*beständig*
8	Holz	Lg.	*beständig*

Ammoniumbromid. NH_4Br

W. V. Nr.	Werkstoff	Zusammensetzung des angreifenden Stoffes	Verhalten gegen den angreifenden Stoff
1	Kohlenstoff	Lg.	*beständig 100°: 14*
21	Glas	Lg.	*beständig 100°*
22	Quarz	Lg.	*beständig 100°*
23	Natursteine	Lg.	*beständig 25°: 239*
24	Zementhaltige Baustoffe		
25	Keramische Auskleidungen		
26	Steinzeug	Lg.	*beständig 100°*
27	Porzellan	Lg.	*beständig 100°*
29	Email	Lg.	*beständig*
31	Weichgummi	verd.-konz. Lg.	*beständig 70°*
32	Hartgummi	verd.-konz. Lg.	*beständig 70°*
41	Phenolharze	Lg.	*beständig: 411;* *beständig: 411 + Asbest*
43	Furanharze	Lg.	*beständig: 431;* *beständig: 43 + Asbest*
51	Polymere Kohlenwasserstoffe	Lg.	*beständig: 511*

W. V. Nr.	Werkstoff	Zusammensetzung des angreifenden Stoffes	Verhalten gegen den angreifenden Stoff
52	Polymere halogenierte Kohlenwasserstoffe	Lg. verd.-konz. Lg.	*beständig:* 521, 523 *beständig 40°:* 522
55	Polyacryl- und Polymethacrylverbindungen	Lg.	*beständig*
8	Holz	Lg.	*beständig*

Ammoniumcarbonat. $(NH_4)_2CO_3$

W. V. Nr.	Werkstoff	Zusammensetzung des angreifenden Stoffes	Verhalten gegen den angreifenden Stoff
1	Kohlenstoff	verd.-konz. Lg.	*beständig 100°:* 14
21	Glas	verd.-konz. Lg.	*beständig 100°*
22	Quarz	verd.-konz. Lg.	*beständig 100°*
23	Natursteine	verd.-konz. Lg.	*beständig 25°:* 239
24	Zementhaltige Baustoffe	verd.-konz. Lg.	*beständig*
25	Keramische Auskleidungen	verd.-konz. Lg.	*beständig*
26	Steinzeug	verd.-konz. Lg.	*beständig 100°*
27	Porzellan	verd.-konz. Lg.	*beständig 100°*
29	Email	verd.-konz. Lg.	*beständig*
31	Weichgummi	verd.-konz. Lg.	*beständig 70°*
32	Hartgummi	verd.-konz. Lg.	*beständig 70°*
35	Isoprenmischpolymerisate	25—50% Lg.	*beständig 90°:* 351
41	Phenolharze	Lg.	*beständig:* 411; *beständig:* 411 + Asbest
43	Furanharze	Lg.	*beständig:* 431; *beständig:* 43 + Asbest
44	Polyesterharze	10% Lg. 50% Lg. festes Salz	*beständig 20°:* 441; *bedingt beständig 70°:* 441 *beständig 20°:* 441; *bedingt beständig 70°:* 441 *beständig 20°:* 441
51	Polymere Kohlenwasserstoffe	25% Lg. fest	*beständig 70°:* 512, 514 *beständig 70°:* 511, 512, 514
52	Polymere halogenierte Kohlenwasserstoffe	25% Lg. konz. Lg. fest	*beständig 70°:* 521, 523 *beständig 40°:* 522 *beständig 70°:* 521
55	Polyacryl- und Polymethacrylverbindungen	Lg.	*beständig*
77	Bitumenhaltige und asphalthaltige Stoffe	Lg.	*beständig 65°*
8	Holz	Lg.	*beständig*
91	Silikatzemente	25% Lg. fest	*beständig:* 95 *beständig 60°*
92	Säurekitte mit Wasserglas	Lg.	*beständig:* 921, 922
93	Säurekitte mit Kunstharz	Lg.	*beständig:* 931, 932, 933, 934
96	Phenolzemente	25% Lg.	*beständig 35°*

W. V. Nr.	Werkstoff	Zusammensetzung des angreifenden Stoffes	Verhalten gegen den angreifenden Stoff
97	Schwefelzemente	10% Lg.	*beständig 20°; bedingt beständig 60°*
		fest	*beständig 20°*
98	Furanzemente	10% Lg.	*beständig 40°*

Ammoniumchlorid. NH$_4$Cl

W. V. Nr.	Werkstoff	Zusammensetzung des angreifenden Stoffes	Verhalten gegen den angreifenden Stoff
1	Kohlenstoff	10—30% Lg.	*beständig 100°: 14*
21	Glas	10—30% Lg.	*beständig 20°; bedingt beständig 100°*
		25—50% Lg.	*beständig 100°: 218*
22	Quarz	25—50% Lg.	*beständig 100°*
23	Natursteine	30% Lg.	*beständig 100°: 239*
24	Zementhaltige Baustoffe	Lg.	*unbeständig*
25	Keramische Auskleidungen	Lg.	*beständig*
26	Steinzeug	30% Lg.	*beständig*
27	Porzellan	30% Lg.	*beständig*
29	Email	Lg.	*beständig 20°; bedingt beständig 100°*
31	Weichgummi	Lg.	*beständig 70°*
32	Hartgummi	Lg.	*beständig 70°*
33	Butadienpolymerisate	Lg.	*beständig*
35	Isoprenmischpolymerisate	10—30% Lg.	*beständig 90°: 351*
36	Chloroprenpolymerisate	verd.-konz. Lg.	*beständig 65°*
41	Phenolharze	Lg.	*beständig 40°: 411; beständig 40°: 411 + Asbest*
43	Furanharze	Lg.	*beständig bei Siedetemp.; 431; beständig: 43 + Asbest*
44	Polyesterharze	10%—40% Lg. festes Salz	*beständig 95°: 441 beständig 20°: 441*
46	Polyamide	10% Lg.	*beständig*
51	Polymere Kohlenwasserstoffe	25% Lg. kalt ges. Lg.	*beständig 70°: 514 beständig 80°: 512; 100°: 512 (gefüllt); bedingt beständig 100°: 512 (ungefüllt)*
52	Polymere halogenierte Kohlenwasserstoffe	verd. Lg. kalt gesättigt	*beständig 40°: 521, 522, 523; bedingt beständig 60°: 521 beständig 40°: 521, 522; unbeständig 80°: 521*
77	Bitumenhaltige und asphalthaltige Stoffe	Lg.	*beständig 65°*
8	Holz	Lg.	*beständig*
91	Silikatzemente	25% Lg. fest	*beständig 110°; beständig 150°*
92	Säurekitte mit Wasserglas	Lg.	*beständig: 921*
93	Säurekitte mit Kunstharz	Lg.	*beständig: 931, 932, 933, 934*

W. V. Nr.	Werkstoff	Zusammensetzung des angreifenden Stoffes	Verhalten gegen den angreifenden Stoff
95	Säurekitte mit Asbest und Phenolharz	Lg.	*beständig*
96	Phenolzemente	25% Lg.	*beständig 95°*
97	Schwefelzemente	Lg. fest	*beständig 80°* *beständig 20°*
98	Furanzemente	25% Lg.	*beständig 100°*

Ammoniumfluorid. NH_4F

W. V. Nr.	Werkstoff	Zusammensetzung des angreifenden Stoffes	Verhalten gegen den angreifenden Stoff
1	Kohlenstoff	10—40% Lg.	*beständig 170°: 14*
21	Glas	Lg. 5% Lg.	*unbeständig 100°* *bedingt beständig 40°: 218;* *unbeständig 60°: 218*
23	Natursteine	5% Lg.	*beständig*
26	Steinzeug	Lg. alkal.	*beständig*
27	Porzellan	Lg. alkal.	*beständig*
29	Email	Lg.	*unbeständig 100°*
31	Weichgummi	10% Lg.	*beständig 25°*
32	Hartgummi	10% Lg.	*beständig 25°*
41	Phenolharze	Lg.	*beständig: 411;* *beständig: 411 + Asbest*
43	Furanharze	Lg.	*beständig: 431;* *beständig: 43 + Asbest*
51	Polymere Kohlenwasserstoffe	20% Lg.	*beständig 80°: 512;* *100°: 512 (gefüllt);* *bedingt beständig 100°: 512 (ungefüllt)*
52	Polymere halogenierte Kohlenwasserstoffe	20% Lg. verd.-konz. Lg.	*beständig 20°: 521;* *bedingt beständig 60°: 521;* *unbeständig 80°: 521* *beständig 40°: 522;* *beständig 100°: 524*
55	Polyacryl- und Polymethacrylverbindungen	Lg.	*beständig*
8	Holz	Lg.	*beständig*

Ammoniumformiat. $HCOONH_4$

W. V. Nr.	Werkstoff	Zusammensetzung des angreifenden Stoffes	Verhalten gegen den angreifenden Stoff
1	Kohlenstoff	Lg.	*beständig*
21	Glas	Lg.	*beständig*
22	Quarz	Lg.	*beständig*
23	Natursteine	Lg.	*beständig*
24	Zementhaltige Baustoffe	Lg.	*unbeständig*
25	Keramische Auskleidungen	Lg.	*beständig*
26	Steinzeug	Lg.	*beständig*
27	Porzellan	Lg.	*beständig*
29	Email	Lg.	*beständig*
41	Phenolharze	Lg.	*beständig: 411;* *beständig: 411 + Asbest*
43	Furanharze	Lg.	*beständig: 431;* *beständig: 43 + Asbest*

W. V. Nr.	Werkstoff	Zusammensetzung des angreifenden Stoffes	Verhalten gegen den angreifenden Stoff
51	Polymere Kohlenwasserstoffe	Lg.	*beständig:* 511
52	Polymere halogenierte Kohlenwasserstoffe	Lg.	*beständig:* 521, 523
		verd.-konz. Lg.	*beständig 40°:* 522
55	Polyacryl- und Polymethacrylverbindungen	Lg.	*beständig*
77	Bitumenhaltige und asphalthaltige Stoffe	Lg.	*beständig*
8	Holz	Lg.	*beständig*

Ammoniumnitrat. NH_4NO_3

W. V. Nr.	Werkstoff	Zusammensetzung des angreifenden Stoffes	Verhalten gegen den angreifenden Stoff
1	Kohlenstoff	verd.-konz. Lg.	*beständig 100°:* 14
21	Glas	verd.-konz. Lg.	*beständig 100°*
22	Quarz	verd.-konz. Lg.	*beständig 100°*
23	Natursteine	Lg.	*beständig 25°:* 239
24	Zementhaltige Baustoffe	Lg.	*unbeständig*
25	Keramische Auskleidungen	Lg.	*beständig*
26	Steinzeug	verd.-konz. Lg.	*beständig 100°*
27	Porzellan	verd.-konz. Lg.	*beständig 100°*
29	Email	Lg.	*beständig*
31	Weichgummi	Lg.	*beständig 25°*
32	Hartgummi	Lg.	*beständig 20°*
33	Butadienpolymerisate	Lg.	*beständig*
35	Isoprenmischpolymerisate	25—75% Lg.	*beständig 75°:* 351
36	Chloroprenpolymerisate	verd.-konz. Lg.	*beständig 93°*
41	Phenolharze	Lg.	*beständig 40°:* 411; 411 + Asbest
43	Furanharze	Lg.	*beständig bei Siedetemp.;* 431; *beständig:* 43 + Asbest
44	Polyesterharze	10—40% Lg.	*beständig 95°:* 441
		festes Salz	*beständig 20°:* 441
51	Polymere Kohlenwasserstoffe	25% Lg.	*beständig 70°:* 514
		kalt ges. Lg.	*beständig 80°:* 512; *100°:* 512 (gefüllt); *bedingt beständig 100°:* 512 (ungefüllt)
		fest	*beständig 70°:* 511, 512, 514
52	Polymere halogenierte Kohlenwasserstoffe	25% Lg.	*beständig 40°:* 521; *bedingt beständig 60°:* 521
		verd.-konz. Lg.	*beständig 40°:* 522, 523
		kalt ges. Lg.	*beständig 60°:* 521; *unbeständig 80°:* 521
55	Polyacryl- und Polymethacrylverbindungen	Lg.	*beständig*

W. V. Nr.	Werkstoff	Zusammensetzung des angreifenden Stoffes	Verhalten gegen den angreifenden Stoff
77	Bitumenhaltige und asphalthaltige Stoffe	25% Lg.	*beständig 65°*
8	Holz	Lg.	*unbeständig* (feuergefährlich)
91	Silikatzemente	25% Lg. fest	*beständig 110°* *beständig 110°*
92	Säurekitte mit Wasserglas	Lg.	*beständig:* 921, 922
93	Säurekitte mit Kunstharz	Lg.	*beständig:* 931, 932, 933, 934
95	Säurekitte mit Asbest und Phenolharz	Lg.	*beständig*
96	Phenolzemente	25%	*beständig 100°*
97	Schwefelzemente	Lg. fest	*beständig 80°* *beständig 20°*
98	Furanzemente	25% Lg.	*beständig 100°*

$$\text{Ammoniumoxalat.} \quad \begin{matrix} COONH_4 \\ | \\ COONH_4 \end{matrix}$$

W. V. Nr.	Werkstoff	Zusammensetzung des angreifenden Stoffes	Verhalten gegen den angreifenden Stoff
1	Kohlenstoff	verd.-konz. Lg.	*beständig 100°:* 14
21	Glas	verd.-konz. Lg.	*beständig 100°*
22	Quarz	verd.-konz. Lg.	*beständig 100°*
23	Natursteine	20% Lg.	*beständig 25°:* 239
24	Zementhaltige Baustoffe	Lg.	*beständig*
26	Steinzeug	verd.-konz. Lg.	*beständig 100°*
27	Porzellan	verd.-konz. Lg.	*beständig 100°*
29	Email	Lg.	*beständig*
41	Phenolharze	Lg.	*beständig:* 411; *beständig:* 411 + Asbest
43	Furanharze	Lg.	*beständig:* 431; *beständig:* 43 + Asbest
51	Polymere Kohlenwasserstoffe	fest	*beständig 70°:* 511
52	Polymere halogenierte Kohlenwasserstoffe	Lg. verd.-konz. Lg.	*beständig:* 521, 523 *beständig 40°:* 522
55	Polyacryl- und Polymethacrylverbindungen	Lg.	*beständig*
61	Zellulose, Baumwolle	Lg.	*beständig*
77	Bitumenhaltige und asphalthaltige Stoffe	Lg.	*beständig*
8	Holz	Lg.	*beständig*

Ammoniumpersulfat. $(NH_4)_2S_2O_8$

W. V. Nr.	Werkstoff	Zusammensetzung des angreifenden Stoffes	Verhalten gegen den angreifenden Stoff
1	Kohlenstoff	Lg. 25% Lg. + 20% H_2SO_4,	*beständig 20°;* *beständig 20°:* 14
21	Glas	verd.-konz. Lg.	*beständig 100°*
22	Quarz	verd.-konz. Lg.	*beständig 100°*

W. V. Nr.	Werkstoff	Zusammensetzung des angreifenden Stoffes	Verhalten gegen den angreifenden Stoff
23	Natursteine	Lg.	*beständig*
25	Keramische Auskleidungen	Lg.	*beständig*
26	Steinzeug	verd.-konz. Lg.	*beständig 100°*
27	Porzellan	verd.-konz. Lg.	*beständig 100°*
29	Email	Lg.	*beständig*
31	Weichgummi	Lg.	*beständig 25°*
32	Hartgummi	Lg.	*beständig 25°*
33	Butadien-polymerisate	Lg.	*beständig 25°*
35	Isoprenmisch-polymerisate	25% Lg.	*beständig 20°: 351*
41	Phenolharze	Lg.	*beständig: 411;* *beständig: 411 + Asbest*
43	Furanharze	Lg.	*beständig: 431;* *beständig: 43 + Asbest*
44	Polyesterharze	10—25% Lg. festes Salz	*beständig 65°: 441* *beständig 20°: 441*
51	Polymere Kohlen-wasserstoffe	25% Lg. fest	*beständig 70°: 514* *beständig 20°: 514*
52	Polymere halo-genierte Kohlen-wasserstoffe	Lg. verd.-konz. Lg.	*beständig 60°: 521, 523* *beständig 40°: 522*
77	Bitumenhaltige und asphalt-haltige Stoffe	25% Lg.	*beständig 65°*
8	Holz	Lg.	*unbeständig (feuergefähr-lich);* *unbeständig*
91	Silikatzemente	25% Lg. fest	*beständig 60°* *beständig 20°*
92	Säurekitte mit Wasserglas	50% Lg.	*beständig: 922*
93	Säurekitte mit Kunstharz	50% Lg.	*beständig: 931, 932, 933, 934*
95	Säurekitte mit Asbest und Phenolharz	Lg.	*beständig*
96	Phenolzemente	25% Lg.	*beständig 65°*
97	Schwefelzemente	25% Lg. fest	*beständig 80°* *beständig 20°*
98	Furanzemente	25% Lg.	*beständig 60°*

Ammoniumphosphat. $(NH_4)_2HPO_4$

W. V. Nr.	Werkstoff	Zusammensetzung des angreifenden Stoffes	Verhalten gegen den angreifenden Stoff
1	Kohlenstoff	$(NH_4)_2HPO_4$, Lg.	*beständig*
21	Glas	$(NH_4)_2HPO_4$, Lg. 5% Lg.	*beständig* *beständig 100°: 218*
22	Quarz	Lg.	*beständig*
23	Natursteine	Lg.	*beständig*
24	Zementhaltige Baustoffe	Lg.	*beständig*
25	Keramische Auskleidungen	Lg.	*beständig*
26	Steinzeug	Lg.	*beständig*

W. V. Nr.	Werkstoff	Zusammensetzung des angreifenden Stoffes	Verhalten gegen den angreifenden Stoff
27	Porzellan	Lg.	*beständig*
29	Email	Lg.	*beständig*
31	Weichgummi	5% Lg.	*beständig 70°*
32	Hartgummi.	5% Lg.	*beständig 70°*
33	Butadien-polymerisate	Lg.	*beständig*
36	Chloropren-polymerisate	verd.-konz. Lg.	*beständig 93°*
41	Phenolharze	Lg. $(NH_4)_2HPO_4$, fest	*beständig: 411;* *beständig: 411 + Asbest* *bedingt beständig 20°: 411*
43	Furanharze	Lg.	*beständig: 431;* *beständig: 43 + Asbest*
51	Polymere Kohlen-wasserstoffe	75% Lg.	*beständig 70°: 511*
52	Polymere halo-genierte Kohlen-wasserstoffe	Lg. verd.-konz. Lg.	*beständig: 521, 523* *beständig 40°: 522*
77	Bitumenhaltige und asphalt-haltige Stoffe	$NH_4H_2PO_4$, Lg., fest	*beständig*
8	Holz	$NH_4H_2PO_4$, Lg., fest	*beständig*
91	Silikatzemente	NH_4PO_3, 25% Lg. fest	*beständig 110°* *beständig 110°*
92	Säurekitte mit Wasserglas	Lg.	*beständig: 922*
93	Säurekitte mit Kunstharz	Lg.	*beständig: 931, 932, 933, 934*
95	Säurekitte mit Asbest und Phenolharz	Lg.	*beständig*
97	Schwefelzemente	NH_4PO_3, 25% Lg. NH_4PO_3, fest	*beständig 100°* *beständig 20°*
98	Furanzemente	NH_4PO_4, 25% Lg.	*beständig 100°*

Ammoniumrhodanid. NH_4CNS

W. V. Nr.	Werkstoff	Zusammensetzung des angreifenden Stoffes	Verhalten gegen den angreifenden Stoff
1	Kohlenstoff	63% Lg.	*beständig bei Siedetemp.: 14*
21	Glas	Lg.	*beständig*
22	Quarz	Lg.	*beständig*
23	Natursteine	Lg.	*beständig*
24	Zementhaltige Baustoffe	Lg.	*beständig*
25	Keramische Auskleidungen	Lg.	*beständig*
26	Steinzeug	Lg.	*beständig*
27	Porzellan	Lg.	*beständig*
29	Email	Lg.	*beständig*
31	Weichgummi	Lg.	*beständig*
32	Hartgummi	Lg.	*beständig*
33	Butadien-polymerisate	Lg.	*beständig*
41	Phenolharze	Lg.	*beständig 40°: 411;* *beständig: 411 + Asbest*

W. V. Nr.	Werkstoff	Zusammensetzung des angreifenden Stoffes	Verhalten gegen den angreifenden Stoff
43	Furanharze	Lg.	*beständig:* 431; *beständig:* 43 + Asbest
51	Polymere Kohlenwasserstoffe	Lg.	*beständig:* 512 (gefüllt) *beständig:* 512 (ungefüllt)
52	Polymere halogenierte Kohlenwasserstoffe	Lg. verd.-konz. Lg.	*beständig:* 521, 523 *beständig 40°:* 522
55	Polyacryl- und Polymethacrylverbindungen	Lg.	*beständig*
8	Holz	Lg.	*beständig*
95	Säurekitte mit Asbest und Phenolharz	Lg.	*beständig*

Ammoniumsulfat. $(NH_4)_2SO_4$

W. V. Nr.	Werkstoff	Zusammensetzung des angreifenden Stoffes	Verhalten gegen den angreifenden Stoff
1	Kohlenstoff	verd.-konz. Lg.	*beständig 100°:* 14
21	Glas	Lg.	*beständig*
		40% Lg.	*beständig 100°:* 218
22	Quarz	verd.-konz. Lg.	*beständig 100°*
23	Natursteine	verd.-konz. Lg.	*beständig 100°:* 329
24	Zementhaltige Baustoffe	Lg.	*unbeständig 25°*
25	Keramische Auskleidungen	Lg.	*beständig*
26	Steinzeug	verd.-konz. Lg.	*beständig 100°*
27	Porzellan	verd.-konz. Lg.	*beständig 100°*
29	Email	Lg.	*beständig*
31	Weichgummi	verd.-konz. Lg.	*beständig 70°*
32	Hartgummi	verd.-konz. Lg.	*beständig 70°*
33	Butadienpolymerisate	Lg.	*beständig*
35	Isoprenmischpolymerisate	25—35% Lg.	*beständig 60°:* 351
36	Chloroprenpolymerisate	verd.-konz. Lg.	*beständig 93°*
41	Phenolharze	Lg.	*beständig 100°:* 411; *beständig:* 411 + Asbest
		fest	*beständig 100°:* 411
43	Furanharze	Lg.	*beständig bei Siedetemp.;* 431; *beständig:* 43 + Asbest
44	Polyesterharze	10—25% Lg.	*beständig 95°:* 441
		festes Salz	*beständig 20°:* 441
51	Polymere Kohlenwasserstoffe	25% Lg.	*beständig 70°:* 514
		kalt ges. Lg.	*beständig 80°:* 512; *100°:* 512 (gefüllt); *bedingt beständig 100°:* 512 (ungefüllt)
		fest	*beständig 70°:* 512, 514
52	Polymere halogenierte Kohlenwasserstoffe	verd. Lg.	*beständig 40°:* 521; *bedingt beständig 60°:* 521
		verd.-konz. Lg.	*beständig 40°:* 522; *beständig 100°:* 523

W. V. Nr.	Werkstoff	Zusammensetzung des angreifenden Stoffes	Verhalten gegen den angreifenden Stoff
		kalt ges. Lg.	*beständig 60°: 521;* *unbeständig 80°: 521*
		fest	*beständig 100°: 523*
55	Polyacryl- und Polymethacryl- verbindungen	Lg.	*beständig*
77	Bitumenhaltige und asphalt- haltige Stoffe	25% Lg.	*beständig 65°*
8	Holz	Lg.	*beständig*
91	Silikatzemente	25% Lg. fest	*beständig 120°* *beständig 110°*
92	Säurekitte mit Wasserglas	Lg.	*beständig: 922*
93	Säurekitte mit Kunstharz	Lg.	*beständig: 931, 932, 933, 934*
95	Säurekitte mit Asbest und Phenolharz	Lg.	*beständig*
96	Phenolzemente	25% Lg.	*beständig 100°*
97	Schwefelzemente	Lg. fest	*beständig 80°* *beständig 20°*
98	Furanzemente	25% Lg.	*beständig 100°*

Ammoniumsulfid. $(NH_4)_2S_x$. x = 1, 2, 3, 5

W. V. Nr.	Werkstoff	Zusammensetzung des angreifenden Stoffes	Verhalten gegen den angreifenden Stoff
1	Kohlenstoff	Lg.	*beständig*
21	Glas	Lg.	*beständig*
22	Quarz	Lg.	*beständig*
23	Natursteine	Lg.	*beständig*
25	Keramische Auskleidungen	Lg.	*beständig*
26	Steinzeug	Lg.	*beständig*
27	Porzellan	Lg.	*beständig*
29	Email	Lg.	*beständig*
31	Weichgummi	10% Lg.	*beständig 70°*
32	Hartgummi	10% Lg.	*beständig 70°*
41	Phenolharze	Lg. fest	*beständig: 411;* *beständig: 411 + Asbest* *beständig 100°: 411*
43	Furanharze	Lg.	*beständig: 431;* *beständig: 43 + Asbest*
51	Polymere Kohlen- wasserstoffe	verd. Lg. kalt ges. Lg.	*beständig 60°: 512;* *bedingt beständig 100°: 512* *beständig 100°: 512*
52	Polymere halo- genierte Kohlen- wasserstoffe	verd. Lg. kalt ges. Lg. fest	*beständig 40°: 521, 522;* *bedingt beständig 60°: 521;* *unbeständig 100°: 521* *beständig 60°: 521;* *unbeständig 100°: 521* *beständig 100°: 523*
55	Polyacryl- und Polymethacryl- verbindungen	Lg.	*beständig*
8	Holz	Lg.	*unbeständig (Quellung)*

W. V. Nr.	Werkstoff	Zusammensetzung des angreifenden Stoffes	Verhalten gegen den angreifenden Stoff
92	Säurekitte mit Wasserglas	Lg.	*beständig:* 922
93	Säurekitte mit Kunstharz	Lg.	*beständig:* 931, 932. 933, 934

Ammoniumsulfit. $(NH_4)_2SO_3$

W. V. Nr.	Werkstoff	Zusammensetzung des angreifenden Stoffes	Verhalten gegen den angreifenden Stoff
1	Kohlenstoff	verd.-konz. Lg.	*beständig 100°:* 14
21	Glas	verd.-konz. Lg.	*beständig 100°*
22	Quarz	verd.-konz. Lg.	*beständig 100°*
23	Natursteine	verd.-konz. Lg.	*beständig 25°:* 239
24	Zementhaltige Baustoffe	Lg.	*unbeständig*
25	Keramische Auskleidungen	Lg.	*beständig*
26	Steinzeug	verd.-konz. Lg.	*beständig 100°*
27	Porzellan	verd.-konz. Lg.	*beständig 100°*
29	Email	Lg.	*beständig*
31	Weichgummi	verd.-konz. Lg.	*beständig 70°*
32	Hartgummi	verd.-konz. Lg.	*beständig 70°*
41	Phenolharze	Lg.	*beständig:* 411; *beständig:* 411 + Asbest
43	Furanharze	Lg.	*beständig:* 431; *beständig:* 43 + Asbest
51	Polymere Kohlenwasserstoffe	Lg.	*beständig:* 511
52	Polymere halogenierte Kohlenwasserstoffe	Lg. verd.-konz. Lg.	*beständig:* 521, 523 *beständig:* 522
55	Polyacryl- und Polymethacrylverbindungen	Lg.	*beständig*
77	Bitumenhaltige und asphalthaltige Stoffe	Lg.	*beständig*

Amylacetat. $(CH_3)_2CH \cdot CH_2 \cdot CH_2OCOCH_3$

W. V. Nr.	Werkstoff	Zusammensetzung des angreifenden Stoffes	Verhalten gegen den angreifenden Stoff
1	Kohlenstoff	Handelsware	*beständig*
21	Glas	Handelsware	*beständig 100°*
22	Quarz	Handelsware	*beständig 100°*
23	Natursteine	Handelsware	*unbeständig 25°:* 239
25	Keramische Auskleidungen	Handelsware	*beständig*
26	Steinzeug	Handelsware	*beständig 100°*
27	Porzellan	Handelsware	*beständig 100°*
29	Email	Handelsware	*beständig*
31	Weichgummi	10—30% Lg.	*beständig 25°*
32	Hartgummi	10—30% Lg.	*beständig 25°*
35	Isoprenmischpolymerisate	Handelsware	*bedingt beständig 40°:* 351
36	Chloroprenpolymerisate	Handelsware	*unbeständig*
41	Phenolharze	Handelsware	*beständig:* 411
43	Furanharze	Handelsware	*beständig:* 431

W. V. Nr.	Werkstoff	Zusammensetzung des angreifenden Stoffes	Verhalten gegen den angreifenden Stoff
44	Polyesterharze	Handelsware	*beständig 20°: 441; bedingt beständig 50°: 441; unbeständig 95°: 441*
51	Polymere Kohlenwasserstoffe	Handelsware	*bedingt beständig 20°: 511; unbeständig 20°: 514*
52	Polymere halogenierte Kohlenwasserstoffe	Handelsware	*bedingt beständig 25°: 5251; unbeständig: 521, 523*
54	Polyvinylester und Derivate	Handelsware	*unbeständig: 541*
55	Polyacryl- und Polymethacrylverbindungen	Handelsware	*unbeständig*
77	Bitumenhaltige und asphalthaltige Stoffe	Handelsware	*unbeständig 20°*
8	Holz	Handelsware	*beständig*
91	Silikatzemente	Handelsware	*beständig 120°*
92	Säurekitte mit Wasserglas	Handelsware	*beständig: 922*
93	Säurekitte mit Kunstharz	Handelsware	*beständig: 934*
96	Phenolzemente	Handelsware	*beständig 50°; bedingt beständig 95°*
97	Schwefelzemente	Handelsware	*unbeständig 20°*
98	Furanzemente	Handelsware	*beständig 110°*

Amylalkohol (iso). $C_5H_{11}OH$. *SP 138°*

W. V. Nr.	Werkstoff	Zusammensetzung des angreifenden Stoffes	Verhalten gegen den angreifenden Stoff
1	Kohlenstoff	Handelsware	*beständig bei Siedetemp.: 14*
21	Glas	Handelsware	*beständig*
22	Quarz	Handelsware	*beständig*
23	Natursteine	Handelsware	*beständig*
24	Zementhaltige Baustoffe		
25	Keramische Auskleidungen	Handelsware	*beständig*
26	Steinzeug	Handelsware	*beständig*
27	Porzellan	Handelsware	*beständig*
29	Email	Handelsware	*beständig*
31	Weichgummi	Handelsware	*beständig*
32	Hartgummi	Handelsware	*beständig*
33	Butadienpolymerisate	Handelsware	*beständig*
35	Isoprenmischpolymerisate	Handelsware	*beständig 60°: 351*
36	Chloroprenpolymerisate	Handelsware	*beständig 27°*
41	Phenolharze	Handelsware	*beständig: 411*
42	Carbamidharze	Handelsware	*beständig: 421, 423*
44	Polyesterharze	Handelsware	*beständig 120°: 441*
51	Polymere Kohlenwasserstoffe	100%	*bedingt beständig 20°: 511; unbeständig 20°: 514; 60°: 511*

W. V. Nr.	Werkstoff	Zusammensetzung des angreifenden Stoffes	Verhalten gegen den angreifenden Stoff
52	Polymere halogenierte Kohlenwasserstoffe	Handelsware	*unbeständig: 521*
55	Polyacryl- und Polymethacrylverbindungen	Handelsware	*unbeständig: 511*
77	Bitumenhaltige und asphalthaltige Stoffe	Handelsware	*beständig 20°*
8	Holz	Handelsware	*beständig, aber nicht völlig undurchlässig*
91	Silikatzemente	Handelsware	*beständig bei Siedetemp.*
96	Phenolzemente	Handelsware	*beständig 100°*
97	Schwefelzemente	Handelsware	*bedingt beständig 20°; unbeständig 70°*
98	Furanzemente	Handelsware	*beständig 100°*

Amylchlorid. $C_5H_{11}Cl$. *SP 108,3°*

W. V. Nr.	Werkstoff	Zusammensetzung des angreifenden Stoffes	Verhalten gegen den angreifenden Stoff
1	Kohlenstoff	Handelsware	*beständig*
21	Glas	Handelsware	*beständig bei Siedetemp.*
22	Quarz	Handelsware	*beständig bei Siedetemp.*
23	Natursteine	Handelsware	*beständig 25°: 239*
25	Keramische Auskleidungen	Handelsware	*beständig*
26	Steinzeug	Handelsware	*beständig bei Siedetemp.*
27	Porzellan	Handelsware	*beständig bei Siedetemp.*
29	Email	Handelsware	*beständig*
44	Polyesterharze	Handelsware	*bedingt beständig 20°: 441; unbeständig 65°: 441*
51	Polymere Kohlenwasserstoffe	Handelsware	*unbeständig 20°: 514*
77	Bitumenhaltige und asphalthaltige Stoffe	Handelsware	*unbeständig 20°*
91	Silikatzemente	Handelsware	*beständig 107°*
96	Phenolzemente	Handelsware	*beständig 95°*
97	Schwefelzemente	Handelsware	*unbeständig 20°*
98	Furanzemente	Handelsware	*beständig 100°*

Anilin. $C_6H_5NH_2$. *SP 184,4°*

W. V. Nr.	Werkstoff	Zusammensetzung des angreifenden Stoffes	Verhalten gegen den angreifenden Stoff
1	Kohlenstoff	Handelsware	*beständig 185°: 14*
21	Glas	Handelsware	*beständig: 212; 20°: 218*
22	Quarz	Handelsware	*beständig 100°*
23	Natursteine	Handelsware	*beständig 25°: 239*
24	Zementhaltige Baustoffe	Handelsware	*beständig*
25	Keramische Auskleidungen	Handelsware	*beständig*
26	Steinzeug	Handelsware	*beständig 100°*
27	Porzellan	Handelsware	*beständig 100°*
29	Email	Handelsware	*beständig*
31	Weichgummi	Handelsware	*unbeständig*
32	Hartgummi	Handelsware	*unbeständig*

W. V. Nr.	Werkstoff	Zusammensetzung des angreifenden Stoffes	Verhalten gegen den angreifenden Stoff
33	Butadien- polymerisate	Handelsware	*unbeständig*
35	Isoprenmisch- polymerisate	Handelsware	*beständig 60°: 351*
36	Chloropren- polymerisate	Handelsware	*bedingt beständig 30°*
43	Furanharze	Handelsware	*unbeständig 20°*
44	Polyesterharze	Handelsware Anilinsulfat, 10—20% Lg. Anilinsulfat, fest	*unbeständig 20°: 441* *beständig bei Siedetemp.: 441* *beständig 20°: 441*
51	Polymere Kohlen- wasserstoffe	Anilin, rein Anilin, wäßrig, kalt ges. Anilinchlorhydrat, kalt ges. Lg. Anilinsulfat	*bedingt beständig 20°: 511;* *unbeständig 20°: 512, 514* *unbeständig 60°: 512* *beständig 20°: 512;* *bedingt beständig 60°: 512;* *unbeständig 100°: 512* *beständig 70°: 514*
52	Polymere halo- genierte Kohlen- wasserstoffe	rein, 100% kalt ges. Lg. Anilinchlorhydrat, kalt ges. Lg. Handelsware	*unbeständig 20°: 521, 521 w* *unbeständig 20°: 521, 521 w* *unbeständig 20°: 521* *beständig 25°: 5251;* *beständig bei Siedetemp.: 524*
55	Polyacryl- und Polymethacryl- verbindungen	Handelsware	*unbeständig: 553*
77	Bitumenhaltige und asphalt- haltige Stoffe	Handelsware	*unbeständig 20°*
8	Holz	Handelsware	*beständig*
91	Silikatzemente	Handelsware	*unbeständig 95°*
92	Säurekitte mit Wasserglas	Handelsware	*beständig: 921, 922*
93	Säurekitte mit Kunstharz	Handelsware	*beständig: 932, 934*
95	Säurekitte mit Asbest und Phenolharz	Handelsware	*unbeständig*
96	Phenolzemente	Handelsware	*beständig 55°;* *bedingt beständig 120°*
97	Schwefelzemente	Handelsware	*unbeständig 20°*
98	Furanzemente	Handelsware	*beständig 120°*

Anthracen. $C_{14}H_{10}$

W. V. Nr.	Werkstoff	Zusammensetzung des angreifenden Stoffes	Verhalten gegen den angreifenden Stoff
1	Kohlenstoff	Handelsware	*beständig*
21	Glas	Handelsware	*beständig*
22	Quarz	Handelsware	*beständig*
23	Natursteine	Handelsware	*beständig*
26	Steinzeug	Handelsware	*beständig*
27	Porzellan	Handelsware	*beständig*
29	Email	Handelsware	*beständig*
8	Holz	Handelsware	*beständig*

Anthracenöl.

W. V. Nr.	Werkstoff	Zusammensetzung des angreifenden Stoffes	Verhalten gegen den angreifenden Stoff
21	Glas	Handelsware	*beständig*
22	Quarz	Handelsware	*beständig*

W. V. Nr.	Werkstoff	Zusammensetzung des angreifenden Stoffes	Verhalten gegen den angreifenden Stoff
23	Natursteine	Handelsware	*beständig*
24	Zementhaltige Baustoffe	Handelsware	*bedingt beständig*
26	Steinzeug	Handelsware	*beständig*
27	Porzellan	Handelsware	*beständig*
29	Email	Handelsware	*beständig*

Anthrachinon. $C_6H_4 \diagdown \!\! {}^{CO}_{CO} \!\! \diagup C_6H_4$. *FP 266°*

W. V. Nr.	Werkstoff	Zusammensetzung des angreifenden Stoffes	Verhalten gegen den angreifenden Stoff
1	Kohlenstoff	Handelsware	*beständig*
21	Glas	Handelsware	*beständig*
22	Quarz	Handelsware	*beständig*
23	Natursteine	Handelsware	*beständig*
26	Steinzeug	Handelsware	*beständig*
27	Porzellan	Handelsware	*beständig*
29	Email	Handelsware	*beständig*
52	Polymere halogenierte Kohlenwasserstoffe	Handelsware	*beständig 25°: 521*

Antimon. Sb. *FP 630°*

W. V. Nr.	Werkstoff	Zusammensetzung des angreifenden Stoffes	Verhalten gegen den angreifenden Stoff
1	Kohlenstoff	geschmolzen	*beständig*
24	Zementhaltige Baustoffe	geschmolzen	*unbeständig*

Antimonchloride. $SbCl_3$, $SbCl_5$

W. V. Nr.	Werkstoff	Zusammensetzung des angreifenden Stoffes	Verhalten gegen den angreifenden Stoff
1	Kohlenstoff	verd.-konz. Lg.	*beständig 100°: 14*
21	Glas	verd.-konz. Lg.	*beständig 100°*
22	Quarz	verd.-konz. Lg.	*beständig 100°*
23	Natursteine	Lg.	*beständig*
24	Zementhaltige Baustoffe	Lg.	*unbeständig*
25	Keramische Auskleidungen	Lg.	*beständig*
26	Steinzeug	verd.-konz. Lg.	*beständig 100°*
27	Porzellan	verd.-konz. Lg.	*beständig 100°*
29	Email	Lg.	*bedingt beständig*
31	Weichgummi	verd.-konz. Lg.	*beständig 70°*
32	Hartgummi	verd.-konz. Lg.	*beständig 70°*
35	Isoprenmischpolymerisate	$SbCl_3$, 25—75% Lg.	*beständig 60°: 351*
41	Phenolharze	verd.-konz. Lg.	*beständig 50°: 411*
44	Polyesterharze	25—50% Lg. fest	*beständig 95°: 441* *beständig 20°: 441*
51	Polymere Kohlenwasserstoffe	50% Lg. fest	*beständig 70°: 514* *beständig 70°: 514*
52	Polymere halogenierte Kohlenwasserstoffe	$SbCl_3$, verd.-konz. Lg. $SbCl_5$	*beständig 20°: 521;* *beständig 50°: 523* *beständig 25°: 5251*
55	Polyacryl- und Polymethacrylverbindungen	Handelsware	*beständig: 553*
91	Silikatzemente	$SbCl_3$, 50% Lg.	*beständig 95°*

W. V. Nr.	Werkstoff	Zusammensetzung des angreifenden Stoffes	Verhalten gegen den angreifenden Stoff
95	Säurekitte mit Asbest und Phenolharz	Handelsware	*beständig*
96	Phenolzemente	50% Lg.	*beständig 95°*
97	Schwefelzemente	50% Lg. fest	*beständig 90°* *beständig 20°*
98	Furanzemente	50% Lg.	*beständig 100°*

Apfelsüßmost.

W. V. Nr.	Werkstoff	Zusammensetzung des angreifenden Stoffes	Verhalten gegen den angreifenden Stoff
1	Kohlenstoff	Handelsware	*beständig*
21	Glas	Handelsware	*beständig*
22	Quarz	Handelsware	*beständig*
24	Zementhaltige Baustoffe	Handelsware	*unbeständig*
25	Keramische Auskleidungen	Handelsware	*beständig*
26	Steinzeug	Handelsware	*beständig*
27	Porzellan	Handelsware	*beständig*
29	Email	Handelsware	*beständig*
51	Polymere Kohlenwasserstoffe	Handelsware	*beständig 60°: 511*

Arsen. As. *SP 817°*

W. V. Nr.	Werkstoff	Zusammensetzung des angreifenden Stoffes	Verhalten gegen den angreifenden Stoff
1	Kohlenstoff	geschmolzen	*beständig*
21	Glas	geschmolzen	*beständig*
22	Quarz	geschmolzen	*beständig*
26	Steinzeug	geschmolzen	*beständig*
27	Porzellan	geschmolzen	*beständig*

Arsensäure. H_3AsO_4

W. V. Nr.	Werkstoff	Zusammensetzung des angreifenden Stoffes	Verhalten gegen den angreifenden Stoff
1	Kohlenstoff	Lg.	*beständig bei Siedetemp.: 14*
21	Glas	Lg.	*beständig*
22	Quarz	Lg.	*beständig*
23	Natursteine	Lg.	*beständig*
24	Zementhaltige Baustoffe	Lg.	*unbeständig*
25	Keramische Auskleidungen	Lg.	*beständig*
26	Steinzeug	Lg.	*beständig*
27	Porzellan	Lg.	*beständig*
29	Email	Lg.	*beständig*
31	Weichgummi	Lg.	*beständig 70°*
32	Hartgummi	Lg.	*beständig 70°*
35	Isoprenmischpolymerisate	25% Lg.	*beständig 60°: 351*
36	Chloroprenpolymerisate	Handelsware	*beständig 93°*
51	Polymere Kohlenwasserstoffe	konz. Lg.	*beständig 60°: 512; 100°: 512 (gefüllt); bedingt beständig 80°: 512 (ungefüllt)*
52	Polymere halogenierte Kohlenwasserstoffe	verd.-konz. Lg.	*beständig 40°: 521, 522; bedingst beständig 60°: 521; unbeständig 80°: 521*

W. V. Nr.	Werkstoff	Zusammensetzung des angreifenden Stoffes	Verhalten gegen den angreifenden Stoff
8	Holz	Lg. >80% Lg.	*beständig bis unbeständig; warm unbeständig*
91	Silikatzemente	Lg. fest	*beständig 95°; beständig 180°*
96	Phenolzemente	10% Lg. fest	*beständig 100° beständig 130°*
97	Schwefelzemente	10% Lg. fest	*beständig 100° beständig 100°*
98	Furanzemente	10% Lg. fest	*beständig 100° beständig 120°*

Arsentrichlorid. AsCl$_3$

W. V. Nr.	Werkstoff	Zusammensetzung des angreifenden Stoffes	Verhalten gegen den angreifenden Stoff
1	Kohlenstoff	Lg. 100%	*beständig; beständig 110°: 14*
21	Glas	Lg.	*beständig*
22	Quarz	Lg.	*beständig*
24	Zementhaltige Baustoffe	Lg.	*unbeständig*
26	Steinzeug	Lg.	*beständig*
27	Porzellan	Lg.	*beständig*
29	Email	Lg.	*beständig*
31	Weichgummi	10% Lg.	*beständig 70°*
32	Hartgummi	10% Lg.	*beständig 70°*

Arsentrioxyd (Arsenik). As$_2$O$_3$

W. V. Nr.	Werkstoff	Zusammensetzung des angreifenden Stoffes	Verhalten gegen den angreifenden Stoff
1	Kohlenstoff	Handelsware	*beständig*
21	Glas	Handelsware	*beständig*
22	Quarz	Handelsware	*beständig*
26	Steinzeug	Handelsware	*beständig*
27	Porzellan	Handelsware	*beständig*
31	Weichgummi	verd. Lg.	*beständig 70°*
32	Hartgummi	verd. Lg.	*beständig 70°*
51	Polymere Kohlenwasserstoffe	25% Lg. fest	*beständig 70°: 511 beständig 70°: 511*

Asphalt und Asphaltöle.

W. V. Nr.	Werkstoff	Zusammensetzung des angreifenden Stoffes	Verhalten gegen den angreifenden Stoff
21	Glas	Handelsware	*beständig*
24	Zementhaltige Baustoffe	Handelsware	*beständig*
26	Steinzeug	Handelsware	*beständig*
27	Porzellan	Handelsware	*beständig*
29	Email	Handelsware	*beständig*
8	Holz	Handelsware	*beständig*

Bariumcarbonat. BaCO$_3$

W. V. Nr.	Werkstoff	Zusammensetzung des angreifenden Stoffes	Verhalten gegen den angreifenden Stoff
21	Glas	fest	*beständig 50°*
26	Steinzeug	fest	*beständig 50°*
27	Porzellan	fest	*beständig 50°*
31	Weichgummi	10% Lg.	*beständig 70°*
32	Hartgummi	10% Lg.	*beständig 70°*
44	Polyesterharze	fest	*beständig 120°: 441*
51	Polymere Kohlenwasserstoffe	fest	*beständig 70°: 514*

W. V. Nr.	Werkstoff	Zusammensetzung des angreifenden Stoffes	Verhalten gegen den angreifenden Stoff
52	Polymere halogenierte Kohlenwasserstoffe	fest	*beständig 25°: 523*
77	Bitumenhaltige und asphalthaltige Stoffe	fest	*beständig 65°*
91	Silikatzemente	fest	*beständig 530°; zersetzt bei 260°*
96	Phenolzemente	fest	*beständig 130°*
97	Schwefelzemente	fest	*beständig 90°*
98	Furanzemente	fest	*beständig 120°*

Bariumchlorid. $BaCl_2$

W. V. Nr.	Werkstoff	Zusammensetzung des angreifenden Stoffes	Verhalten gegen den angreifenden Stoff
1	Kohlenstoff	Lg.	*beständig 100°: 14*
21	Glas	Lg.	*beständig 100°*
22	Quarz	Lg.	*beständig 100°*
		100% geschmolzen 1350°	*unbeständig (4,8 g/m²/Tag)*
23	Natursteine	Lg.	*beständig*
24	Zementhaltige Baustoffe	Lg.	*beständig*
25	Keramische Auskleidungen	Lg.	*beständig*
26	Steinzeug	Lg.	*beständig 100°*
27	Porzellan	Lg.	*beständig 100°*
29	Email	Lg.	*beständig*
31	Weichgummi	Lg.	*beständig 70°*
32	Hartgummi	Lg.	*beständig 70°*
33	Butadienpolymerisate	Lg.	*beständig*
35	Isoprenmischpolymerisate	10—30% Lg.	*beständig 95°: 351*
36	Chloroprenpolymerisate	verd.-konz. Lg.	*beständig 65°*
41	Phenolharze	10—30% Lg.	*beständig 25°: 411*
44	Polyesterharze	10—25% Lg.	*beständig 95°: 441*
		fest	*beständig 120°: 441*
51	Polymere Kohlenwasserstoffe	25% Lg.	*beständig 70°: 512, 514*
		50% Lg.	*beständig 70°: 511*
		fest	*beständig 70°: 511, 514*
52	Polymere halogenierte Kohlenwasserstoffe	10—30% Lg.	*beständig 25°: 523*
77	Bitumenhaltige und asphalthaltige Stoffe	25% Lg.	*beständig 65°*
8	Holz	Lg.	*beständig*
91	Silikatzemente	25% Lg.	*beständig 110°*
		fest	*beständig 530°*
92	Säurekitte mit Wasserglas	Lg.	*beständig: 921, 922*
93	Säurekitte mit Kunstharz	Lg.	*beständig: 931, 932, 933, 934*

W. V. Nr.	Werkstoff	Zusammensetzung des angreifenden Stoffes	Verhalten gegen den angreifenden Stoff
95	Säurekitte mit Asbest und Phenolharz	Lg.	*beständig*
96	Phenolzemente	25% Lg. konz. Lg.	*beständig 100°* *beständig 130°*
97	Schwefelzemente	25% Lg. fest	*beständig 100°* *beständig 100°*
98	Furanzemente	25% Lg. fest	*beständig 100°* *beständig 120°*

Bariumhydroxyd. $Ba(OH)_2$

W. V. Nr.	Werkstoff	Zusammensetzung des angreifenden Stoffes	Verhalten gegen den angreifenden Stoff
1	Kohlenstoff	verd. -50% Lg.	*beständig 100°: 14*
21	Glas	50% Lg.	*beständig 20°: 218;* *unbeständig 70°: 218*
26	Steinzeug	10—50% Lg.	*beständig 70°*
27	Porzellan	10—50% Lg.	*beständig 70°*
31	Weichgummi	10—30% Lg.	*beständig*
32	Hartgummi	10—30% Lg.	*beständig*
41	Phenolharze	Lg.	*unbeständig 20°: 411*
44	Polyesterharze	10% Lg.	*unbeständig 20°: 441*
51	Polymere Kohlenwasserstoffe	25% Lg. 50% Lg. fest	*beständig 70°: 514* *beständig 70°: 511* *beständig 70°: 511, 514*
52	Polymere halogenierte Kohlenwasserstoffe	50% Lg. fest	*beständig 60°: 521* *beständig 60°: 521*
77	Bitumenhaltige und asphalthaltige Stoffe	10% Lg. 100%	*beständig 65°* *beständig 20°*
91	Silikatzemente	5% Lg.	*unbeständig 20°*
96	Phenolzemente	5% Lg.	*beständig 20°;* *bedingt beständig 100°*
97	Schwefelzemente	5% Lg.	*unbeständig 20°*
98	Furanzemente	20% Lg. fest	*beständig 100°* *beständig 120°*

Bariumverbindungen, andere.

W. V. Nr.	Werkstoff	Zusammensetzung des angreifenden Stoffes	Verhalten gegen den angreifenden Stoff
36	Chloroprenpolymerisate	$Ba(NO_3)_2$, verd.-konz. Lg.	*beständig 93°*
43	Furanharze	BaS, Lg.	*beständig bei Siedetemp.*
51	Polymere Kohlenwasserstoffe	BaS, $BaSO_4$	*beständig 70°: 511*
52	Polymere halogenierte Kohlenwasserstoffe	BaS, $BaSO_4$	*beständig 25°: 523*
91	Silikatzemente	$BaSO_4$, fest BaS, fest	*beständig 530°* *unbeständig 20°*
96	Phenolzemente	BaS, $BaSO_4$, fest	*beständig 130°*
97	Schwefelzemente	BaS, Lg. $BaSO_4$, fest	*unbeständig 20°* *beständig 90°*
98	Furanzemente	BaS, Lg. $BaSO_4$, fest	*beständig 100°* *beständig 120°*

Baumwollsamenöl.

W. V. Nr.	Werkstoff	Zusammensetzung des angreifenden Stoffes	Verhalten gegen den angreifenden Stoff
35	Isoprenmischpolymerisate	Handelsware	*beständig 50°: 351*

W. V. Nr.	Werkstoff	Zusammensetzung des angreifenden Stoffes	Verhalten gegen den angreifenden Stoff
Benzaldehyd. $C_6H_5 \cdot CHO.$ *SP 178°*			
1	Kohlenstoff	Handelsware	*beständig*
21	Glas	Handelsware	*beständig 100°*
22	Quarz	Handelsware	*beständig 100°*
23	Natursteine	Handelsware	*beständig 25°: 239*
24	Zementhaltige Baustoffe	säurefrei	*beständig, aber undicht*
25	Keramische Auskleidungen	Handelsware	*beständig*
26	Steinzeug	Handelsware	*beständig 100°*
27	Porzellan	Handelsware	*beständig 100°*
29	Email	Handelsware	*beständig*
31	Weichgummi	Handelsware	*unbeständig*
32	Hartgummi	Handelsware	*unbeständig*
33	Butadienpolymerisate	Handelsware	*unbeständig*
36	Chloroprenpolymerisate	Handelsware	*unbeständig*
44	Polyesterharze	Handelsware	*unbeständig 20°: 441*
51	Polymere Kohlenwasserstoffe	Handelsware 0,1% Lg.	*unbeständig 20°: 511, 514* *bedingt beständig 60°: 512*
52	Polymere halogenierte Kohlenwasserstoffe	0,1% Lg. Handelsware	*unbeständig 60°: 521* *beständig 25°: 5251;* *beständig bei Siedetemp.: 524;* *unbeständig 25°: 523*
55	Polyacryl- und Polymethacrylverbindungen	Handelsware	*unbeständig 20°: 553*
77	Bitumenhaltige und asphalthaltige Stoffe	Handelsware	*unbeständig 25°*
8	Holz	Handelsware	*beständig*
91	Silikatzemente	Handelsware	*beständig 165°*
92	Säurekitte mit Wasserglas	Handelsware	*beständig: 922*
93	Säurekitte mit Kunstharz	Handelsware	*beständig: 932, 934*
96	Phenolzemente	Handelsware	*beständig 130°*
97	Schwefelzemente	Handelsware	*unbeständig 20°*
98	Furanzemente	Handelsware	*beständig 120°*
Benzin.			
1	Kohlenstoff	Handelsware	*beständig bei Siedetemp.: 14*
21	Glas	Handelsware	*beständig*
22	Quarz	Handelsware	*beständig*
23	Natursteine	Handelsware	*beständig*
24	Zementhaltige Baustoffe	Handelsware	*beständig, aber undicht*
25	Keramische Auskleidungen	Handelsware	*beständig*
26	Steinzeug	Handelsware	*beständig*
27	Porzellan	Handelsware	*beständig*
29	Email	Handelsware	*beständig*

W. V. Nr.	Werkstoff	Zusammensetzung des angreifenden Stoffes	Verhalten gegen den angreifenden Stoff
31	Weichgummi	Handelsware	*unbeständig*
32	Hartgummi	Handelsware	*unbeständig*
33	Butadien-polymerisate	Handelsware	*unbeständig*
36	Chloropren-polymerisate	Handelsware	*beständig 27°*
38	Silikongummi	Handelsware	*unbeständig 20°*
41	Phenolharze	Handelsware	*beständig: 411*
42	Carbamidharze	Handelsware	*beständig: 421, 423*
44	Polyesterharze	Handelsware	*beständig 80°: 441*
46	Polyamide	Handelsware, Lack-benzin	*beständig*
47	Polyurethane	Handelsware	*beständig 20°*
51	Polymere Kohlen-wasserstoffe	Handelsware	*bedingt beständig 20°: 511; unbeständig 20°: 512*
		Benzin-Benzol-Alkohol-Gemisch	*beständig 20°: 511; unbeständig 20°: 512*
52	Polymere halo-genierte Kohlen-wasserstoffe	Handelsware	*beständig 40°: 522; beständig 60°: 521; unbeständig 60°: 521w*
		Benzin-Benzol-Gemisch	*unbeständig 20°: 521, 521w*
55	Polyacryl- und Polymethacryl-verbindungen	Handelsware	*beständig: 552, 553*
62	Nicht abgewan-delter Zellstoff	Handelsware	*beständig: 621*
63	Zelluloseester	Handelsware	*bedingt beständig: 631, 632*
92	Säurekitte mit Wasserglas	Handelsware	*beständig: 921, 922*
93	Säurekitte mit Kunstharz	Handelsware	*beständig: 931, 932, 933, 934*

Benzoesäure. $C_6H_5 \cdot COOH.$ *FP 121,7°*

W. V. Nr.	Werkstoff	Zusammensetzung des angreifenden Stoffes	Verhalten gegen den angreifenden Stoff
1	Kohlenstoff	Lg.	*beständig 100°: 14*
21	Glas	Lg.	*beständig*
		10% Lg.	*beständig 100°: 218*
22	Quarz	Lg.	*beständig 100°*
23	Natursteine	Lg.	*beständig*
24	Zementhaltige Baustoffe	Lg.	*beständig*
25	Keramische Auskleidungen	Lg.	*beständig*
26	Steinzeug	Lg.	*beständig 100°*
27	Porzellan	Lg.	*beständig 100°*
29	Email	Lg.	*beständig*
31	Weichgummi	Lg.	*beständig*
32	Hartgummi	Lg.	*beständig*
33	Butadien-polymerisate	Lg.	*unbeständig*
41	Phenolharze	10% Lg.	*beständig 75°: 411*
43	Furanharze	Lg.	*beständig 120°*
44	Polyesterharze	10% Lg. fest	*beständig 100°: 441 beständig 120°: 441*

W. V. Nr.	Werkstoff	Zusammensetzung des angreifenden Stoffes	Verhalten gegen den angreifenden Stoff
51	Polymere Kohlenwasserstoffe	5% Lg. verd.-konz. Lg.	*beständig 70°: 514* *beständig 60°: 512; 100°: 512 (ungefüllt);* *bedingt beständig 100°: 512 (gefüllt)*
		Na-benzoat, 36% Lg. fest	*beständig 60°: 512* *beständig 70°: 514*
52	Polymere halogenierte Kohlenwasserstoffe	10% Lg. verd.-konz. Lg.	*beständig 75°: 523* *beständig 40°: 521;* *beständig bei Siedetemp.: 524;* *bedingt beständig 60°: 521;* *unbeständig 100°: 521*
77	Bitumenhaltige und asphalthaltige Stoffe	7% Lg. fest	*beständig 65°* *beständig 25°*
8	Holz	Lg.	*beständig*
91	Silikatzemente	Lg.	*beständig 200°*
92	Säurekitte mit Wasserglas	Lg.	*beständig: 922*
93	Säurekitte mit Kunstharz	Lg.	*beständig: 931, 932, 933, 934*
97	Schwefelzemente	Lg.	*beständig 80°*
98	Furanzemente	100%	*beständig 120°*

Benzol. C_6H_6. *SP 80,1°*

W. V. Nr.	Werkstoff	Zusammensetzung des angreifenden Stoffes	Verhalten gegen den angreifenden Stoff
1	Kohlenstoff	Handelsware	*beständig: 14*
21	Glas	Handelsware	*beständig bei Siedetemp.: 218*
22	Quarz	Handelsware	*beständig*
23	Natursteine	Handelsware	*beständig*
24	Zementhaltige Baustoffe	Handelsware	*beständig, aber undicht*
25	Keramische Auskleidungen	Handelsware	*beständig*
26	Steinzeug	Handelsware	*beständig bei Siedetemp.*
27	Porzellan	Handelsware	*beständig bei Siedetemp.*
29	Email	Handelsware	*beständig*
31	Weichgummi	Handelsware	*unbeständig*
32	Hartgummi	Handelsware	*unbeständig*
35	Isoprenmischpolymerisate	Handelsware	*unbeständig 20°: 351*
36	Chloroprenpolymerisate	Handelsware	*unbeständig*
41	Phenolharze	Handelsware	*bedingt beständig bei Siedetemp.: 411 + Asbest*
42	Carbamidharze	Handelsware	*beständig: 421, 423*
43	Furanharze	Handelsware	*beständig bei Siedetemp.;* *beständig: 43 + Asbest*
44	Polyesterharze	Handelsware	*beständig 20°: 441;* *bedingt beständig 80°: 441*
46	Polyamide	Handelsware	*beständig*
47	Polyurethane	Handelsware	*beständig 20°*
49	Äthoxylinharze (für Sonderzwecke)	Handelsware	*beständig bei Siedetemp.*

W. V. Nr.	Werkstoff	Zusammensetzung des angreifenden Stoffes	Verhalten gegen den angreifenden Stoff
51	Polymere Kohlenwasserstoffe	Handelsware	*bedingt beständig 20°: 511; unbeständig 20°: 512, 541; 60°: 511*
52	Polymere halogenierte Kohlenwasserstoffe	Handelsware	*beständig bei Siedetemp.: 524; bedingt beständig 20°: 5251; unbeständig 20°: 521, 523*
54	Polyvinylester und Derivate	Handelsware	*unbeständig: 541*
55	Polyacryl- und Polymethacrylverbindungen	Handelsware	*unbeständig: 552, 553*
62	Nicht abgewandelter Zellstoff	Handelsware	*beständig: 621*
63	Zelluloseester	Handelsware	*bedingt beständig: 631, 632*
77	Bitumenhaltige und asphalthaltige Stoffe	Handelsware	*beständig 25°*
8	Holz	Handelsware	*beständig*
91	Silikatzemente	Handelsware	*beständig 60°*
92	Säurekitte mit Wasserglas	Lg.	*beständig: 921, 922*
93	Säurekitte mit Kunstharz	Lg. Handelsware	*beständig: 931, 932, 933, 934*
96	Phenolzemente	Handelsware	*beständig 80°*
97	Schwefelzemente	Handelsware	*unbeständig 20°*
98	Furanzemente	Handelsware	*beständig 80°*

Benzolsulfonsäure. $C_6H_5SO_3H$

W. V. Nr.	Werkstoff	Zusammensetzung des angreifenden Stoffes	Verhalten gegen den angreifenden Stoff
1	Kohlenstoff	Lg.	*beständig 100°: 14*
21	Glas	Lg.	*beständig 100°*
22	Quarz	Lg.	*beständig*
23	Natursteine	Lg.	*beständig*
24	Zementhaltige Baustoffe	Lg.	*unbeständig*
25	Keramische Auskleidungen	Lg.	*beständig*
26	Steinzeug	Lg.	*beständig 100°*
27	Porzellan	Lg.	*beständig 100°*
29	Email	Lg.	*beständig*
31	Weichgummi	Lg.	*beständig*
32	Hartgummi	Lg.	*beständig*
33	Butadienpolymerisate	Lg.	*beständig*
35	Isoprenmischpolymerisate		*bedingt beständig 20°: 351*
36	Chloroprenpolymerisate	10% Lg.	*beständig 29°*
41	Phenolharze	20% Lg.	*beständig 75°: 411*
43	Furanharze	10% Lg.	*beständig 120°*
44	Polyesterharze	25% Lg. fest	*beständig 95°: 441 beständig 20°: 441*
51	Polymere Kohlenwasserstoffe	25% Lg. fest	*beständig 70°: 514 beständig 70°: 514*

W. V. Nr.	Werkstoff	Zusammensetzung des angreifenden Stoffes	Verhalten gegen den angreifenden Stoff
52	Polymere halogenierte Kohlenwasserstoffe	Lg.	*beständig 40°: 521; unbeständig 60°: 521*
77	Bitumenhaltige und asphalthaltige Stoffe	25% Lg.	*unbeständig 25°*
8	Holz		
91	Silikatzemente	konz. Lg.	*beständig 110°*
92	Säurekitte mit Wasserglas	Lg.	*beständig:* 922
93	Säurekitte mit Kunstharz	Lg.	*beständig:* 931, 932, 933, 934
95	Säurekitte mit Asbest und Phenolharz	Lg.	*beständig*
96	Phenolzemente	25% Lg. konz. Lg.	*beständig 95° beständig 140°*
97	Schwefelzemente	25% Lg. konz. Lg.	*bedingt beständig 30° unbeständig 20°*
98	Furanzemente	25% Lg. konz. Lg.	*beständig 100° beständig 120°*

Benzylalkohol. $C_6H_5 \cdot CH_2 \cdot OH$. *SP 205,2°*

W. V. Nr.	Werkstoff	Zusammensetzung des angreifenden Stoffes	Verhalten gegen den angreifenden Stoff
36	Chloroprenpolymerisate	Handelsware	*bedingt beständig 30°*
51	Polymere Kohlenwasserstoffe	Handelsware	*unbeständig 20°: 511*
52	Polymere halogenierte Kohlenwasserstoffe	Handelsware	*beständig 25°: 5251; beständig bei Siedetemp.: 524*

Benzylchlorid. $C_6H_5 \cdot CH_2Cl$. *SP 179,4°*

W. V. Nr.	Werkstoff	Zusammensetzung des angreifenden Stoffes	Verhalten gegen den angreifenden Stoff
1	Kohlenstoff	Handelsware	*beständig*
21	Glas	rein	*beständig*
22	Quarz	Handelsware	*beständig*
23	Natursteine	Handelsware	*beständig*
24	Zementhaltige Baustoffe	Handelsware	*unbeständig*
25	Keramische Auskleidungen	Handelsware	*beständig*
26	Steinzeug	Handelsware	*beständig*
27	Porzellan	Handelsware	*beständig*
29	Email	Handelsware	*beständig 20°; bedingt beständig (höhere Temp.)*
31	Weichgummi	Handelsware	*unbeständig*
32	Hartgummi	Handelsware	*unbeständig*
33	Butadienpolymerisate	Handelsware	*unbeständig*
36	Chloroprenpolymerisate	Handelsware	*unbeständig*
41	Phenolharze	Handelsware	*unbeständig 25°: 411*
51	Polymere Kohlenwasserstoffe	Handelsware	*unbeständig: 512 (gefüllt); unbeständig: 512 (ungefüllt)*

W. V. Nr.	Werkstoff	Zusammensetzung des angreifenden Stoffes	Verhalten gegen den angreifenden Stoff
52	Polymere halogenierte Kohlenwasserstoffe	Handelsware	*unbeständig: 521*
54	Polyvinylester und Derivate	Handelsware	*unbeständig: 541*
92	Säurekitte mit Wasserglas	Handelsware	*beständig: 921*
93	Säurekitte mit Kunstharz	Handelsware	*beständig: 931, 932, 933, 934*
95	Säurekitte mit Asbest und Phenolharz	Handelsware	*unbeständig*

Berylliumchlorid. $BeCl_2$

W. V. Nr.	Werkstoff	Zusammensetzung des angreifenden Stoffes	Verhalten gegen den angreifenden Stoff
1	Kohlenstoff	Lg.	*beständig*
21	Glas	Lg.	*beständig*
26	Steinzeug	Lg.	*beständig*
27	Porzellan	Lg.	*beständig*
31	Weichgummi	Lg.	*beständig*
32	Hartgummi	Lg.	*beständig*
41	Phenolharze	fest	*unbeständig 20°: 411*

Bier.

W. V. Nr.	Werkstoff	Zusammensetzung des angreifenden Stoffes	Verhalten gegen den angreifenden Stoff
21	Glas	Handelsware	*beständig*
26	Steinzeug	Handelsware	*beständig*
27	Porzellan	Handelsware	*beständig*
47	Polyurethane	Handelsware	*beständig 20°*
51	Polymere Kohlenwasserstoffe	Handelsware	*beständig 20°: 511; beständig 100°: 512*
52	Polymere halogenierte Kohlenwasserstoffe	Handelsware	*beständig 60°: 521; unbeständig 100°: 521*
55	Polyacryl- und Polymethacrylverbindungen	Handelsware	*beständig: 553*

Blausäure. HCN

W. V. Nr.	Werkstoff	Zusammensetzung des angreifenden Stoffes	Verhalten gegen den angreifenden Stoff
1	Kohlenstoff	Lg.	*beständig 100°: 14*
21	Glas	Lg.	*beständig 100°*
22	Quarz	Lg.	*beständig*
23	Natursteine	10—20% Lg.	*beständig 20°: 239*
25	Keramische Auskleidungen	Lg.	*beständig*
26	Steinzeug	Lg.	*beständig 100°*
27	Porzellan	Lg.	*beständig 100°*
29	Email	Lg.	*beständig*
41	Phenolharze	Lg.	*beständig 50°: 411*
42	Carbamidharze	Lg.	*bedingt beständig: 421, 423*
43	Furanharze	Lg.	*beständig bei Siedetemp.*
44	Polyesterharze	10% Lg.	*beständig 20°: 441*
46	Polyamide	Lg.	*unbeständig*
51	Polymere Kohlenwasserstoffe	10% Lg.	*beständig 70°: 514*

W. V. Nr.	Werkstoff	Zusammensetzung des angreifenden Stoffes	Verhalten gegen den angreifenden Stoff
52	Polymere halogenierte Kohlenwasserstoffe	Lg. verd.-konz. Lg.	*bedingt beständig: 521* *beständig 50°: 523*
62	Nicht abgewandelter Zellstoff	Lg.	*beständig: 621*
63	Zelluloseester	Lg.	*unbeständig: 631, 632*
77	Bitumenhaltige und asphalthaltige Stoffe	10% Lg.	*beständig 65°*
91	Silikatzemente	Lg.	*beständig bei Siedetemp.*
92	Säurekitte mit Wasserglas	Lg.	*beständig: 921*
93	Säurekitte mit Kunstharz	Lg.	*beständig: 931, 932, 933, 934*
95	Säurekitte mit Asbest und Phenolharz	Lg.	*beständig*
96	Phenolzemente	Lg.	*beständig 20°*
97	Schwefelzemente	Lg.	*beständig 20°*
98	Furanzemente	10%	*beständig 20°*

Bleiacetat. $(CH_3COO)_2Pb$

W. V. Nr.	Werkstoff	Zusammensetzung des angreifenden Stoffes	Verhalten gegen den angreifenden Stoff
1	Kohlenstoff	10% Lg.	*beständig 100°: 14*
21	Glas	Lg.	*beständig 100°*
26	Steinzeug	Lg.	*beständig 100°*
27	Porzellan	Lg.	*beständig 100°*
31	Weichgummi	10—30% Lg.	*beständig 25°*
32	Hartgummi	10—30% Lg.	*beständig 25°*
41	Phenolharze	fest	*beständig 25°: 411*
44	Polyesterharze	25% Lg. fest	*beständig 95°: 441* *beständig 120°: 441*
51	Polymere Kohlenwasserstoffe	25% Lg. kalt ges. Lg. fest	*beständig 70°: 514* *beständig 80°: 512 (ungefüllt); 100°: 512 (gefüllt); bedingt beständig 100°: 512 (ungefüllt)* *beständig 70°: 514*
52	Polymere halogenierte Kohlenwasserstoffe	verd. Lg. kalt ges. Lg. warm ges. Lg. fest	*beständig 40°: 521; bedingt beständig 60°: 521* *beständig 60°: 521; unbeständig 80°: 521* *beständig 50°: 521* *beständig 25°: 523*
96	Phenolzemente	25% Lg. fest	*beständig 100°* *beständig 120°*
97	Schwefelzemente	25% Lg. fest	*beständig 80°* *beständig 80°*
98	Furanzemente	25% Lg. fest	*beständig 100°* *beständig 120°*

Bleichlaugen.

W. V. Nr.	Werkstoff	Zusammensetzung des angreifenden Stoffes	Verhalten gegen den angreifenden Stoff
1	Kohlenstoff	NaClO, NaOH, <25% Ca(ClO)$_2$	*beständig bei Siedetemp.: 14* *beständig 30°: 14*
21	Glas	NaClO. Ca(ClO)$_2$	*beständig*

W. V. Nr.	Werkstoff	Zusammensetzung des angreifenden Stoffes	Verhalten gegen den angreifenden Stoff
22	Quarz	NaClO, Ca(ClO)$_2$	*beständig*
23	Natursteine	NaClO, Ca(ClO)$_2$	*beständig*
24	Zementhaltige Baustoffe	NaClO, Ca(ClO)$_2$	*unbeständig*
25	Keramische Auskleidungen	NaClO, Ca(ClO)$_2$	*beständig*
26	Steinzeug	NaClO, Ca(ClO)$_2$	*beständig*
27	Porzellan	NaClO, Ca(ClO)$_2$	*beständig*
29	Email	NaClO, Ca(ClO)$_2$	*beständig*
31	Weichgummi	NaClO, Ca(ClO)$_2$	*beständig*
32	Hartgummi	NaClO, Ca(ClO)$_2$	*beständig*
33	Butadien-polymerisate	NaClO, Ca(ClO)$_2$	*unbeständig*
43	Furanharze	NaClO, 6%	*unbeständig 20°*
44	Polyesterharze		*beständig 20°:* **441**; *bedingt beständig 40°:* **441**; *unbeständig 65°:* **441**
51	Polymere Kohlenwasserstoffe	NaClO, Ca(ClO)$_2$ (12,5% Cl$_2$)	*beständig 20°:* **511, 512**; *bedingt beständig 40°:* **511, 514** *unbeständig 70°:* **512, 514**
52	Polymere halogenierte Kohlenwasserstoffe	NaClO, Ca(ClO)$_2$ (12,5% Cl$_2$)	*beständig 20°:* **522**; *beständig 40°:* **521** *bedingt beständig 20°:* **521w**; *bedingt beständig 40°:* **522**; *bedingt beständig 60°:* **521**
77	Bitumenhaltige und asphalthaltige Stoffe	NaClO, Ca(ClO)$_2$	*unbeständig 25°*
8	Holz	NaClO, Ca(ClO)$_2$	*beständig*
91	Silikatzemente	NaClO, Ca(ClO)$_2$, 5%	*unbeständig 20°*
92	Säurekitte mit Wasserglas	NaClO, Ca(ClO)$_2$	*unbeständig:* **921, 922, 923**
93	Säurekitte mit Kunstharz	NaClO, Ca(ClO)$_2$	*beständig:* **934**
95	Säurekitte mit Asbest und Phenolharz	NaClO, Ca(ClO)$_2$, Lg.	*unbeständig*
97	Schwefelzemente	NaClO, Lg.	*bedingt beständig 20°; unbeständig 80°*

Bleichlorid. PbCl$_2$

21	Glas	Lg.	*beständig*
26	Steinzeug	Lg.	*beständig*
27	Porzellan	Lg.	*beständig*
52	Polymere halogenierte Kohlenwasserstoffe	verd.-konz. Lg.	*beständig 40°:* **522, 523**

Bleinitrat. Pb(NO$_3$)$_2$

1	Kohlenstoff	verd.-konz. Lg.	*beständig 100°:* **14**
21	Glas	verd.-konz. Lg.	*beständig 100°*
23	Natursteine	10—30% Lg.	*beständig 25°:* **239**
26	Steinzeug	verd.-konz. Lg.	*beständig 100°*

W. V. Nr.	Werkstoff	Zusammensetzung des angreifenden Stoffes	Verhalten gegen den angreifenden Stoff
27	Porzellan	verd.-konz. Lg.	*beständig 100°*
31	Weichgummi	10% Lg.	*beständig 50°*
32	Hartgummi	10% Lg.	*beständig 50°*
52	Polymere halogenierte Kohlenwasserstoffe	verd.-konz. Lg.	*beständig 40°: 522, 523*

Bleitetraäthyl. $(C_2H_5)_4Pb$. *SP* $\approx 200°$

51	Polymere Kohlenwasserstoffe	Handelsware	*unbeständig 20°: 512*
52	Polymere halogenierte Kohlenwasserstoffe	Handelsware, 100%	*beständig 20°: 521*

Borsäure. H_3BO_3

1	Kohlenstoff	Lg.	*beständig bei Siedetemp.: 14*
21	Glas	40% Lg.	*beständig 100°: 218*
22	Quarz	40% Lg. geschmolzen	*beständig* *unbeständig*
23	Natursteine	Lg.	*beständig 100°: 239*
25	Keramische Auskleidungen	Lg.	*beständig*
26	Steinzeug	Lg. geschmolzen	*beständig* *unbeständig*
27	Porzellan	Lg. geschmolzen	*beständig* *unbeständig*
29	Email	Lg.	*beständig*
31	Weichgummi	Lg.	*beständig*
32	Hartgummi	Lg.	*beständig*
33	Butadienpolymerisate	Lg.	*beständig*
36	Chloroprenpolymerisate	Lg.	*beständig 93°*
41	Phenolharze	10% Lg.	*beständig 70°: 411;* *beständig: 411 + Asbest*
42	Carbamidharze	Lg.	*bedingt beständig: 421, 423*
43	Furanharze	Lg.	*beständig bei Siedetemp. (zersetzt bei Erhitzen); beständig: 43 + Asbest*
46	Polyamide	Lg.	*unbeständig*
51	Polymere Kohlenwasserstoffe	kalt ges. Lg.	*beständig 60°: 512*
52	Polymere halogenierte Kohlenwasserstoffe	verd. Lg. 10% Lg. kalt ges. Lg.	*beständig 40°: 521; bedingt beständig 60°: 521 beständig 70°: 523 bedingt beständig 60°: 521*
62	Nicht abgewandelter Zellstoff	Lg.	*beständig: 621*
63	Zelluloseester	Lg.	*unbeständig: 631, 632*
8	Holz	Lg.	*beständig*
91	Silikatzemente	25% Lg. 100%	*beständig 110° beständig 290° (zersetzt sich)*
95	Säurekitte mit Asbest und Phenolharz	Lg.	*beständig*

W. V. Nr.	Werkstoff	Zusammensetzung des angreifenden Stoffes	Verhalten gegen den angreifenden Stoff
97	Schwefelzemente	Lg.	*beständig 80°*
		fest	*beständig 80°*
98	Furanzemente	25% Lg.	*beständig 100°*
		fest	*beständig 120°*

Bortrifluorid. BF$_3$

W. V. Nr.	Werkstoff	Zusammensetzung des angreifenden Stoffes	Verhalten gegen den angreifenden Stoff
21	Glas	48% Äther	*beständig 40°: 218*
51	Polymere Kohlen- wasserstoffe	100%	*beständig 70°: 511*

Brom. Br$_2$. *SP +59°*

W. V. Nr.	Werkstoff	Zusammensetzung des angreifenden Stoffes	Verhalten gegen den angreifenden Stoff
1	Kohlenstoff	Br-Wasser	*beständig 20°: 14*
		Brom	*beständig: 14*
21	Glas	Dampf, flüssig	*beständig 20°: 212, 218*
22	Quarz	Dampf, flüssig	*beständig*
23	Natursteine	Br-Dampf	*beständig*
24	Zementhaltige Baustoffe	trocken, HBr-frei	*beständig*
		Br-Dampf	*unbeständig*
25	Keramische Auskleidungen	Herstellung	*beständig*
26	Steinzeug	Herstellung	*beständig*
27	Porzellan	Dampf, flüssig	*beständig*
29	Email	Dampf, flüssig	*beständig*
31	Weichgummi		*beständig*
32	Hartgummi		*beständig*
33	Butadien- polymerisate		*unbeständig*
44	Polyesterharze	trocken, feucht	*unbeständig 20°: 441*
51	Polymere Kohlen- wasserstoffe	trocken, feucht	*unbeständig: 511, 512, 514*
52	Polymere halo- genierte Kohlen- wasserstoffe	flüssig, trocken	*beständig 50°: 524;* *bedingt beständig 25°: 5251;* *unbeständig 20°: 521, 521 w*
		flüssig, feucht	*unbeständig 20°: 523, 524*
		Dampf, geringe Konzen- tration	*bedingt beständig 20°: 521*
		Dampf (1 at)	*beständig 100°: 524*
55	Polyacryl- und Polymethacryl- verbindungen	flüssig, trocken	*unbeständig 20°: 553*
		Br-Wasser	*bedingt beständig 20°: 553;* *unbeständig 100°: 553*
77	Bitumenhaltige und asphalt- haltige Stoffe	flüssig, trocken	*unbeständig 25°*
		flüssig, feucht	*unbeständig 25°*
8	Holz	trocken, flüssig	*unbeständig*
91	Silikatzemente	trocken	*beständig 500°*
		flüssig	*beständig 58°*
95	Säurekitte mit Asbest und Phenolharz	trocken, flüssig	*unbeständig*
96	Phenolzemente	trocken, flüssig	*unbeständig 20°*
97	Schwefelzemente	trocken, flüssig	*unbeständig 20°*
98	Furanzemente	trocken, flüssig	*unbeständig 20°*

W. V. Nr.	Werkstoff	Zusammensetzung des angreifenden Stoffes	Verhalten gegen den angreifenden Stoff
Bromsäure. $HBrO_3$			
51	Polymere Kohlenwasserstoffe	Lg.	*bedingt beständig:* 512 (gefüllt und ungefüllt)
52	Polymere halogenierte Kohlenwasserstoffe	10% Lg.	*beständig 20°:* 521, 522
95	Säurekitte mit Asbest und Phenolharz	Lg.	*beständig*
Bromwasserstoff. HBr			
1	Kohlenstoff	verd.-konz. Lg.	*beständig 100°:* 14
21	Glas	Lg.	*beständig 100°*
22	Quarz	Lg. Herstellung, $H_2 + B_2 = 2\,HBr$	*beständig* *beständig*
23	Natursteine	Lg.	*beständig*
24	Zementhaltige Baustoffe	Lg.	*unbeständig*
25	Keramische Auskleidungen	Lg.	*beständig*
26	Steinzeug	Lg.	*beständig 100°*
27	Porzellan	Lg.	*beständig 100°*
29	Email	Lg.	*beständig*
31	Weichgummi	Lg.	*beständig 70°*
32	Hartgummi	Lg.	*beständig 70°*
33	Butadienpolymerisate	Lg.	*beständig*
35	Isoprenmischpolymerisate	25—50% Lg.	*beständig 20°:* 351
36	Chloroprenpolymerisate	40% Lg.	*bedingt beständig 26°*
41	Phenolharze	wasserfrei	*beständig 20°:* 411
43	Furanharze	Lg.	*beständig bei Siedetemp.*
44	Polyesterharze	10—40% Lg.	*beständig 100°:* 441
51	Polymere Kohlenwasserstoffe	10% Lg. 40% Lg. bis 48% Lg. 50% Lg.	*beständig 100°:* 512 *beständig 70°:* 514 *beständig 60°:* 512 (ungefüllt); *80°:* 512 (gefüllt); *bedingt beständig 100°:* 512 (gefüllt); *unbeständig 100°:* 512 (ungefüllt) *beständig 60°:* 511
52	Polymere halogenierte Kohlenwasserstoffe	10% Lg. 48% Lg. wasserfrei	*beständig 40°:* 521; *bedingt beständig 60°:* 521; *unbeständig 100°:* 521 *beständig 60°:* 521; *unbeständig 80°:* 521 *beständig 20°:* 523
77	Bitumenhaltige und asphalthaltige Stoffe	40% Lg.	*bedingt beständig 25°;* *unbeständig 65°*
8	Holz	Lg.	*beständig*

W. V. Nr.	Werkstoff	Zusammensetzung des angreifenden Stoffes	Verhalten gegen den angreifenden Stoff
91	Silikatzemente	40% Lg. HBr-Gas	*beständig bei Siedetemp.* *beständig 530°*
96	Phenolzemente	35% Lg. wasserfrei	*beständig 50°;* *bedingt beständig 100°* *beständig 50°*
97	Schwefelzemente	Lg. wasserfrei	*beständig 80°* *beständig 50°*
98	Furanzemente	10% Lg. 35% Lg. wasserfrei	*beständig 100°* *beständig 100°* *beständig 45°*

Butadien. $CH_2 = CH \cdot CH = CH_2$. *SP 18°*

W. V. Nr.	Werkstoff	Zusammensetzung des angreifenden Stoffes	Verhalten gegen den angreifenden Stoff
52	Polymere halogenierte Kohlenwasserstoffe	100%	*bedingt beständig: 523*

Butandiol.

W. V. Nr.	Werkstoff	Zusammensetzung des angreifenden Stoffes	Verhalten gegen den angreifenden Stoff
51	Polymere Kohlenwasserstoffe	100%	*beständig 80°: 512; 100°: 512 (gefüllt); bedingt beständig 100°: 512 (ungefüllt)*
52	Polymere halogenierte Kohlenwasserstoffe	10% Lg. 100%	*beständig 20°: 521; bedingt beständig 40°: 521; unbeständig 60°: 521* *unbeständig 20°: 521*

Buttersäure. C_3H_7COOH

W. V. Nr.	Werkstoff	Zusammensetzung des angreifenden Stoffes	Verhalten gegen den angreifenden Stoff
1	Kohlenstoff	Handelsware	*beständig 100°*
21	Glas	Handelsware 10% Lg.	*beständig* *beständig 100°: 218*
22	Quarz	Handelsware	*beständig*
23	Natursteine	Handelsware	*beständig*
24	Zementhaltige Baustoffe	Handelsware	*unbeständig*
25	Keramische Auskleidungen	Handelsware	*beständig 100°*
26	Steinzeug	Lg.	*beständig 100°*
27	Porzellan	Handelsware	*beständig 100°*
29	Email	Handelsware	*beständig*
36	Chloroprenpolymerisate	Handelsware	*bedingt beständig 27°*
41	Phenolharze	Handelsware, verd. Lg.	*beständig: 441*
42	Carbamidharze	Handelsware, verd. Lg.	*bedingt beständig: 421, 423*
43	Furanharze	Handelsware,	*beständig 120°*
44	Polyesterharze	25% Lg. 50% Lg. 100%	*beständig 95°: 441* *beständig 20°: 441; bedingt beständig 95°: 441* *beständig 20°: 441; bedingt beständig 95°: 441*
46	Polyamide	Handelsware, verd. Lg.	*unbeständig: 46*
51	Polymere Kohlenwasserstoffe	5% Lg. 20% Lg. 25% Lg. konz. Lg.	*beständig 75°: 514* *bedingt beständig 20°: 512* *beständig 20°: 514; bedingt beständig 75°: 514* *unbeständig 20°: 512, 514*

W. V. Nr.	Werkstoff	Zusammensetzung des angreifenden Stoffes	Verhalten gegen den angreifenden Stoff
52	Polymere halogenierte Kohlenwasserstoffe	10% Lg. 20% Lg. konz. Lg.	*beständig 25°: 523* *bedingt beständig 20°: 521, 521w* *unbeständig 20°: 521, 521w*
55	Polyacryl- und Polymethacrylverbindungen	$<$5% Lg. Lg.	*beständig: 552* *unbeständig 20°: 553*
62	Nicht abgewandelter Zellstoff	Handelsware, verd. Lg.	*beständig: 621*
63	Zelluloseester	Handelsware, verd. Lg.	*unbeständig: 631, 632*
8	Holz	Handelsware	*unbeständig 20°;* *bedingt beständig* (Lärche)
91	Silikatzemente	Handelsware	*beständig bei Siedetemp.*
95	Säurekitte mit Asbest und Phenolharz	Handelsware	
96	Phenolzemente	Handelsware	*beständig 80°*
97	Schwefelzemente	Handelsware	*bedingt beständig 20°;* *unbeständig 80°*
98	Furanzemente	Handelsware	*beständig 80°*

Butylacetat. CH$_3$ · COO · C$_4$H$_7$

W. V. Nr.	Werkstoff	Zusammensetzung des angreifenden Stoffes	Verhalten gegen den angreifenden Stoff
1	Kohlenstoff	Handelsware	*beständig 100°:* 14
21	Glas	Handelsware	*beständig 100°*
22	Quarz	Handelsware	*beständig*
23	Natursteine	Handelsware	*beständig 25°:* 239
24	Zementhaltige Baustoffe	säurefrei	*beständig, aber event. undicht*
25	Keramische Auskleidungen	Handelsware	*beständig*
26	Steinzeug	Handelsware	*beständig 100°*
27	Porzellan	Handelsware	*beständig 100°*
29	Email	Handelsware	*beständig*
31	Weichgummi	Handelsware	*unbeständig*
32	Hartgummi	Handelsware	*unbeständig*
33	Butadienpolymerisate	Handelsware	*unbeständig*
36	Chloroprenpolymerisate	Handelsware	*unbeständig*
38	Silikongummi	Handelsware	*unbeständig 20°*
44	Polyesterharze	Handelsware	*beständig 20°:* 441; *bedingt beständig 50°:* 441; *unbeständig 80°:* 441
51	Polymere Kohlenwasserstoffe	Handelsware	*unbeständig 20°:* 512, 514
52	Polymere halogenierte Kohlenwasserstoffe	Handelsware	*unbeständig 20°:* 521, 523, 5251
54	Polyvinylester und Derivate	Handelsware	*unbeständig:* 541
55	Polyacryl- und Polymethacrylverbindungen	Handelsware	*unbeständig 20°:* 553

W. V. Nr.	Werkstoff	Zusammensetzung des angreifenden Stoffes	Verhalten gegen den angreifenden Stoff
77	Bitumenhaltige und asphalthaltige Stoffe	50% Lg.	*bedingt beständig 25°*
		Handelsware	*unbeständig 25°*
8	Holz	Handelsware	*beständig*
91	Silikatzemente	Handelsware	*beständig 120°*
95	Säurekitte mit Asbest und Phenolharz	Handelsware	*beständig*
96	Phenolzemente	Handelsware	*beständig 50°;* *bedingt beständig 100°*
97	Schwefelzemente	Handelsware	*unbeständig 20°*
98	Furanzemente	Handelsware	*beständig 80°*

Butylalkohol. $C_4H_7 \cdot OH$. *SP 117°*

W. V. Nr.	Werkstoff	Zusammensetzung des angreifenden Stoffes	Verhalten gegen den angreifenden Stoff
1	Kohlenstoff	Handelsware	*beständig bei Siedetemp.: 14*
21	Glas	Handelsware	*beständig*
22	Quarz	Handelsware	*beständig*
23	Natursteine	Handelsware	*beständig*
24	Zementhaltige Baustoffe	Handelsware	*beständig, aber event. undicht*
25	Keramische Auskleidungen	Handelsware	*beständig*
26	Steinzeug	Handelsware	*beständig*
27	Porzellan	Handelsware	*beständig*
29	Email	Handelsware	*beständig*
31	Weichgummi	Handelsware	*beständig*
32	Hartgummi	Handelsware	*beständig*
33	Butadienpolymerisate	Handelsware	*unbeständig*
36	Chloroprenpolymerisate	Handelsware	*beständig 27°*
38	Silikongummi	Handelsware	*unbeständig 20°*
51	Polymere Kohlenwasserstoffe	Handelsware	*beständig 20°: 512;* *bedingt beständig 40°: 512;* *unbeständig 60°: 512*
52	Polymere halogenierte Kohlenwasserstoffe	Handelsware (bis 100%)	*beständig 20°: 522, 523, 5251;* *beständig 40°: 521;* *bedingt beständig 60°: 521*
54	Polyvinylester und Derivate	Handelsware	*unbeständig: 541*
8	Holz	Handelsware	*beständig*
95	Säurekitte mit Asbest und Phenolharz	Handelsware	

Butylphenol. $C_6H_5 \cdot C_4H_7$

W. V. Nr.	Werkstoff	Zusammensetzung des angreifenden Stoffes	Verhalten gegen den angreifenden Stoff
51	Polymere Kohlenwasserstoffe	Handelsware	*bedingt beständig 50°: 512*
52	Polymere halogenierte Kohlenwasserstoffe	Handelsware	*beständig 20°: 521*

W. V. Nr.	Werkstoff	Zusammensetzung des angreifenden Stoffes	Verhalten gegen den angreifenden Stoff
Butyraldehyd. $C_2H_5 \cdot CH_2 \cdot CHO$. *SP 74,7°*			
36	Chloroprenpolymerisate	Handelsware	*bedingt beständig 30°*
51	Polymere Kohlenwasserstoffe	Handelsware	*unbeständig 20°: 511*
Calciumbisulfit. $Ca(HSO_3)_2$			
1	Kohlenstoff	Lg.	*beständig 25°: 14*
21	Glas	Lg.	*beständig*
22	Quarz	Lg.	*beständig*
23	Natursteine	10% SO_2	*unbeständig 25°: 239*
24	Zementhaltige Baustoffe	Lg.	*unbeständig*
25	Keramische Auskleidungen	Lg.	*beständig*
26	Steinzeug	Lg.	*beständig*
27	Porzellan	Lg.	*beständig*
29	Email	Lg.	*beständig*
31	Weichgummi	Lg.	*beständig*
32	Hartgummi	Lg.	*beständig*
33	Butadienpolymerisate	Lg.	*beständig*
36	Chloroprenpolymerisate	verd.-konz. Lg.	*beständig 65°*
41	Phenolharze	Lg. + 10% SO_2	*bedingt beständig 20°: 411*
52	Polymere halogenierte Kohlenwasserstoffe	Lg.	*beständig: 521*
8	Holz	Lg.	*unbeständig*
91	Silikatzemente	Lg.	*bedingt beständig 20°*
95	Säurekitte mit Asbest und Phenolharz	Lg.	*beständig*
96	Phenolzemente	Lg.	*beständig 100°*
97	Schwefelzemente	Lg.	*beständig 20°; unbeständig 100°*
98	Furanzemente	Lg.	*beständig*
Calciumcarbonat. $CaCO_3$			
1	Kohlenstoff	10% Lg.	*beständig 100°: 14*
21	Glas	fest	*beständig*
26	Steinzeug	fest	*beständig 100°*
27	Porzellan	fest	*beständig 100°*
31	Weichgummi	10% Lg.	*beständig 100°*
32	Hartgummi	10% Lg.	*beständig 100°*
52	Polymere halogenierte Kohlenwasserstoffe	25% Lg. / fest	*beständig 70°: 521, 522* / *beständig 70°: 521, 522, 523*
91	Silikatzemente	fest	*beständig 520°*
97	Phenolzemente	fest	*beständig 140°*
98	Schwefelzemente	fest	*beständig 120°*
Calciumchlorat. $Ca(ClO_3)_2$			
1	Kohlenstoff	10% Lg.	*beständig 60°: 14*
21	Glas	verd.-konz. Lg.	*beständig*

W. V. Nr.	Werkstoff	Zusammensetzung des angreifenden Stoffes	Verhalten gegen den angreifenden Stoff
26	Steinzeug	verd.-konz. Lg.	*beständig 100°*
27	Porzellan	verd.-konz. Lg.	*beständig 100°*
35	Isoprenmisch-polymerisate	25—75% Lg.	*beständig 60°: 351*
44	Polyesterharze	10—25% Lg. fest	*beständig 95°: 441* *beständig 120°: 441*
51	Polymere Kohlen-wasserstoffe	25% Lg. fest	*beständig 70°: 514* *beständig 70°: 514*
52	Polymere halo-genierte Kohlen-wasserstoffe	25% Lg. fest	*beständig 25°: 522* *beständig 25°: 522*
77	Bitumenhaltige und asphalt-haltige Stoffe	25% Lg. fest	*beständig 65°* *beständig 25°*
91	Silikatzemente	25% Lg. fest	*beständig 110°* *beständig 110°*
97	Schwefelzemente	25% Lg. fest	*beständig 80°* *beständig 80°*
98	Furanzemente	25% Lg. fest	*beständig 100°* *beständig 120°*

Calciumchlorid. $CaCl_2$

W. V. Nr.	Werkstoff	Zusammensetzung des angreifenden Stoffes	Verhalten gegen den angreifenden Stoff
1	Kohlenstoff	Lg.	*beständig 100°: 14*
21	Glas	Lg. 20—50% Lg.	*beständig* *beständig 100°: 218*
22	Quarz	Lg.	*beständig 100°*
23	Natursteine	Lg.	*beständig 25°: 239*
24	Zementhaltige Baustoffe	Lg.	*unbeständig 25°*
25	Keramische Auskleidungen	Lg.	*beständig*
26	Steinzeug	Lg.	*beständig 100°*
27	Porzellan	Lg.	*beständig 100°*
29	Email	Lg.	*beständig*
31	Weichgummi	Lg.	*beständig*
32	Hartgummi	Lg.	*beständig*
33	Butadien-polymerisate	Lg.	*beständig*
35	Isoprenmisch-polymerisate	25—75% Lg.	*beständig 90°: 351*
36	Chloropren-polymerisate	verd.-konz. Lg.	*beständig 65°*
41	Phenolharze	Lg.	*beständig 25°: 411 + Asbest*
43	Furanharze	Lg.	*beständig bei Siedetemp. 120°;* *beständig: 43 + Asbest*
44	Polyesterharze	10—50% Lg. fest	*beständig 120°: 441* *beständig 120°: 441*
51	Polymere Kohlen-wasserstoffe	20% Lg. 25% Lg. 50% Lg. kalt ges. Lg. fest	*beständig 20°: 511* *beständig 70°: 514* *beständig 20°: 514* *beständig 30°: 511; 80°: 512;* *100°: 512 (gefüllt);* *bedingt beständig 100°: 512* *(ungefüllt)* *beständig 70°: 514*

W. V. Nr.	Werkstoff	Zusammensetzung des angreifenden Stoffes	Verhalten gegen den angreifenden Stoff
52	Polymere halogenierte Kohlenwasserstoffe	verd. Lg. kalt ges. Lg.	*beständig 40°: 521, 522, 523;* *bedingt beständig 60°: 521* *beständig 60°: 521, 522;* *unbeständig 80°: 521*
77	Bitumenhaltige und asphalthaltige Stoffe	25% Lg. fest	*beständig 65°* *beständig 65°*
8	Holz	Lg.	*bedingt beständig* (quellen)
91	Silikatzemente	25% Lg. fest	*beständig 110°* *beständig 530°*
95	Säurekitte mit Asbest und Phenolharz	Lg.	*beständig*
96	Phenolzemente	50% Lg. konz. Lg.	*beständig 100°* *beständig 140°*
97	Schwefelzemente	Lg. fest	*beständig 80°* *beständig 80°*
98	Furanzemente	25% Lg. fest	*beständig 100°* *beständig 120°*

Calciumhydroxyd. Ca(OH)$_2$

W. V. Nr.	Werkstoff	Zusammensetzung des angreifenden Stoffes	Verhalten gegen den angreifenden Stoff
1	Kohlenstoff	Lg. Kalkmilch	*beständig*
21	Glas	Lg. Kalkmilch 10% Lg.	*bedingt beständig* (geringer Angriff) *beständig 40°: 218;* *bedingt beständig 100°: 218*
22	Quarz	Lg. Kalkmilch	*beständig 20°;* *unbeständig hohe Temp.*
23	Natursteine	Lg. Kalkmilch	*beständig*
24	Zementhaltige Baustoffe	Lg. Kalkmilch	*beständig*
25	Keramische Auskleidungen	Lg. Kalkmilch	*beständig*
26	Steinzeug	Lg. Kalkmilch	*beständig*
27	Porzellan		
29	Email	Lg. Kalkmilch	*bedingt beständig* (geringer Angriff)
31	Weichgummi	Lg. Kalkmilch	*beständig*
32	Hartgummi	Lg. Kalkmilch	*beständig*
33	Butadienpolymerisate	Lg. Kalkmilch	*unbeständig*
36	Chloroprenpolymerisate	Lg. Kalkmilch	*beständig 93°*
41	Phenolharze	Lg.	*beständig:* 411
42	Carbamidharze	Lg.	*beständig:* 421, 423
43	Furanharze	Lg.	*beständig bei Siedetemp. 120°*
44	Polyesterharze	5% Lg. fest	*unbeständig 20°: 441* *unbeständig 20°: 441*
46	Polyamide	Lg.	*beständig*
51	Polymere Kohlenwasserstoffe	5% Lg. fest	*beständig 70°: 514* *beständig 70°: 511, 514*
52	Polymere halogenierte Kohlenwasserstoffe	Lg. Kalkmilch	*beständig 40°: 521, 522, 523*

W. V. Nr.	Werkstoff	Zusammensetzung des angreifenden Stoffes	Verhalten gegen den angreifenden Stoff
55	Polyacryl- und Polymethacryl-verbindungen	Lg.	*beständig 100°: 553*
62	Nicht abgewandelter Zellstoff	Lg.	*unbeständig: 621*
63	Zelluloseester	Lg.	*unbeständig: 631, 632*
77	Bitumenhaltige und asphalthaltige Stoffe	10% Lg. fest	*beständig 65°* *beständig 25°*
8	Holz	Kalkmilch	*beständig (quellen)*
91	Silikatzemente	5% Lg.	*unbeständig 20°*
92	Säurekitte mit Wasserglas	10% Lg. Kalkmilch	*unbeständig: 921, 922, 923*
93	Säurekitte mit Kunstharz	10% Lg. Kalkmilch	*beständig: 931, 932, 933, 934*
95	Säurekitte mit Asbest und Phenolharz	Lg. Kalkmilch	*beständig*
96	Phenolzemente	10% Lg.	*bedingt beständig 50°*
97	Schwefelzemente	Lg.	*unbeständig 20°*
98	Furanzemente	verd. Lg. fest	*beständig 100°* *beständig 120°*

Calciumhypochlorit. $Ca(ClO)_2$

W. V. Nr.	Werkstoff	Zusammensetzung des angreifenden Stoffes	Verhalten gegen den angreifenden Stoff
1	Kohlenstoff	verd.-konz. Lg.	*beständig 30°: 14*
21	Glas	20% Lg. konz. Lg.	*beständig 20°: 218* *beständig 100°*
23	Natursteine	20% Lg.	*beständig 50°: 239*
24	Zementhaltige Baustoffe	Lg.	*unbeständig 25°*
26	Steinzeug	Lg.	*beständig 100°*
27	Porzellan	Lg.	*beständig 100°*
31	Weichgummi	10—30% Lg.	*beständig 20°*
32	Hartgummi	10—30% Lg.	*beständig 50°*
36	Chloropren-polymerisate	Lg.	*unbeständig*
44	Polyesterharze	5—15% Lg.	*beständig 20°: 441;* *bedingt beständig 50°: 441;* *unbeständig 80°: 441*
51	Polymere Kohlenwasserstoffe	3% Lg. fest	*beständig 20°: 511;* *beständig 70°: 514* *beständig 70°: 514;* *bedingt beständig 60°: 511*
52	Polymere halogenierte Kohlenwasserstoffe	NaClO, $Ca(ClO)_2$, Lg. (12,5% freies Cl_2)	*beständig 40°: 521, 522;* *bedingt beständig 60°: 511*
55	Polyacryl- und Polymethacryl-verbindungen	Lg.	*beständig 100°: 553*
77	Bitumenhaltige und asphalthaltige Stoffe	10% Lg.	*bedingt beständig 25°*
91	Silikatzemente	5% Lg.	*unbeständig 30°*
95	Säurekitte mit Asbest und Phenolharz	10% Lg.	*beständig*

W. V. Nr.	Werkstoff	Zusammensetzung des angreifenden Stoffes	Verhalten gegen den angreifenden Stoff
96	Phenolzemente	10% Lg.	*beständig 20°;* *bedingt beständig 80°*
97	Schwefelzemente	5% Lg. konz. Lg. und fest	*bedingt beständig 20°* *unbeständig 20°*
98	Furanzemente	verd. Lg. fest	*beständig 50°* *bedingt beständig 100°*

Calciumnitrat. $Ca(NO_3)_2$

W. V. Nr.	Werkstoff	Zusammensetzung des angreifenden Stoffes	Verhalten gegen den angreifenden Stoff
21	Glas	Lg.	*beständig*
23	Natursteine	10—20% Lg.	*beständig 50°: 239*
26	Steinzeug	Lg.	*beständig*
27	Porzellan	Lg.	*beständig*
36	Chloropren-polymerisate	verd.-konz. Lg.	*beständig 93°*
41	Phenolharze	20% Lg.	*beständig 100°: 411*
43	Furanharze	Lg.	*beständig bei Siedetemp.*
51	Polymere Kohlen-wasserstoffe	50% Lg.	*beständig 40°: 512*
52	Polymere halo-genierte Kohlen-wasserstoffe	20% Lg. 50% Lg.	*beständig 100°: 523* *beständig 40°: 521, 522*

Calciumsulfat. $CaSO_4$

W. V. Nr.	Werkstoff	Zusammensetzung des angreifenden Stoffes	Verhalten gegen den angreifenden Stoff
1	Kohlenstoff	Lg.	*beständig 100°: 14*
21	Glas	Lg.	*beständig 100°*
22	Quarz	Lg.	*beständig 100°*
23	Natursteine	Lg.	*beständig 75°: 239*
24	Zementhaltige Baustoffe	Lg.	*unbeständig 25°*
25	Keramische Auskleidungen	Lg.	*beständig*
26	Steinzeug	Lg.	*beständig 100°*
27	Porzellan	Lg.	*beständig 100°*
29	Email	Lg.	*beständig*
31	Weichgummi	Lg.	*beständig*
32	Hartgummi	Lg.	*beständig*
33	Butadien-polymerisate	Lg.	*beständig*
41	Phenolharze	fest	*beständig 20°: 411*
43	Furanharze	Lg.	*beständig bei Siedetemp. 120°*
44	Polyesterharze	5% Lg. fest	*beständig 95°: 441* *beständig 120°: 441*
51	Polymere Kohlen-wasserstoffe	fest	*beständig 70°: 514*
52	Polymere halo-genierte Kohlen-wasserstoffe	50% Lg.	*beständig 40°: 521, 522, 523*
77	Bitumenhaltige und asphalt-haltige Stoffe	fest	*beständig 65°*
8	Holz	Lg.	*beständig*
91	Silikatzemente	Lg. fest	*beständig bei Siedetemp.* *beständig 520°*

W. V. Nr.	Werkstoff	Zusammensetzung des angreifenden Stoffes	Verhalten gegen den angreifenden Stoff
95	Säurekitte mit Asbest und Phenolharz	Lg.	*beständig*
96	Phenolzemente	konz. Lg.	*beständig 130°*
97	Schwefelzemente	Lg. fest	*beständig 80°* *beständig 80°*
98	Furanzemente	fest	*beständig 120°*

Calciumsulfid. CaS

W. V. Nr.	Werkstoff	Zusammensetzung des angreifenden Stoffes	Verhalten gegen den angreifenden Stoff
1	Kohlenstoff	Lg.	*beständig*
21	Glas	Lg.	*beständig*
22	Quarz	Lg.	*beständig*
23	Natursteine	Lg.	*beständig*
25	Keramische Auskleidungen	Lg.	*beständig*
26	Steinzeug	Lg.	*beständig*
27	Porzellan	Lg.	*beständig*
29	Email	Lg.	*beständig*
31	Weichgummi	Lg.	*beständig*
32	Hartgummi	Lg.	*beständig*
33	Butadien-polymerisate	Lg.	*beständig*
51	Polymere Kohlen-wasserstoffe	Lg.	*beständig:* 512 (gefüllt und ungefüllt)
52	Polymere halo-genierte Kohlen-wasserstoffe	Lg.	*beständig:* 521, 522
8	Holz	Lg.	*unbeständig*

Carnallit. $KCl \cdot MgCl_2 \cdot OH_2O$

W. V. Nr.	Werkstoff	Zusammensetzung des angreifenden Stoffes	Verhalten gegen den angreifenden Stoff
1	Kohlenstoff	Lg.	*beständig*
21	Glas	Lg.	*beständig*
22	Quarz	Lg.	*beständig*
23	Natursteine	Lg.	*beständig*
24	Zementhaltige Baustoffe	Lg.	*unbeständig*
25	Keramische Auskleidungen	Lg.	*beständig*
26	Steinzeug	Lg.	*beständig*
27	Porzellan	Lg.	*beständig*
29	Email	Lg.	*beständig*
31	Weichgummi	Lg.	*beständig*
32	Hartgummi	Lg.	*beständig*
33	Butadien-polymerisate	Lg.	*beständig*
41	Phenolharze	fest	*beständig 25°:* 411
51	Polymere Kohlen-wasserstoffe	ges. Lg.	*beständig 70°:* 512 (gefüllt und ungefüllt)
52	Polymere halo-genierte Kohlen-wasserstoffe	ges. Lg.	*beständig 60°:* 521
8	Holz	Lg.	*beständig*

W. V. Nr.	Werkstoff	Zusammensetzung des angreifenden Stoffes	Verhalten gegen den angreifenden Stoff
95	Säurekitte mit Asbest und Phenolharz	Lg.	*beständig*

Carosche Säure. H_2SO_5

21	Glas	Lg.	*beständig*
24	Zementhaltige Baustoffe	Lg.	*unbeständig*
26	Steinzeug	Lg.	*beständig*
27	Porzellan	Lg.	*beständig*
29	Email	Lg.	*beständig*

Chininverbindungen.

1	Kohlenstoff	Chininsulfat-Lg.	*beständig*
21	Glas	Chininsulfat-Lg.	*beständig*
22	Quarz	Chininsulfat-Lg.	*beständig*
23	Natursteine	Chininsulfat-Lg.	*beständig*
24	Zementhaltige Baustoffe	Chininsulfat-Lg.	*unbeständig*
25	Keramische Auskleidungen	Chininsulfat-Lg.	*beständig*
26	Steinzeug	Chininsulfat-Lg.	*beständig*
27	Porzellan	Chininsulfat-Lg.	*beständig*
29	Email	Chininsulfat-Lg.	*beständig*
31	Weichgummi	Chininsulfat-Lg.	*beständig*
32	Hartgummi	Chininsulfat-Lg.	*beständig*
33	Butadien-polymerisate	Chininsulfat-Lg.	*beständig*
51	Polymere Kohlen-wasserstoffe	Chininsulfat-Lg.	*beständig:* 512 (gefüllt und ungefüllt)
52	Polymere halo-genierte Kohlen-wasserstoffe	Chininsulfat-Lg.	*beständig:* 521
8	Holz	Chininsulfat, fest	*beständig*
95	Säurekitte mit Asbest und Phenolharz	Chininsulfat-Lg.	*beständig*

Chinolin. $C_6H_4\diagup\!\!\begin{array}{c}CH-CH\\ |\\ N=CH\end{array}\!\!. \; SP \; 238°$

1	Kohlenstoff	Handelsware	*beständig*
21	Glas	Handelsware	*beständig*
22	Quarz	Handelsware	*beständig*
23	Natursteine	Handelsware	*beständig*
24	Zementhaltige Baustoffe	Handelsware	*beständig*
25	Keramische Auskleidungen	Handelsware	*beständig*
26	Steinzeug	Handelsware	*beständig*
27	Porzellan	Handelsware	*beständig*
29	Email	Handelsware	*beständig*
31	Weichgummi	Handelsware	*unbeständig*

W. V. Nr.	Werkstoff	Zusammensetzung des angreifenden Stoffes	Verhalten gegen den angreifenden Stoff
32	Hartgummi	Handelsware	*unbeständig*
33	Butadien-polymerisate	Handelsware	*unbeständig*
		Handelsware	*unbeständig*
51	Polymere Kohlen-wasserstoffe	Handelsware	*unbeständig:* 512 (gefüllt und ungefüllt)
52	Polymere halo-genierte Kohlen-wasserstoffe	Handelsware	*unbeständig:* 521

Chinon. $HC\diagup\diagdown$ with $CH \cdot CO$, $CH = CH$, CO

$$HC\underset{CH=CH}{\overset{CH\cdot CO}{\diagdown\diagup}}CO$$

W. V. Nr.	Werkstoff	Zusammensetzung des angreifenden Stoffes	Verhalten gegen den angreifenden Stoff
21	Glas	Lg.	*beständig*
22	Quarz	Lg.	*beständig*
23	Natursteine	Lg.	*beständig*
24	Zementhaltige Baustoffe	Lg.	*beständig*
25	Keramische Auskleidungen	Lg.	*beständig*
26	Steinzeug	Lg.	*beständig*
27	Porzellan	Lg.	*beständig*
29	Email	Lg.	*beständig*
31	Weichgummi	Lg.	*unbeständig*
32	Hartgummi	Lg.	*unbeständig*
33	Butadien-polymerisate	Lg.	*unbeständig*
51	Polymere Kohlen-wasserstoffe	Lg.	*unbeständig:* 512 (gefüllt und ungefüllt)
52	Polymere halo-genierte Kohlen-wasserstoffe	Lg.	*unbeständig:* 521
95	Säurekitte mit Asbest und Phenolharz	Lg.	*unbeständig*

Chlor. Cl_2

W. V. Nr.	Werkstoff	Zusammensetzung des angreifenden Stoffes	Verhalten gegen den angreifenden Stoff
1	Kohlenstoff	Gas, 100%	*beständig* 50°: 14; *bedingt beständig* 70°: 14
21	Glas	Gas und Cl_2-Wasser	*beständig* 20°: 218
22	Quarz	Gas und Cl_2-Wasser	*beständig* (auch bei $H_2 + Cl_2 = 2\,HCl$)
23	Natursteine	Gas und Cl_2-Wasser	*beständig*
24	Zementhaltige Baustoffe	Gas und Cl_2-Wasser	*unbeständig* (Anstriche aus Bitumen, Asphalt, Teer nötig)
25	Keramische Auskleidungen	Gas und Cl_2-Wasser	*beständig*
26	Steinzeug	Gas und Cl_2-Wasser	*beständig*
27	Porzellan	Gas und Cl_2-Wasser	*beständig*
29	Email	Gas und Cl_2-Wasser	*beständig*
31	Weichgummi	Gas, trocken	*beständig*
32	Hartgummi	Gas, trocken	*beständig*
33	Butadien-polymerisate	Gas, trocken	*beständig*

W. V. Nr.	Werkstoff	Zusammensetzung des angreifenden Stoffes	Verhalten gegen den angreifenden Stoff
35	Isoprenmischpolymerisate	trocken, feucht	*bedingt beständig 40°:* 351
36	Chloroprenpolymerisate	Gas, 100%	*unbeständig 26°*
41	Phenolharze	Gas	*beständig:* 411 + Asbest
43	Furanharze	Gas, trocken	*bedingt beständig 20°:* 43 + Asbest; *unbeständig 120°:* 43
		Gas, feucht	*unbeständig 20°:* 43
		Gas, trocken und ges. Chlorwasser	*beständig 40°:* 441; *bedingt beständig 65°:* 441; *unbeständig 90°:* 441
47	Polyurethane	Cl$_2$-Wasser	*beständig 60°*
51	Polymere Kohlenwasserstoffe	Gas, trocken	*beständig 70°:* 514; *bedingt beständig 20°:* 511; *unbeständig 40°:* 512; *unbeständig 60°:* 511
		Gas, feucht Cl$_2$: 5 g/m³ 66 g/m³	*bedingt beständig 20°:* 512 *unbeständig 20°:* 512
		Cl$_2$-Wasser, kalt ges.	*beständig 70°:* 514; *unbeständig 20°:* 512
		verflüssigt	*beständig 70°:* 514; *bedingt beständig 20°:* 511; *unbeständig 60°:* 511
52	Polymere halogenierte Kohlenwasserstoffe	Gas, trocken Cl$_2$: 40% 100%	*beständig 40°:* 521 *beständig 20°:* 521; *beständig 100°:* 524; *bedingt beständig 20°:* 521w; *bedingt beständig 40°:* 521; *unbeständig 20°:* 522, 5251
		Gas, feucht Cl$_2$: 66 g/m³	*beständig 20°:* 521; *unbeständig 20°:* 522
		10%	*bedingt beständig 20°:* 521; *unbeständig 20°:* 521w
		Cl$_2$-Wasser, kalt ges.	*bedingt beständig 20°:* 521, 522
		verflüssigt	*unbeständig 20°:* 521, 521w
55	Polyacryl- und Polymethacrylverbindungen	Gas	*bedingt beständig:* 553; *unbeständig 100°:* 553
		Cl$_2$-Wasser	*beständig:* 553
77	Bitumenhaltige und asphalthaltige Stoffe	Gas, trocken 8% Chlorwasser	*unbeständig 25°* *bedingt beständig 25°*
91	Silikatzemente	Gas, trocken oder feucht	*beständig 530°*
95	Säurekitte mit Asbest und Phenolharz	Gas	*beständig*
96	Phenolzemente	Gas	*unbeständig 20°*
97	Schwefelzemente	Gas. trocken	*bedingt beständig 20°;* *unbeständig 80°*
		Gas, feucht	*unbeständig 20°*
98	Furanzemente	Gas, 5% Gas, 100%	*bedingt beständig 20°* *unbeständig 20°*

W. V. Nr.	Werkstoff	Zusammensetzung des angreifenden Stoffes	Verhalten gegen den angreifenden Stoff
Chlorbenzol. C_6H_5Cl. *SP 132°*			
1	Kohlenstoff	Handelsware	*beständig*
21	Glas	Handelsware	*beständig*
22	Quarz	Handelsware	*beständig*
23	Natursteine	Handelsware	*beständig*
24	Zementhaltige Baustoffe	Handelsware	*beständig*
25	Keramische Auskleidungen	Handelsware	*beständig*
26	Steinzeug	Handelsware	*beständig*
27	Porzellan	Handelsware	*beständig*
29	Email	Handelsware	*beständig*
31	Weichgummi	Handelsware	*unbeständig*
32	Hartgummi	Handelsware	*unbeständig*
33	Butadienpolymerisate	Handelsware	*unbeständig*
35	Isoprenmischpolymerisate	Handelsware	*unbeständig 20°:* 351
41	Phenolharze	Handelsware	*bedingt beständig:* 411 + Asbest
42	Carbamidharze	Handelsware	*beständig:* 421, 423
43	Furanharze	Handelsware	*beständig:* 43 + Asbest
44	Polyesterharze	Handelsware	*beständig 20°:* 441; *bedingt beständig 45°:* 441; *unbeständig 55°:* 441
46	Polyamide	Handelsware	*beständig*
51	Polymere Kohlenwasserstoffe	Handelsware	*unbeständig 20°:* 514
52	Polymere halogenierte Kohlenwasserstoffe	Handelsware	*unbeständig:* 521
55	Polyacryl- und Polymethacrylverbindungen	Handelsware	*unbeständig 20°:* 553
62	Nicht abgewandelter Zellstoff	Handelsware	*beständig:* 621
63	Zelluloseester	Handelsware	*bedingt beständig:* 631, 632
77	Bitumenhaltige und asphalthaltige Stoffe	Handelsware	*unbeständig 25°*
91	Silikatzemente	Handelsware	*beständig bei Siedetemp.*
97	Schwefelzemente	Handelsware	*unbeständig 20°*
98	Furanzemente	Handelsware	*beständig 100°*
Chloressigsäure. $CH_2Cl \cdot COOH$. *SP 189°*			
1	Kohlenstoff	20—100%	*beständig 100°:* 14
21	Glas	reine Säure	*beständig 100°:* 218
22	Quarz	Lg.	*beständig 100°*
23	Natursteine	Lg.	*beständig 50°:* 239
24	Zementhaltige Baustoffe	Lg.	*unbeständig 25°*
25	Keramische Auskleidungen	20—90% Lg.	*beständig 100°*

W. V. Nr.	Werkstoff	Zusammensetzung des angreifenden Stoffes	Verhalten gegen den angreifenden Stoff
26	Steinzeug	Lg.	*beständig 100°*
27	Porzellan	Lg.	*beständig 100°*
29	Email	Lg.	*beständig*
31	Weichgummi	Lg.	*unbeständig*
32	Hartgummi	Lg.	*unbeständig*
33	Butadienpolymerisate	Lg.	*unbeständig*
35	Isoprenmischpolymerisate	25% Lg.	*unbeständig 40°: 351*
41	Phenolharze	100%	*beständig 100°: 411*
43	Furanharze	10% Lg.	*beständig 120°*
51	Polymere Kohlenwasserstoffe	25% Lg.	*beständig 70°: 514*
		85% Lg.	*beständig 90°: 512 (gefüllt)*
		98% Lg.	*bedingt beständig 75°: 512 (gefüllt);*
			unbeständig 75°: 512 (ungefüllt)
		100%	*beständig 40°: 512; 60°: 512 (gefüllt);*
			bedingt beständig 60°: 512 (ungefüllt);
			unbeständig 70°: 514
52	Polymere halogenierte Kohlenwasserstoffe	85% Lg.	*unbeständig 75°: 521*
		98% Lg.	*unbeständig 90°: 521*
		100%	*beständig 40°: 521;*
			bedingt beständig 60°: 521;
			bedingt beständig 100°: 523
55	Polyacryl- und Polymethacrylverbindungen	Lg.	*unbeständig 20°: 553*
77	Bitumenhaltige und asphalthaltige Stoffe	25% Lg.	*bedingt beständig 25°; unbeständig 50°*
		100%	*unbeständig 25°*
8	Holz	Lg.	*beständig*
91	Silikatzemente	25% Lg.	*beständig 110°*
		konz. Lg.	*beständig 175°*
96	Phenolzemente	50% Lg.	*beständig 100°*
		95% Lg.	*beständig 100°*
97	Schwefelzemente	Lg.	*bedingt beständig 20°; unbeständig 80°*
98	Furanzemente	50% Lg.	*beständig 100°*
		100%	*beständig 100°*

Chloroform. CHCl$_3$. *SP 61,2°*

W. V. Nr.	Werkstoff	Zusammensetzung des angreifenden Stoffes	Verhalten gegen den angreifenden Stoff
1	Kohlenstoff	Handelsware	*beständig bei Siedetemp.: 14*
21	Glas	Handelsware	*beständig bei Siedetemp.*
22	Quarz	Handelsware	*beständig bei Siedetemp.*
23	Natursteine	Handelsware	*beständig*
24	Zementhaltige Baustoffe	Handelsware	*beständig, aber event. undicht*
25	Keramische Auskleidungen	Handelsware	*beständig bei Siedetemp.*
26	Steinzeug	Handelsware	*beständig bei Siedetemp.*
27	Porzellan	Handelsware	*beständig bei Siedetemp.*

W. V. Nr.	Werkstoff	Zusammensetzung des angreifenden Stoffes	Verhalten gegen den angreifenden Stoff
29	Email	Handelsware	*beständig* (auch für Herstellung durch Elektrolyse)
31	Weichgummi	Handelsware	*unbeständig*
32	Hartgummi	Handelsware	*unbeständig*
33	Butadien-polymerisate	Handelsware	*unbeständig*
36	Chloropren-polymerisate	Handelsware	*unbeständig*
41	Phenolharze	Handelsware	*unbeständig 20°:* 411
43	Furanharze	Handelsware	*beständig bei Siedetemp.*
44	Polyesterharze	Handelsware	*unbeständig 20°:* 441
47	Polyurethane	Handelsware	*beständig 20°*
51	Polymere Kohlenwasserstoffe	Handelsware	*unbeständig 20°:* 512, 514
52	Polymere halogenierte Kohlenwasserstoffe	Handelsware, 100%	*unbeständig 20°:* 521, 521w
54	Polyvinylester und Derivate	Handelsware	*unbeständig:* 541
55	Polyacryl- und Polymethacrylverbindungen	Handelsware	*unbeständig:* 553
77	Bitumenhaltige und asphalthaltige Stoffe	Handelsware	*unbeständig 25°*
8	Holz	Handelsware	*beständig*
91	Silikatzemente	Handelsware	*beständig bei Siedetemp.*
95	Säurekitte mit Asbest und Phenolharz	Handelsware	*unbeständig*
96	Phenolzemente	Handelsware	*beständig 80°*
97	Schwefelzemente	Handelsware	*unbeständig 20°*
98	Furanzemente	Handelsware	*beständig 60°*

Chlorsäure. $HClO_3$

W. V. Nr.	Werkstoff	Zusammensetzung des angreifenden Stoffes	Verhalten gegen den angreifenden Stoff
21	Glas	Lg.	*beständig*
22	Quarz	Lg.	*beständig*
23	Natursteine	Lg.	*beständig*
24	Zementhaltige Baustoffe	Lg.	*unbeständig*
25	Keramische Auskleidungen	Lg.	*beständig*
26	Steinzeug	Lg.	*beständig*
27	Porzellan	Lg.	*beständig*
29	Email	Lg.	*beständig*
31	Weichgummi	Lg.	*unbeständig*
32	Hartgummi	Lg.	*unbeständig*
33	Butadien-polymerisate	Lg.	*unbeständig*
41	Phenolharze	Lg.	*unbeständig:* 411
42	Carbamidharze	Lg.	*unbeständig:* 421, 423
46	Polyamide	Lg.	*unbeständig*

W. V. Nr.	Werkstoff	Zusammensetzung des angreifenden Stoffes	Verhalten gegen den angreifenden Stoff
51	Polymere Kohlenwasserstoffe	1% Lg.	*beständig 60°: 512; 100°: 512 (gefüllt); bedingt beständig 100°: 512 (ungefüllt)*
		10% Lg.	*beständig 60°: 512; 80°: 512 (ungefüllt); bedingt beständig 80°: 512 (gefüllt); unbeständig 100°: 512*
		20% Lg.	*beständig 60°: 512; unbeständig 80°: 512*
52	Polymere halogenierte Kohlenwasserstoffe	1% Lg.	*beständig 40°: 521, 521w; bedingt beständig 60°: 521; unbeständig 100°: 521*
		10—20% Lg.	*beständig 40°: 521; bedingt beständig 60°: 521; unbeständig 100°: 521*
		50% Lg.	*beständig 20°: 521, 522*
62	Nicht abgewandelter Zellstoff	Lg.	*unbeständig: 621*
63	Zelluloseester	Lg.	*unbeständig: 631, 632*
95	Säurekitte mit Asbest und Phenolharz	Lg.	*unbeständig*

Chlorsulfonsäure. $SO_2 \cdot OH \cdot Cl$

W. V. Nr.	Werkstoff	Zusammensetzung des angreifenden Stoffes	Verhalten gegen den angreifenden Stoff
1	Kohlenstoff	Handelsware	*beständig*
21	Glas	Handelsware	*beständig 100°: 218*
22	Quarz	Handelsware	*beständig*
23	Natursteine	Handelsware	*beständig*
24	Zementhaltige Baustoffe	Handelsware	*unbeständig*
25	Keramische Auskleidungen	Handelsware	*beständig*
26	Steinzeug	Handelsware	*beständig 100° (empfohlen für Behälter, Pumpen)*
27	Porzellan	Handelsware	*beständig 100°*
29	Email	Handelsware	*beständig*
31	Weichgummi	Handelsware	*bedingt beständig*
32	Hartgummi	Handelsware	*bedingt beständig*
33	Butadienpolymerisate	Handelsware	*bedingt beständig*
44	Polyesterharze		*unbeständig 20°: 441*
51	Polymere Kohlenwasserstoffe	90% Lg. 100%	*unbeständig 30°: 511 unbeständig 20°: 512, 514*
52	Polymere halogenierte Kohlenwasserstoffe	100%	*beständig 25°: 523, 524, 5251; bedingt beständig 20°: 521; unbeständig 20°: 522*
77	Bitumenhaltige und asphalthaltige Stoffe	Lg.	*unbeständig 25°*
8	Holz	Lg.	*unbeständig*
92	Säurekitte mit Wasserglas	Lg. Salze	*beständig: 922 beständig: 922*

W. V. Nr.	Werkstoff	Zusammensetzung des angreifenden Stoffes	Verhalten gegen den angreifenden Stoff
93	Säurekitte mit Kunstharz	Lg.	*beständig 20°:* 931, 932, 933, 934
		Salze	*beständig:* 931, 932, 933, 934

Chlorwasserstoff. HCl

W. V. Nr.	Werkstoff	Zusammensetzung des angreifenden Stoffes	Verhalten gegen den angreifenden Stoff
1	Kohlenstoff	wasserfrei, O_2-frei	*beständig bis 800°*
		+ Xylol, $AlCl_3$, H_2O	*unbeständig*
21	Glas	wasserfrei	*beständig*
22	Quarz	$H_2 + Cl_2 = 2\,HCl$	*beständig*
23	Natursteine	+ Xylol, $AlCl_3$, H_2O	*unbeständig*
24	Zementhaltige Baustoffe	Gas, wasserfrei	*unbeständig*
25	Keramische Auskleidungen	wasserfrei	*beständig*
26	Steinzeug	wasserfrei	*beständig*
27	Porzellan	wasserfrei	*beständig*
29	Email	wasserfrei	*beständig*
31	Weichgummi	wasserfrei	*beständig*
32	Hartgummi	wasserfrei	*beständig*
33	Butadien-polymerisate	wasserfrei	*beständig*
44	Polyesterharze	wasserfrei	*beständig 120°:* 441
51	Polymere Kohlen-wasserstoffe	Gas, wasserfrei, $\langle 37\%$	*beständig 60°:* 512 (gefüllt und ungefüllt)
		Gas, feucht	*beständig 40°:* 511
52	Polymere halo-genierte Kohlen-wasserstoffe	Gas, $\langle 30\%$	*beständig 40°:* 521, 521 w
		$\rangle 30\%$	*beständig 60°:* 521
		$\langle 30\%$	*bedingt beständig 60°:* 521
77	Bitumenhaltige und asphalt-haltige Stoffe	Gas	*beständig 25°*
8	Holz	Gas, Schutzanstrich aus Kunstharz, 15%	*beständig*
91	Silikatzemente	wasserfrei	*beständig 530°*
92	Säurekitte mit Wasserglas	wasserfrei	*beständig:* 921
93	Säurekitte mit Kunstharz	wasserfrei	*beständig:* 931, 932, 933, 934
95	Säurekitte mit Asbest und Phenolharz	wasserfrei	*beständig*
96	Phenolzemente	wasserfrei	*beständig 50°*
97	Schwefelzemente	wasserfrei	*beständig 50°*
98	Furanzemente	wasserfrei	*beständig 45°*

Chromalaun. $KCr(SO_4)_2 \cdot 12\,H_2O$

W. V. Nr.	Werkstoff	Zusammensetzung des angreifenden Stoffes	Verhalten gegen den angreifenden Stoff
1	Kohlenstoff	10% Lg.	*beständig 100°:* 14
21	Glas	10—20% Lg.	*beständig 100°*
23	Natursteine	10% Lg.	*unbeständig 25°:* 239
26	Steinzeug	10—20% Lg.	*beständig 100°*
27	Porzellan	10—20% Lg.	*beständig 100°*
31	Weichgummi	10% Lg.	*beständig 25°*
32	Hartgummi	10% Lg.	*beständig 25°*
41	Phenolharze	10% Lg.	*beständig 50°:* 411

W. V. Nr.	Werkstoff	Zusammensetzung des angreifenden Stoffes	Verhalten gegen den angreifenden Stoff
51	Polymere Kohlenwasserstoffe	verd.-kalt ges. Lg.	*beständig 80°: 512; 100° 512 (gefüllt); bedingt beständig 100°: 512 (ungefüllt)*
52	Polymere halogenierte Kohlenwasserstoffe	verd. Lg. kalt ges. Lg.	*beständig 40°: 521; bedingt beständig 60°: 521* *beständig 60°: 521; unbeständig 80°: 521*
92	Säurekitte mit Wasserglas	Lg.	*beständig: 922*
93	Säurekitte mit Kunstharz	Lg.	*beständig: 931, 932, 933, 934*

Chromsäure. CrO_3, H_2CrO_4

W. V. Nr.	Werkstoff	Zusammensetzung des angreifenden Stoffes	Verhalten gegen den angreifenden Stoff
1	Kohlenstoff	10% 30% Lg.	*beständig 90°: 14* *bedingt beständig 100°*
21	Glas	Lg. 5—60% Lg.	*beständig* *beständig 20°: 218; unbeständig, wenn F-Spuren*
22	Quarz	Lg.	*beständig*
23	Natursteine	Lg.	*beständig*
24	Zementhaltige Baustoffe	Lg.	*unbeständig*
25	Keramische Auskleidungen	30% Lg.	*beständig 100°*
26	Steinzeug	Lg.	*beständig 100°*
27	Porzellan	Lg.	*beständig 100°*
29	Email	Lg.	*beständig*
31	Weichgummi	Lg.	*unbeständig 20—100°*
32	Hartgummi	Lg.	*unbeständig 20—100°*
33	Butadienpolymerisate	10—30% Lg.	*unbeständig*
35	Isoprenmischpolymerisate	10% Lg. 25% Lg.	*beständig 40°: 351* *bedingt beständig 20°: 351*
36	Chloroprenpolymerisate	verd.-konz. Lg.	*unbeständig 26°*
41	Phenolharze	10% Lg.	*unbeständig 20°: 523*
43	Furanharze	5% Lg. 30% Lg.	*bedingt beständig 20°; unbeständig bei Siedetemp.* *unbeständig 20°*
44	Polyesterharze	5% Lg. 10% Lg. 15% Lg. 20% Lg. 25% Lg. 30% Lg. 35% Lg. 50% Lg.	*beständig 85°: 441* *beständig 60°: 441; bedingt beständig 85°: 441* *bedingt beständig 60°: 441; unbeständig 85°: 441* *beständig 40°: 441* *beständig 20°: 441; bedingt beständig 40°: 441* *unbeständig 60°: 441* *bedingt beständig 20°: 441; unbeständig 40°: 441* *unbeständig 20°: 441*
51	Polymere Kohlenwasserstoffe	5% Lg.	*beständig 20°: 514; bedingt beständig 70°: 514*

W. V. Nr.	Werkstoff	Zusammensetzung des angreifenden Stoffes	Verhalten gegen den angreifenden Stoff
		10% Lg.	*bedingt beständig 20°: 514;* *unbeständig 70°: 514*
		25% Lg.	*unbeständig 20°: 514*
		bis 50% Lg.	*bedingt beständig 50°: 512* (ungefüllt); *unbeständig 50°: 512* (gefüllt)
		90% Lg.	*beständig 20°: 511;* *unbeständig 60°: 511*
		$H_2CrO_3 + H_2SO_4 + H_2O$	*bedingt beständig 60°: 512* (ungefüllt); *unbeständig 40°: 512* (gefüllt)
52	Polymere halogenierte Kohlenwasserstoffe	verd. Lg.	*beständig 25°: 5251;* *bedingt beständig 20°: 523*
		bis 50% Lg.	*beständig 50°: 521;* *bedingt beständig 40°: 522;* *unbeständig 20°: 523*
		Chromsäure/H_2SO_4/H_2O 400/10/1000	*beständig 40°: 521;* *bedingt beständig 55°: 521*
		340/10/1000	*beständig 40°: 521;* *bedingt beständig 55°: 521*
		250/200/1000	*beständig 40°: 521;* *bedingt beständig 60°: 521*
		250/200/ —	*bedingt beständig 40°: 522*
55	Polyacryl- und Polymethacrylverbindungen	25% Lg.	*unbeständig 20°: 553*
77	Bitumenhaltige und asphalthaltige Stoffe	5% Lg.	*bedingt beständig 25°;* *unbeständig 65°*
		25% Lg.	*unbeständig 25°*
8	Holz	Lg.	*unbeständig*
91	Silikatzemente	50% Lg.	*beständig 95°*
		100%	*beständig 180°*
92	Säurekitte mit Wasserglas	Lg.	*beständig: 922*
93	Säurekitte mit Kunstharz	Lg.	*bedingt beständig: 934*
95	Säurekitte mit Asbest und Phenolharz	Lg.	*unbeständig*
96	Phenolzemente	10% Lg.	*beständig 20°;* *bedingt beständig 60°;* *unbeständig 100°*
		15% Lg.	*unbeständig 60°*
		25% Lg.	*bedingt beständig 20°*
		40% Lg.	*unbeständig 20°*
97	Schwefelzemente	10% Lg.	*beständig 20°;* *bedingt beständig 80°*
		50% Lg.	*unbeständig 20°*
98	Furanzemente	10% Lg.	*bedingt beständig 20°;* *unbeständig 50°*
		20% Lg.	*unbeständig 20°*

Crotonaldehyd. $CH_3 \cdot CH = CH \cdot CHO$. *SP 107,2°*

W. V. Nr.	Werkstoff	Zusammensetzung des angreifenden Stoffes	Verhalten gegen den angreifenden Stoff
21	Glas	Handelsware	*beständig 100°*
26	Steinzeug	Handelsware	*beständig 100°*
27	Porzellan	Handelsware	*beständig 100°*

W. V. Nr.	Werkstoff	Zusammensetzung des angreifenden Stoffes	Verhalten gegen den angreifenden Stoff
51	Polymere Kohlenwasserstoffe	Handelsware	*unbeständig 20°: 512*
52	Polymere halogenierte Kohlenwasserstoffe	Handelsware, 100%	*unbeständig 20°: 521*

Cyclohexan. $CH_2\Big\langle{{CH_2-CH_2}\atop{CH_2-CH_2}}\Big\rangle CH_2$. *SP 80,8°*

W. V. Nr.	Werkstoff	Zusammensetzung des angreifenden Stoffes	Verhalten gegen den angreifenden Stoff
36	Chloroprenpolymerisate	Handelsware	*bedingt beständig 35°*
46	Polyamide	Handelsware	*beständig*

Cyclohexanol. $CH_2\Big\langle{{CH_2-CH_2}\atop{CH_2-CH_2}}\Big\rangle CH \cdot OH$. *SP 160°*

W. V. Nr.	Werkstoff	Zusammensetzung des angreifenden Stoffes	Verhalten gegen den angreifenden Stoff
36	Chloroprenpolymerisate	Handelsware	*beständig 27°*
51	Polymere Kohlenwasserstoffe	100%	*unbeständig 20°: 512*
52	Polymere halogenierte Kohlenwasserstoffe	100%	*unbeständig 20°: 521*

Cyclohexanon. $CH_2\Big\langle{{CH_2-CH_2}\atop{CH_2-CH_2}}\Big\rangle CO$. *SP 155°*

W. V. Nr.	Werkstoff	Zusammensetzung des angreifenden Stoffes	Verhalten gegen den angreifenden Stoff
36	Chloroprenpolymerisate	Handelsware	*unbeständig*
51	Polymere Kohlenwasserstoffe	Handelsware	*unbeständig 20°: 511, 512*
52	Polymere halogenierte Kohlenwasserstoffe	Handelsware, 100% Handelsware Handelsware	*unbeständig 20°: 521* *beständig bei Siedetemp.: 524; 25°: 5251* *unbeständig 20°: 522*
54	Polyvinylester und Derivate	Handelsware	*unbeständig: 541*

Dextrin.

W. V. Nr.	Werkstoff	Zusammensetzung des angreifenden Stoffes	Verhalten gegen den angreifenden Stoff
21	Glas	Handelsware	*beständig*
26	Steinzeug	Handelsware	*beständig*
27	Porzellan	Handelsware	*beständig*
51	Polymere Kohlenwasserstoffe	kalt ges. Lg.	*beständig 20°: 512*
52	Polymere halogenierte Kohlenwasserstoffe	kalt ges. Lg.	*beständig 20°: 521; bedingt beständig 60°: 521*
8	Holz	Handelsware	*beständig*
95	Säurekitte mit Asbest und Phenolharz	Handelsware	*beständig*

Diäthylanilin. $C_6H_5 \cdot N(C_2H_5)_2$. *SP 216,5°*

W. V. Nr.	Werkstoff	Zusammensetzung des angreifenden Stoffes	Verhalten gegen den angreifenden Stoff
1	Kohlenstoff	Handelsware	*beständig*
21	Glas	Handelsware	*beständig*
22	Quarz	Handelsware	*beständig*

W. V. Nr.	Werkstoff	Zusammensetzung des angreifenden Stoffes	Verhalten gegen den angreifenden Stoff
23	Natursteine	Handelsware	*beständig*
24	Zementhaltige Baustoffe	Handelsware	*beständig*
25	Keramische Auskleidungen	Handelsware	*beständig*
26	Steinzeug	Handelsware	*beständig*
27	Porzellan	$+ \text{HCl} + \text{C}_6\text{H}_5 \cdot \text{CH}_2\text{Cl}$,	*unbeständig*
29	Email	3 at, 130°, $p_H = 4$	
31	Weichgummi	Handelsware	*unbeständig*
32	Hartgummi	Handelsware	*unbeständig*
33	Butadien-polymerisate	Handelsware	*unbeständig*
51	Polymere Kohlen-wasserstoffe	Handelsware	*unbeständig:* 512 (gefüllt und ungefüllt)
52	Polymere halo-genierte Kohlen-wasserstoffe	Handelsware	*unbeständig:* 521
8	Holz	Handelsware	*beständig*

Diazosalzlösung.

51	Polymere Kohlen-wasserstoffe	Lg.	*beständig 20°:* 512 (gefüllt)
52	Polymere halo-genierte Kohlen-wasserstoffe	Lg. Lg., salzsauer, verd.-konz. Lg.	*beständig 20°:* 521 *beständig 20°:* 522
92	Säurekitte mit Wasserglas	Lg.	*beständig:* 921, 922
93	Säurekitte mit Kunstharz	Lg.	*beständig:* 932, 934

$$\text{CH}_2 : \text{CCl}_2. \ SP \ 34°$$

Dichloräthylen. $\text{CHCl} : \text{CHCl}. \ SP \ 60,3°$

21	Glas	Handelsware	*beständig*
26	Steinzeug	Handelsware	*beständig*
27	Porzellan	Handelsware	*beständig*
51	Polymere Kohlen-wasserstoffe	Handelsware	*unbeständig:* 20, 511
55	Polyacryl- und Polymethacryl-verbindungen	Handelsware	*unbeständig:* 552, 553
77	Bitumenhaltige und asphalt-haltige Stoffe	Handelsware	*unbeständig 25°*
92	Säurekitte mit Wasserglas	Lg. Handelsware	*beständig:* 921
93	Säurekitte mit Kunstharz	Lg. Handelsware	*beständig:* 931, 932, 933, 934

Dichlorbenzol. $\text{C}_6\text{H}_4\text{Cl}_2. \ SP \ (o, m, p) \ 172—179°$

1	Kohlenstoff	Handelsware	*beständig bei Siedetemp.:* 14
21	Glas	Handelsware (para)	*beständig*
22	Quarz	Handelsware	*beständig*
23	Natursteine	Handelsware	*beständig*
24	Zementhaltige Baustoffe	säurefrei	*beständig, aber event. undicht*

W. V. Nr.	Werkstoff	Zusammensetzung des angreifenden Stoffes	Verhalten gegen den angreifenden Stoff
25	Keramische Auskleidungen	Handelsware	*beständig*
26	Steinzeug	Handelsware	*beständig*
27	Porzellan	Handelsware	*beständig*
29	Email	Handelsware	*bedingt beständig*
31	Weichgummi	Handelsware	*unbeständig*
32	Hartgummi	Handelsware	*unbeständig*
33	Butadienpolymerisate	Handelsware	*unbeständig*
36	Chloroprenpolymerisate	Handelsware	*unbeständig*
51	Polymere Kohlenwasserstoffe	Handelsware	*unbeständig 60°: 511*
52	Polymere halogenierte Kohlenwasserstoffe	Handelsware	*unbeständig: 521, 523*
8	Holz	Handelsware	*beständig*
91	Silikatzemente	Handelsware	*beständig 132°*
92	Säurekitte mit Wasserglas	Handelsware	*beständig: 921*
93	Säurekitte mit Kunstharz	Handelsware	*beständig: 931, 932, 933, 934*

Diglykolsäure.

W. V. Nr.	Werkstoff	Zusammensetzung des angreifenden Stoffes	Verhalten gegen den angreifenden Stoff
51	Polymere Kohlenwasserstoffe	18% Lg.	*beständig 60°: 512 (gefüllt)*
		30% Lg.	*beständig 20°: 512 (gefüllt)*

Dimethylamin. $(CH_3)_2NH$. *SP 7°*

W. V. Nr.	Werkstoff	Zusammensetzung des angreifenden Stoffes	Verhalten gegen den angreifenden Stoff
21	Glas	Handelsware	*beständig*
26	Steinzeug	Handelsware	*beständig*
27	Porzellan	Handelsware	*beständig*
51	Polymere Kohlenwasserstoffe	Handelsware	*unbeständig 20°: 512*
52	Polymere halogenierte Kohlenwasserstoffe	Handelsware, 100%	*bedingt beständig −30°: 521*
		Handelsware, flüssig	*unbeständig 20°: 522*

Dinitrobenzol. $C_6H_4(NO_2)_2$. *SP ca. 300°*

W. V. Nr.	Werkstoff	Zusammensetzung des angreifenden Stoffes	Verhalten gegen den angreifenden Stoff
92	Säurekitte mit Wasserglas	Handelsware	*beständig: 921, 922*
93	Säurekitte mit Kunstharz	Handelsware	*beständig: 932, 934*

Dinitrochlorbenzol.

W. V. Nr.	Werkstoff	Zusammensetzung des angreifenden Stoffes	Verhalten gegen den angreifenden Stoff
21	Glas	100%	*beständig 20°*
26	Steinzeug	100%	*beständig 20°*
27	Porzellan	100%	*beständig 20°*
52	Polymere halogenierte Kohlenwasserstoffe	100%	*beständig 100°: 524*

Dioxan. $CH_2 \begin{smallmatrix} CH_2-O \\ CH_2-O \end{smallmatrix} CH_2$. *SP 106°*

W. V. Nr.	Werkstoff	Zusammensetzung des angreifenden Stoffes	Verhalten gegen den angreifenden Stoff
21	Glas	Handelsware	*beständig*
26	Steinzeug	Handelsware	*beständig*

W. V. Nr.	Werkstoff	Zusammensetzung des angreifenden Stoffes	Verhalten gegen den angreifenden Stoff
27	Porzellan	Handelsware	*beständig*
52	Polymere halogenierte Kohlenwasserstoffe	Handelsware	*beständig bei Siedetemp.:* 524; *beständig 25°:* 5251; *unbeständig 25°:* 523

Diphenyl. $C_6H_5 \cdot C_6H_5$. — Diphenyloxyd. $C_6H_5 - C_6H_5$ $\diagdown O \diagup$

W. V. Nr.	Werkstoff	Zusammensetzung des angreifenden Stoffes	Verhalten gegen den angreifenden Stoff
1	Kohlenstoff	Handelsware (Heizflüssigkeit)	*beständig*
21	Glas	Handelsware	*beständig*
22	Quarz	Handelsware	*beständig*
23	Natursteine Zementhaltige Baustoffe	Handelsware	*beständig*
25	Keramische Auskleidungen	Handelsware	*beständig*
26	Steinzeug	Handelsware	*beständig*
27	Porzellan	Handelsware	*beständig*
29	Email	Handelsware	*beständig*
31	Weichgummi	Handelsware	*unbeständig*
32	Hartgummi	Handelsware	*unbeständig*
33	Butadienpolymerisate	Handelsware	*unbeständig*
51	Polymere Kohlenwasserstoffe	Handelsware	*unbeständig:* 512 (gefüllt und ungefüllt)
52	Polymere halogenierte Kohlenwasserstoffe	Handelsware	*unbeständig:* 521
8	Holz	Handelsware	*beständig 20°*
92	Säurekitte mit Wasserglas	Handelsware	*beständig:* 921, 922
93	Säurekitte mit Kunstharz	Handelsware	*beständig:* 932, 934

Düngesalze.

W. V. Nr.	Werkstoff	Zusammensetzung des angreifenden Stoffes	Verhalten gegen den angreifenden Stoff
51	Polymere Kohlenwasserstoffe	bis kalt ges. Lg.	*beständig 80°:* 512; *100°:* 512 (gefüllt); *bedingt beständig 100°:* 512 (ungefüllt)
52	Polymere halogenierte Kohlenwasserstoffe	Lg. wäßrig, 10%	*beständig 40°:* 521, 521w; *bedingt beständig 60°:* 521, 521w
		kalt ges. Lg.	*beständig 60°:* 521, 521w; *unbeständig 80°:* 521
		verd.-konz. Lg.	*beständig 40°:* 522

Eisenchlorid. $FeCl_3$, $FeCl_2$

W. V. Nr.	Werkstoff	Zusammensetzung des angreifenden Stoffes	Verhalten gegen den angreifenden Stoff
1	Kohlenstoff	verd.-konz. Lg., $FeCl_2$	*beständig bei Siedetemp.:* 14
		verd.-konz. Lg., $FeCl_3$	*beständig bei Siedetemp.:* 14
21	Glas	Lg.	*beständig*
		10—40% Lg.	*beständig 100°:* 218
22	Quarz	Lg.	*beständig*
23	Natursteine	Lg.	*beständig*
24	Zementhaltige Baustoffe	Lg.	*unbeständig*

W. V. Nr.	Werkstoff	Zusammensetzung des angreifenden Stoffes	Verhalten gegen den angreifenden Stoff
25	Keramische Auskleidungen	Lg.	*beständig*
26	Steinzeug	Lg.	*beständig*
27	Porzellan	Lg.	*beständig*
29	Email	Lg.	*beständig*
31	Weichgummi	Lg.	*beständig 65°*
32	Hartgummi	Lg.	*beständig 65°*
33	Butadien-polymerisate	Lg.	*beständig 65°*
35	Isoprenmisch-polymerisate	$FeCl_2$, $FeCl_3$, 25%-konz. Lg.	*beständig 80°: 351*
36	Chloropren-polymerisate	25% Lg.	*bedingt beständig 38°*
41	Phenolharze	verd.-konz. Lg.	*beständig 70°: 411* + Asbest
43	Furanharze	Lg.	*beständig bei Siedetemp. 120°; beständig: 43* + Asbest
44	Polyesterharze	10—25% Lg.	*beständig 95°: 441*
		fest	*beständig 120°: 441*
51	Polymere Kohlen-wasserstoffe	10% Lg.	*beständig 60°: 512*
		25% Lg.	*beständig 70°: 514*
		50% Lg.	*beständig 70°: 511; beständig 100°: 512*
		konz. Lg.	*beständig 70°: 511; beständig 100°: 512*
		fest	*beständig 70°: 514; beständig 75°: 512*
52	Polymere halo-genierte Kohlen-wasserstoffe	10% Lg.	*beständig 40°: 521; bedingt beständig 60°: 521*
		kalt ges. Lg.	*beständig 40°: 522; beständig 60°: 521, 523; unbeständig 80°: 521*
55	Polyacryl- und Polymethacryl-verbindungen	Lg.	*beständig 100°: 553*
77	Bitumenhaltige und asphalt-haltige Stoffe	$FeCl_2$, $FeCl_3$, 25% Lg.	*beständig 65°*
		$FeCl_2$ $FeCl_3$, fest	*beständig 65°*
8	Holz	Lg.	*unbeständig*
91	Silikatzemente	25% Lg.	*beständig 130°*
		fest	*beständig 280°*
92	Säurekitte mit Wasserglas	Lg.	*beständig: 921*
93	Säurekitte mit Kunstharz	Lg.	*beständig: 931, 932, 933, 934*
95	Säurekitte mit Asbest und Phenolharz	Lg.	*beständig*
96	Phenolzemente	$FeCl_3$, $FeCl_2$, Lg.	*beständig 100°*
		$FeCl_3$, $FeCl_2$, fest	*beständig 120°*
97	Schwefelzemente	Lg.	*beständig 80°*
		fest	*beständig 80°*
98	Furanzemente	$FeCl_3$, $FeCl_2$, 25% Lg.	*beständig 100°*
		$FeCl_3$, $FeCl_2$, fest	*beständig 120°*

W. V. Nr.	Werkstoff	Zusammensetzung des angreifenden Stoffes	Verhalten gegen den angreifenden Stoff
Eisennitrat. $Fe(NO_3)_3$			
1	Kohlenstoff	verd.-konz. Lg.	*beständig 100°:* 14
21	Glas	10% Lg.	*beständig 100°:* 218
23	Natursteine	verd.-konz. Lg.	*beständig 50°:* 239
26	Steinzeug	verd.-konz. Lg.	*beständig 100°*
27	Porzellan	verd.-konz. Lg.	*beständig 100°*
31	Weichgummi	verd.-konz. Lg.	*beständig 50°*
32	Hartgummi	verd.-konz. Lg.	*beständig 50°*
36	Chloropren-polymerisate	10% Lg.	*beständig 93°*
41	Phenolharze	Lg. fest	*beständig 50°:* 411 + Asbest *beständig 25°:* 411
43	Furanharze	Lg.	*beständig bei Siedetemp.* *beständig:* 43 + Asbest
44	Polyesterharze	10—25% Lg. fest	*beständig 95°:* 441 *beständig 120°:* 441
51	Polymere Kohlen-wasserstoffe	25% Lg. fest	*beständig 70°:* 514 *beständig 70°:* 514
52	Polymere halo-genierte Kohlen-wasserstoffe	10—60% Lg. fest	*beständig 50°:* 522, 523 *beständig 25°:* 523
77	Bitumenhaltige und asphalt-haltige Stoffe	25% Lg. fest	*beständig 65°* *beständig 65°*
91	Silikatzemente	25% Lg. fest	*beständig 115°* *beständig 280°*
96	Phenolzemente	25% Lg. fest	*beständig 100°* *beständig 120°*
97	Schwefelzemente	25% Lg. fest	*beständig 80°* *beständig 80°*
98	Furanzemente	25% Lg. fest	*beständig 100°* *beständig 120°*
Eisensulfat. $FeSO_4$, $Fe_2(SO_4)_3$			
1	Kohlenstoff	verd.-konz. Lg.	*beständig:* 14
21	Glas	Lg. 10—50% Lg.	*beständig* *beständig 100°:* 218
22	Quarz	Lg.	*beständig*
23	Natursteine	Lg.	*beständig*
24	Zementhaltige Baustoffe	Lg.	*unbeständig*
25	Keramische Auskleidungen	Lg.	*beständig*
26	Steinzeug	Lg.	*beständig*
27	Porzellan	Lg.	*beständig*
29	Email	Lg.	*beständig*
31	Weichgummi	Lg.	*beständig*
32	Hartgummi	Lg.	*beständig*
33	Butadien-polymerisate	Lg.	*beständig*
35	Isoprenmisch-polymerisate	25%-konz. Lg., $FeSO_4$, $Fe_2(SO_4)_3$	*beständig*
36	Chloropren-polymerisate	10% Lg.	*beständig 93°*

W. V. Nr.	Werkstoff	Zusammensetzung des angreifenden Stoffes	Verhalten gegen den angreifenden Stoff
41	Phenolharze	Lg.	*beständig 25°: 411 + Asbest*
43	Furanharze	$Fe_2(SO_4)_3$, Lg.	*beständig bei Siedetemp.* *beständig: 43 + Asbest*
44	Polyesterharze	10 — 25% Lg. fest	*beständig 95°: 441* *beständig 120°: 441*
51	Polymere Kohlenwasserstoffe	$FeSO_4$, $Fe_2(SO_4)_3$, 25% Lg. $FeSO_4$, $Fe_2(SO_4)_3$, fest	*beständig 70°: 511, 514* *beständig 70°: 511, 514*
52	Polymere halogenierte Kohlenwasserstoffe	$FeSO_4$, verd. Lg. ges. Lg. $Fe_2(SO_4)_3$, 10% Lg. 50% Lg. fest	*beständig 40°: 521, 522, 523;* *bedingt beständig 60°: 521* *beständig 40°: 522;* *beständig 60°: 521* *beständig 25°: 523* *beständig 60°: 521* *beständig 25°: 523;* *beständig 60°: 521*
77	Bitumenhaltige und asphalthaltige Stoffe	$Fe_2(SO_4)_3$, $FeSO_4$, 25% Lg. $Fe_2(SO_4)_3$, $FeSO_4$ fest	*beständig: 65,* *beständig: 65,*
8	Holz	Lg.	*beständig*
91	Silikatzemente	25% Lg. fest	*beständig 115°* *beständig 280°*
92	Säurekitte mit Wasserglas	Lg.	*beständig: 922*
93	Säurekitte mit Kunstharz	Lg.	*beständig: 931, 932. 933, 934*
95	Säurekitte mit Asbest und Phenolharz	Lg.	*beständig*
96	Phenolzemente	$Fe_2(SO_4)_3$, $FeSO_4$, 25% Lg. $Fe_2(SO_4)_3$, $FeSO_4$, fest	*beständig 100°* *beständig 120°*
97	Schwefelzemente	$Fe_2(SO_4)_3$, $FeSO_4$, Lg. $Fe_2(SO_4)_3$, $FeSO_4$, fest	*beständig 80°* *beständig 80°*
98	Furanzemente	$Fe_2(SO_4)_3$, $FeSO_4$, 25% Lg. $Fe_2(SO_4)_3$, $FeSO_4$, fest	*beständig 100°* *beständig 120°*

Entwickler, fotografische.

W. V. Nr.	Werkstoff	Zusammensetzung des angreifenden Stoffes	Verhalten gegen den angreifenden Stoff
21	Glas	Handelsware	*beständig*
26	Steinzeug	Handelsware	*beständig*
29	Porzellan	Handelsware	*beständig*
43	Furanharze	Handelsware	*beständig bei Siedetemp.*
51	Polymere Kohlenwasserstoffe	Handelsware	*beständig 40°: 512*
52	Polymere halogenierte Kohlenwasserstoffe	Handelsware	*beständig 40°: 521, 522*
91	Silikatzemente	Handelsware	*bedingt beständig 20°*
97	Schwefelzemente	Handelsware	*beständig 20°;* *bedingt beständig 80°*

Erdöl.

W. V. Nr.	Werkstoff	Zusammensetzung des angreifenden Stoffes	Verhalten gegen den angreifenden Stoff
1	Kohlenstoff	rohes Erdöl und Petroleum	*beständig*
21	Glas	rohes Erdöl und Petroleum	*beständig*

W. V. Nr.	Werkstoff	Zusammensetzung des angreifenden Stoffes	Verhalten gegen den angreifenden Stoff
22	Quarz	rohes Erdöl und Petroleum	*beständig*
23	Natursteine (Sandstein)	rohes Erdöl und Petroleum	*beständig* (verwendet für Destillation, Turmauskleidung)
24	Zementhaltige Baustoffe	neutrale Öle	*beständig*
25	Keramische Auskleidungen	rohes Erdöl und Petroleum	*beständig*
26	Steinzeug	rohes Erdöl und Petroleum	*beständig*
27	Porzellan	rohes Erdöl und Petroleum	*beständig*
29	Email	rohes Erdöl und Petroleum	*beständig*
31	Weichgummi	rohes Erdöl und Petroleum	*unbeständig 20°, 70°*
32	Hartgummi	rohes Erdöl und Petroleum	*unbeständig 20°, 70°*
33	Butadienpolymerisate	rohes Erdöl und Petroleum	*unbeständig 20°, 70°*
36	Chloroprenpolymerisate	Erdöl und Petroleum	*beständig 70°*
38	Silikongummi	Erdöl mit geringem Aromatengehalt	*beständig; Silicone + Zn-Pulver, Al-Pulver, Edelstahlflocken, Glimmermehl*
43	Furanharze	Mineralöl Petroleum	*beständig 20°* *beständig 120°*
47	Polyurethane	Erdöl und Petroleum	*beständig 20°*
51	Polymere Kohlenwasserstoffe	Erdöl und Petroleum	*unbeständig:* 512
52	Polymere halogenierte Kohlenwasserstoffe	Erdöl und Petroleum	*unbeständig:* 521
55	Polyacryl- und Polymethacrylverbindungen	Petroleum	*beständig:* 552, 553
92	Säurekitte mit Wasserglas	Petroleum	*beständig:* 922
93	Säurekitte mit Kunstharz	Petroleum	*beständig:* 931, 932, 933, 934
95	Säurekitte mit Asbest und Phenolharz	Petroleum	*unbeständig*
97	Schwefelzemente	Petroleum	*bedingt beständig 20°; unbeständig 80°*

Essigsäure. CH_3COOH. *SP 118,1°*

W. V. Nr.	Werkstoff	Zusammensetzung des angreifenden Stoffes	Verhalten gegen den angreifenden Stoff
1	Kohlenstoff	verd.-konz. Lg.	*beständig 100°:* 14
21	Glas	Lg.	*beständig:* 212; *100°:* 218; *unbeständig 200°:* 218
22	Quarz	Lg.	*beständig 100°*
23	Natursteine	Lg.	*beständig 100°*
25	Keramische Auskleidungen	Lg.	*beständig 100°*

W. V. Nr.	Werkstoff	Zusammensetzung des angreifenden Stoffes	Verhalten gegen den angreifenden Stoff
26	Steinzeug	Lg.	*beständig 100°*
27	Porzellan	Lg.	*beständig 100°*
29	Email	Lg.	*beständig* (eventuell geringer Angriff)
31	Weichgummi	Lg.	*bedingt beständig*
32	Hartgummi	Lg.	*beständig*
33	Butadien-polymerisate	Lg.	*beständig*
35	Isoprenmisch-polymerisate	50% Lg.	*beständig 40°:* 351; *bedingt beständig 60°:* 351
		konz. Lg.	*bedingt beständig 40°:* 351; *unbeständig 60°:* 351
36	Chloropren-polymerisate	3% Lg.	*bedingt beständig 27°*
41	Phenolharze	100%	*bedingt beständig:* 411 + Asbest
43	Furanharze	10% Lg.	*beständig bei Siedetemp.*
		100%	*beständig bei Siedetemp.*
		100%	*beständig:* 43 + Asbest
44	Polyesterharze	10% Lg.	*beständig 65°:* 441; *bedingt beständig 95°:* 441
		25% Lg.	*beständig 20°:* 441; *bedingt beständig 65°:* 441; *unbeständig 95°:* 441
		50% Lg.	*bedingt beständig 20°:* 441; *unbeständig 65°:* 441
		75% Lg.	*unbeständig 20°:* 441
		100%	*unbeständig 20°:* 441
		Dampf	*unbeständig bei Siedetemp.:* 441
46	Polyamide	3% Lg.	*unbeständig*
51	Polymere Kohlen-wasserstoffe	10% Lg.	*beständig 70°:* 511, 512
		25% Lg.	*bedingt beständig 20°:* 514; *unbeständig 70°:* 514
		über 50% Lg.	*unbeständig 20°:* 514
		bis 85% Lg.	*beständig 60°:* 512 (gefüllt und ungefüllt), 511
		85% Lg.	*bedingt beständig 80°:* 512 (ungefüllt); *unbeständig 80°:* 512 (gefüllt); *100°:* 512 (ungefüllt)
		100%	*beständig 20°:* 512, 511; *bedingt beständig 40°:* 512; *unbeständig 20°:* 511; *60°:* 512
		roh, 90% Lg.	*bedingt beständig 40°:* 512
52	Polymere halogenierte Kohlen-wasserstoffe	25% Lg.	*beständig 40°:* 521, 521w, 522, 523; *bedingt beständig 60°:* 521
		25—60% Lg.	*beständig 60°:* 521, 523 (luftfreie Säure)
		80% Lg.	*bedingt beständig 40°:* 521; *unbeständig 60°:* 521w; *unbeständig 100°:* 521
		85% Lg.	*bedingt beständig 40°:* 522; *unbeständig 80°:* 521

W. V. Nr.	Werkstoff	Zusammensetzung des angreifenden Stoffes	Verhalten gegen den angreifenden Stoff
		95% Lg.	*beständig 20°: 521, 5251; beständig bei Siedetemp.: 524*
		100%	*beständig bei Siedetemp.: 5251; bedingt beständig 20°: 521; unbeständig 20°: 522; unbeständig 40°: 521*
		rohe Säure (95%)	*bedingt beständig 40°: 521; unbeständig 40°: 521w*
55	Polyacryl- und Polymethacrylverbindungen	bis 20% Lg. konz. Lg.	*beständig: 552, 553* *unbeständig: 553*
77	Bitumenhaltige und asphalthaltige Stoffe	12% Lg. 50% Lg. 100%	*beständig 28°; bedingt beständig 65°* *bedingt beständig 65°* *unbeständig 20°*
8	Holz	Lg. bis 80% Eisessig 100%	*beständig 20°* *unbeständig*
91	Silikatzemente	Lg. 100%	*beständig bei Siedetemp.* *beständig bei Siedetemp.*
92	Säurekitte mit Wasserglas	Lg.	*beständig: 922*
93	Säurekitte mit Kunstharz	Lg.	*beständig: 931, 932, 933, 934*
95	Säurekitte mit Asbest und Phenolharz	80% Lg. Eisessig	*beständig 100°* *unbeständig*
96	Phenolzemente	90% Lg.	*beständig 100°*
97	Schwefelzemente	10% Lg. 100% und Dampf	*beständig 80°* *beständig 20; bedingt beständig 60°*
98	Furanzemente	50% Lg. 100% und Dampf	*beständig 100°* *beständig 60°; bedingt beständig 100°*

Essigsäureanhydrid. $(CH_3CO)_2O$. *SP 139,4°*

W. V. Nr.	Werkstoff	Zusammensetzung des angreifenden Stoffes	Verhalten gegen den angreifenden Stoff
1	Kohlenstoff	100%	*beständig 100°: 14*
21	Glas	100%	*beständig: 212; 100°: 218*
22	Quarz	100%	*beständig 100°*
23	Natursteine	100%	*beständig*
24	Zementhaltige Baustoffe	100%	*unbeständig*
25	Keramische Auskleidungen	100%	*beständig*
26	Steinzeug	100%	*beständig 100°*
27	Porzellan	100%	*beständig 100°*
29	Email	100%	*beständig*
31	Weichgummi	100%	*unbeständig*
32	Hartgummi	100%	*unbeständig*
33	Butadienpolymerisate	100%	*unbeständig 20—100°*
35	Isoprenmischpolymerisate	100%	*bedingt beständig 20°: 351; unbeständig 50°: 351*
44	Polyesterharze	100%	*unbeständig 20°: 441*

W. V. Nr.	Werkstoff	Zusammensetzung des angreifenden Stoffes	Verhalten gegen den angreifenden Stoff
51	Polymere Kohlenwasserstoffe	100%	*beständig 40°: 512; bedingt beständig 60°: 512; unbeständig 20°: 511; 80°: 512*
52	Polymere halogenierte Kohlenwasserstoffe	100%	*beständig 20°: 5251; beständig 50°: 523; beständig bei Siedetemp.: 524; unbeständig 20°: 521, 521w*
55	Polyacryl- und Polymethacrylverbindungen	100%	*unbeständig 20°: 553*
77	Bitumenhaltige und asphalthaltige Stoffe	100%	*unbeständig 20°*
8	Holz	100%	*unbeständig (schrumpfen)*
91	Silikatzemente	100%	*beständig bei Siedetemp.*
92	Säurekitte mit Wasserglas	100%	*beständig: 922*
93	Säurekitte mit Kunstharz	100%	*beständig: 934*
95	Säurekitte mit Asbest und Phenolharz	100%	*beständig*
96	Phenolzemente	100%	*beständig 100°*
97	Schwefelzemente		*bedingt beständig 20°*
98	Furanzemente	100%	*unbeständig 20°*

Essigsäureäthylester. $CH_3COO \cdot C_2H_5$. *SP 77,1°*

W. V. Nr.	Werkstoff	Zusammensetzung des angreifenden Stoffes	Verhalten gegen den angreifenden Stoff
1	Kohlenstoff	Handelsware	*beständig*
21	Glas	Handelsware	*beständig*
22	Quarz	Handelsware	*beständig*
23	Natursteine	Handelsware	*beständig*
24	Zementhaltige Baustoffe	säurefrei	*beständig*
25	Keramische Auskleidungen	Handelsware	*beständig*
26	Steinzeug	Handelsware	*beständig*
27	Porzellan	Handelsware	*beständig*
29	Email	Handelsware	*beständig*
31	Weichgummi	Handelsware	*unbeständig*
32	Hartgummi	Handelsware	*unbeständig*
33	Butadienpolymerisate	Handelsware	*unbeständig*
43	Furanharze	Handelsware	*beständig 20°*
51	Polymere Kohlenwasserstoffe	Handelsware	*unbeständig 20°: 512*
52	Polymere halogenierte Kohlenwasserstoffe	Handelsware	*unbeständig 20°: 521, 521w*
55	Polyacryl- und Polymethacrylverbindungen	Handelsware	*unbeständig: 552*
8	Holz	Handelsware	*beständig*

W. V. Nr.	Werkstoff	Zusammensetzung des angreifenden Stoffes	Verhalten gegen den angreifenden Stoff
92	Säurekitte mit Wasserglas	Handelsware	*beständig:* 922
93	Säurekitte mit Kunstharz	Handelsware	*beständig:* 932, 934

Essigsäuremethylester. $CH_3COO \cdot CH_3$. *SP 56,9°*

W. V. Nr.	Werkstoff	Zusammensetzung des angreifenden Stoffes	Verhalten gegen den angreifenden Stoff
92	Säurekitte mit Wasserglas	Handelsware	*beständig:* 922
93	Säurekitte mit Kunstharz	Handelsware	*beständig:* 932, 934

Farbstoffe.

W. V. Nr.	Werkstoff	Zusammensetzung des angreifenden Stoffes	Verhalten gegen den angreifenden Stoff
1	Kohlenstoff	Lg.	*beständig* (aber Verschmutzung)
21	Glas	Lg.	*beständig*
22	Quarz	Lg.	*beständig*
23	Natursteine	Lg.	*beständig*
24	Zementhaltige Baustoffe	Lg.	*bedingt beständig* (Schutzschichten aus Wasserglas, Silikofluoriden, Asphalt erforderlich)
25	Keramische Auskleidungen	Lg.	*beständig*
26	Steinzeug	Lg.	*beständig*
27	Porzellan	Lg.	*beständig*
29	Email	Lg.	*beständig*
31	Weichgummi	Lg.	*beständig*
32	Hartgummi	Lg.	*beständig*
33	Butadienpolymerisate	Lg.	*beständig*
51	Polymere Kohlenwasserstoffe	Lg.	*beständig:* 512
52	Polymere halogenierte Kohlenwasserstoffe	Lg.	*beständig:* 521
8	Holz	Handelsware	*beständig*
95	Säurekitte mit Asbest und Phenolharz	Handelsware	*beständig*

Fette.

W. V. Nr.	Werkstoff	Zusammensetzung des angreifenden Stoffes	Verhalten gegen den angreifenden Stoff
1	Kohlenstoff	Sulfonierung + HSO_3Cl	*beständig* *unbeständig 70°*
21	Glas	Handelsware	*beständig*
22	Quarz	Handelsware	*beständig*
23	Natursteine	Handelsware	*beständig*
24	Zementhaltige Baustoffe	säurefrei	*beständig* (Behandlung der Oberfläche mit Wasserglas oder Silikofluorid empfohlen)
25	Keramische Auskleidungen	Sulfonierung + HSO_3Cl	*beständig* *unbeständig 70°*
26	Steinzeug	Handelsware + HSO_3Cl	*beständig* *unbeständig 70°*
27	Porzellan	Handelsware	*beständig*

W. V. Nr.	Werkstoff	Zusammensetzung des angreifenden Stoffes	Verhalten gegen den angreifenden Stoff
29	Email	Handelsware	*beständig*
31	Weichgummi	Handelsware	*unbeständig*
32	Hartgummi	Handelsware	*unbeständig*
33	Butadien-polymerisate	Handelsware	*unbeständig*
36	Chloropren-polymerisate	Schmierfette Schmalz	*beständig 30°* *beständig 70°*
51	Polymere Kohlen-wasserstoffe	Handelsware	*bedingt beständig 60°: 511, 512*
52	Polymere halo-genierte Kohlen-wasserstoffe	Handelsware	*beständig 60°: 521;* *bedingt beständig 60°: 521 w*
8	Holz	Handelsware	*beständig*

Fettsäuren (höhere).

W. V. Nr.	Werkstoff	Zusammensetzung des angreifenden Stoffes	Verhalten gegen den angreifenden Stoff
1	Kohlenstoff	Handelsware	*beständig*
21	Glas	synthet. Fettsäuren	*beständig 100°: 212, 218*
22	Quarz	Handelsware	*beständig;* *unbeständig 380°*
23	Natursteine	natürl. Fettsäuren	*beständig 100°*
24	Zementhaltige Baustoffe	Handelsware	*unbeständig*
25	Keramische Auskleidungen	Handelsware	*beständig*
26	Steinzeug	Handelsware	*beständig*
27	Porzellan	auch + Ketone	*beständig 100°*
29	Email	Handelsware	*beständig 80°;* *unbeständig 380°*
31	Weichgummi	Handelsware	*unbeständig*
32	Hartgummi	Handelsware	*unbeständig*
33	Butadien-polymerisate	Handelsware	*unbeständig*
41	Phenolharze	Handelsware	*beständig 100°: 411*
43	Furanharze	Handelsware, ab C_6	*beständig 120°*
44	Polyesterharze	Handelsware	*beständig 120°: 441*
51	Polymere Kohlen-wasserstoffe	Handelsware, $C_8 - C_{18}$	*beständig 70°: 514;* *unbeständig 60°: 512*
52	Polymere halo-genierte Kohlen-wasserstoffe	Handelsware	*beständig 40°: 522;* *beständig 60°: 521, 523*
77	Bitumenhaltige und asphalt-haltige Stoffe	Handelsware	*unbeständig 25°*
8	Holz	Handelsware	*beständig*
91	Silikatzemente	Handelsware	*beständig: 240°*
92	Säurekitte mit Wasserglas	Handelsware	*beständig: 922*
93	Säurekitte mit Kunstharz	Handelsware	*beständig: 931, 932, 933, 934*
95	Säurekitte mit Asbest und Phenolharz	Handelsware	*beständig bis 120°*
97	Schwefelzemente	Handelsware	*bedingt beständig 20°*

W. V. Nr.	Werkstoff	Zusammensetzung des angreifenden Stoffes	Verhalten gegen den angreifenden Stoff
Fluor. F_2			
1	Kohlenstoff		*unbeständig 20°: 14*
21	Glas	Gas, rein, trocken feucht	*beständig* *unbeständig*
22	Quarz	feucht	*unbeständig*
23	Natursteine	Gas, feucht	*unbeständig 25°: 239*
24	Zementhaltige Baustoffe	Gas	*unbeständig*
25	Keramische Auskleidungen	Gas	*unbeständig*
26	Steinzeug	Gas	*unbeständig*
27	Porzellan		*unbeständig*
29	Email	Gas	*unbeständig*
31	Weichgummi	Gas	*unbeständig*
32	Hartgummi	Gas	*unbeständig*
33	Butadien-polymerisate	Gas	*unbeständig*
35	Isoprenmisch-polymerisate	Gas	*unbeständig 40°: 351*
44	Polyesterharze	Gas, 100%	*unbeständig 20°: 441*
51	Polymere Kohlen-wasserstoffe	Gas	*unbeständig 60°: 511* *unbeständig 20°: 514*
52	Polymere halo-genierte Kohlen-wasserstoffe	Gas	*beständig 100°: 524, 5251*
55	Polyacryl- und Polymethacryl-verbindungen	Gas	*unbeständig 20°: 553*
77	Bitumenhaltige und asphalt-haltige Stoffe	Gas	*unbeständig 25°*
91	Silikatzemente	Gas, 100%	*unbeständig 20°*
92	Säurekitte mit Wasserglas	Gas bis ca. 50%	*unbeständig: 921, 922, 923*
93	Säurekitte mit Kunstharz	Gas bis ca. 50%	*beständig: 933, 934*
96	Phenolzemente	Gas, 25—100%	*unbeständig 20°*
97	Schwefelzemente	Gas, 100%	*unbeständig 20°*
98	Furanzemente	Gas, 25—100%	*unbeständig 20°*
Fluorwasserstoff. HF			
44	Polyesterharze	wasserfrei	*unbeständig 20°: 441*
52	Polymere halo-genierte Kohlen-wasserstoffe	wasserfrei	*beständig 25°: 524;* *bedingt beständig 25°: 5251*
Flußsäure. HF			
1	Kohlenstoff	40% Lg. konz. Lg. + verd. H_2SO_4 + konz. H_2SO_4 Gas 48% Lg. 48—60% Lg. über 60% Lg.	*beständig 100°* *beständig* *beständig* *beständig bis 150°* *beständig bis 400°* *beständig bei Siedetemp.: 14* *beständig 85°: 14* *beständig: 14*

W. V. Nr.	Werkstoff	Zusammensetzung des angreifenden Stoffes	Verhalten gegen den angreifenden Stoff
21	Glas	Lg.	*unbeständig*
22	Quarz	Lg.	*unbeständig*
23	Natursteine	Lg.	*unbeständig*
24	Zementhaltige Baustoffe	Lg.	*unbeständig*
25	Keramische Auskleidungen	Lg.	*unbeständig*
26	Steinzeug	Lg.	*unbeständig*
27	Porzellan	Lg.	*unbeständig*
29	Email	Lg.	*unbeständig*
31	Weichgummi	50% Lg.	*beständig 70°*
32	Hartgummi	50% Lg.	*beständig 70°*
33	Butadienpolymerisate	Lg.	*unbeständig*
35	Isoprenmischpolymerisate	25—75% Lg.	*beständig 70°:* 351
36	Chloroprenpolymerisate	30% Lg.	*bedingt beständig 26°*
41	Phenolharze	Lg.	*beständig:* 411 + Graphit
42	Carbamidharze	48% Lg.	*unbeständig 25°:* 421, 423
43	Furanharze	20% Lg. Lg.	*beständig 20°* *beständig bei Siedetemp. 120°*
44	Polyesterharze	10—40% Lg.	*unbeständig 20°:* 441
46	Polyamide	Lg.	*unbeständig*
51	Polymere Kohlenwasserstoffe	40% Lg. 60% Lg. 75% Lg.	*beständig 60°:* 511, 512, 514 *beständig 20°:* 512 *beständig 20°:* 511; *bedingt beständig 60°:* 511
52	Polymere halogenierte Kohlenwasserstoffe	40% Lg. 48% Lg. 68% Lg. konz. Lg. Lg. H_2F_2 + Br_2F_2	*beständig 20°:* 521, 522, 523; *bedingt beständig 20°:* 521w; *bedingt beständig 60°:* 521; *unbeständig 60°:* 521w *bedingt beständig 25°:* 521 *bedingt beständig 20°:* 521; *unbeständig 20°:* 522 *beständig 100°:* 524 *beständig 25°:* 524
54	Polyvinylester und Derivate	48% Lg.	*bedingt beständig 25°:* 541
55	Polyacryl- und Polymethacrylverbindungen	bis 20% Lg. konz. Lg.	*beständig:* 553 *unbeständig:* 553
62	Nicht abgewandelter Zellstoff	Lg.	*unbeständig:* 621
63	Zelluloseester	48% Lg.	*unbeständig 25°:* 632, 633, 631
77	Bitumenhaltige und asphalthaltige Stoffe	10% Lg. Gas, feucht	*unbeständig 25°* *unbeständig 25°*
8	Holz		*beständig (Schutzanstrich aus Pech oder Kunstharz)*
91	Silikatzemente	H_2F_2, Gas, feucht 10% Lg.	*unbeständig 20°* *unbeständig 20°*
92	Säurekitte mit Wasserglas	bis ca. 50% Lg.	*unbeständig:* 921, 922, 923

W. V. Nr.	Werkstoff	Zusammensetzung des angreifenden Stoffes	Verhalten gegen den angreifenden Stoff
93	Säurekitte mit Kunstharz	bis ca. 50% Lg.	*beständig: 933, 934*
95	Säurekitte mit Asbest und Phenolharz Spezialsorten		*beständig*
96	Phenolzemente	konz. Lg. Dämpfe	*beständig 100°* *beständig 100°*
97	Schwefelzemente	Lg. Dämpfe	*beständig bei Siedetemp.* *beständig 100°*
98	Furanzemente	40% Lg. Dämpfe	*beständig 100°* *beständig 20°*

Formaldehyd. HCHO

W. V. Nr.	Werkstoff	Zusammensetzung des angreifenden Stoffes	Verhalten gegen den angreifenden Stoff
1	Kohlenstoff	Lg.	*beständig 70°*
21	Glas	Lg. 40% Lg.	*beständig* *beständig 100°: 218*
22	Quarz	Lg.	*beständig*
23	Natursteine	Lg.	*beständig*
24	Zementhaltige Baustoffe	Lg.	*unbeständig*
25	Keramische Auskleidungen	Lg.	*beständig 70°*
26	Steinzeug	Lg.	*beständig*
27	Porzellan	Lg.	*beständig*
29	Email	Lg. Herstellung von Acrolein aus HCHO	*beständig bei Siedetemp.* *beständig 400°*
31	Weichgummi	Lg.	*beständig*
32	Hartgummi	Lg.	*beständig*
33	Butadien-polymerisate	Lg.	*beständig*
36	Chloropren-polymerisate	Lg.	*beständig 27°*
41	Phenolharze	40% Lg.	*beständig 25°: 411*
43	Furanharze	37% Lg.	*beständig bei Siedetemp.*
44	Polyesterharze	10—40% Lg.	*beständig 95°: 441*
51	Polymere Kohlen-wasserstoffe	30% Lg. 40% Lg.	*beständig 70°: 514* *beständig 20°: 511;* *beständig 60°: 512*
52	Polymere halo-genierte Kohlen-wasserstoffe	verd. Lg. 40% Lg.	*beständig 40°: 522, 523;* *beständig 60°: 521* *beständig 25°: 523;* *bedingt beständig 60°: 521*
55	Polyacryl- und Polymethacryl-verbindungen	40% Lg.	*bedingt beständig: 553*
77	Bitumenhaltige und asphalt-haltige Stoffe	35% Lg.	*beständig 65°*
8	Holz	Lg.	*beständig*
91	Silikatzemente	35% Lg. 100%	*beständig 110°* *beständig 260°*
92	Säurekitte mit Wasserglas	Lg.	*beständig: 921, 922*

W. V. Nr.	Werkstoff	Zusammensetzung des angreifenden Stoffes	Verhalten gegen den angreifenden Stoff
93	Säurekitte mit Kunstharz	Lg.	*beständig:* 931, 932, 933, 934
95	Säurekitte mit Asbest und Phenolharz	Lg.	*beständig*
96	Phenolzemente	40% Lg.	*beständig 100°*
97	Schwefelzemente	37% Lg.	*beständig 60°; bedingt beständig 80°*
98	Furanzemente	40% Lg.	*beständig 100°*

Formamid. HCO · NH$_2$. *SP 105° (11 mm)*

52	Polymere halogenierte Kohlenwasserstoffe	Handelsware	*beständig 20°:* 522

Fotografische Lösungen.

21	Glas	handelsüblich	*beständig*
22	Quarz	handelsüblich	*beständig*
26	Steinzeug	handelsüblich	*beständig*
27	Porzellan	handelsüblich	*beständig*
52	Polymere halogenierte Kohlenwasserstoffe	handelsüblich	*beständig 40°:* 521, 522
55	Polyacryl- und Polymethacrylverbindungen	Lg.	*beständig:* 553

Fruchtsäfte.

1	Kohlenstoff	Handelsware	*beständig*
21	Glas	Handelsware	*beständig*
22	Quarz	Handelsware	*beständig*
23	Natursteine	Handelsware	*beständig*
24	Zementhaltige Baustoffe	Handelsware	*unbeständig*
25	Keramische Auskleidungen	Handelsware	*beständig*
26	Steinzeug	Handelsware	*beständig*
27	Porzellan	Handelsware	*beständig*
29	Email	Handelsware	*beständig*
31	Weichgummi	Handelsware	*beständig*
32	Hartgummi	Handelsware	*beständig*
33	Butadienpolymerisate	Handelsware	*beständig*
47	Polyurethane	Handelsware	*beständig 60°*
51	Polymere Kohlenwasserstoffe	Handelsware	*beständig:* 512 (gefüllt und ungefüllt)
52	Polymere halogenierte Kohlenwasserstoffe	Handelsware	*beständig:* 521
55	Polyacryl- und Polymethacrylverbindungen	Handelsware	*beständig:* 553
8	Holz	Handelsware	*beständig*

W. V. Nr.	Werkstoff	Zusammensetzung des angreifenden Stoffes	Verhalten gegen den angreifenden Stoff
95	Säurekitte mit Asbest und Phenolharz	Handelsware	*beständig*

Furfuralkohol. $HC \cdot O \cdot C \cdot CH_2 \cdot OH.$ *SP 170°*

(Formel: HC——CH, ‖ O ‖)

W. V. Nr.	Werkstoff	Zusammensetzung des angreifenden Stoffes	Verhalten gegen den angreifenden Stoff
1	Kohlenstoff	Lg.	*beständig 100°*
21	Glas	Handelsware	*beständig bei Siedetemp.*
23	Natursteine	Handelsware	*beständig 20°: 239*
24	Zementhaltige Baustoffe	Handelsware	*beständig 25°*
26	Steinzeug	Handelsware	*beständig bei Siedetemp.*
27	Porzellan	Handelsware	*beständig bei Siedetemp.*
35	Isoprenmisch-polymerisate	Handelsware	*unbeständig 20°: 351*
51	Polymere Kohlen-wasserstoffe	Handelsware	*bedingt beständig 20°: 511*
52	Polymere halo-genierte Kohlen-wasserstoffe	Handelsware	*unbeständig 20°: 523*

Furfurol. $HC \cdot O \cdot C \cdot CHO.$ *SP 161,6°*

(Formel: HC——CH, ‖ O ‖)

W. V. Nr.	Werkstoff	Zusammensetzung des angreifenden Stoffes	Verhalten gegen den angreifenden Stoff
36	Chloropren-polymerisate	Handelsware	*bedingt beständig 30°*
41	Phenolharze	Handelsware	*unbeständig: 411*
43	Furanharze	Handelsware	*beständig: 431; bedingt beständig: 43 + Asbest*
44	Polyesterharze	10% Lg.	*beständig 20°: 441; bedingt beständig 65°: 441*
		25% Lg.	*bedingt beständig 20°: 441*
		50% Lg.	*unbeständig 20°: 441*
		100%	*unbeständig 20°: 441*
51	Polymere Kohlen-wasserstoffe	Handelsware	*unbeständig 20°: 514, 511*
52	Polymere halo-genierte Kohlen-wasserstoffe	Handelsware	*unbeständig: 521, 523*
55	Polyacryl- und Polymethacryl-verbindungen	Handelsware	*unbeständig 20°: 553*
77	Bitumenhaltige und asphalt-haltige Stoffe	Handelsware	*unbeständig 25°*
91	Silikatzemente	Handelsware	*beständig bei Siedetemp.*
96	Phenolzemente	Handelsware	*beständig 50°; bedingt beständig 90°*
97	Schwefelzemente	50% Lg.	*beständig 20°; bedingt beständig 60°*
		Handelsware	*unbeständig 20°*
98	Furanzemente	80% Lg.	*beständig 100°*
		Handelsware	*beständig 50°; bedingt beständig 100°*

W. V. Nr.	Werkstoff	Zusammensetzung des angreifenden Stoffes	Verhalten gegen den angreifenden Stoff

Gallussäure. HO⟨COOH⟩OH · *FP 240°* (OH)

W. V. Nr.	Werkstoff	Zusammensetzung des angreifenden Stoffes	Verhalten gegen den angreifenden Stoff
21	Glas	rein	*beständig 100°:* 218
26	Steinzeug	rein	*beständig*
27	Porzellan	rein	*beständig*
31	Weichgummi	10—30% Lg.	*beständig 50°*
32	Hartgummi	10—30% Lg.	*beständig 50°*
92	Säurekitte mit Wasserglas	Lg.	*beständig:* 922
93	Säurekitte mit Kunstharz	Lg.	*beständig:* 931, 932, 933, 934

Gelatine.

W. V. Nr.	Werkstoff	Zusammensetzung des angreifenden Stoffes	Verhalten gegen den angreifenden Stoff
1	Kohlenstoff	Lg.	*beständig*
21	Glas	Lg.	*beständig*
22	Quarz	Lg.	*beständig*
23	Natursteine	Lg.	*beständig*
24	Zementhaltige Baustoffe	Lg. neutral	*beständig*
25	Keramische Auskleidungen	Lg.	*beständig*
26	Steinzeug	Lg.	*beständig*
27	Porzellan	Lg.	*beständig*
29	Email	Lg.	*beständig*
31	Weichgummi	Lg.	*beständig*
32	Hartgummi	Lg.	*beständig*
33	Butadienpolymerisate	Lg.	*beständig*
51	Polymere Kohlenwasserstoffe	Lg.	*beständig:* 512 (gefüllt und ungefüllt)
52	Polymere halogenierte Kohlenwasserstoffe	Lg.	*beständig:* 521
8	Holz	Lg.	*beständig*
95	Säurekitte mit Asbest und Phenolharz	Lg.	*beständig*

Gerbstoffe.

W. V. Nr.	Werkstoff	Zusammensetzung des angreifenden Stoffes	Verhalten gegen den angreifenden Stoff
1	Kohlenstoff	Lg.	*beständig 100°*
21	Glas	Lg.	*beständig*
22	Quarz	Lg.	*beständig*
23	Natursteine	Lg.	*beständig*
24	Zementhaltige Baustoffe	Lg.	*bedingt beständig,* empfohlen Schutzschicht von Bitumen, Teer, Asphalt (Lagerung)
25	Keramische Auskleidungen	Lg.	*beständig 100°*
26	Steinzeug	Lg.	
27	Porzellan	Lg.	

W. V. Nr.	Werkstoff	Zusammensetzung des angreifenden Stoffes	Verhalten gegen den angreifenden Stoff
29	Email	Lg.	
31	Weichgummi	Lg.	*beständig*
		50% Lg.	*unbeständig 100°*
32	Hartgummi	Lg.	*beständig*
		50% Lg.	*unbeständig 100°*
33	Butadien-polymerisate	Lg.	*beständig*
		50% Lg.	*unbeständig 100°*
36	Chloropren-polymerisate	10% Lg.	*beständig 29°*
51	Polymere Kohlen-wasserstoffe	kalt ges. Lg. von:	
		Tanigan extra A	*beständig 20°: 512*
		Tanigan extra B	*beständig 20°: 512*
		Tanigan extra D	*beständig 60°: 512;*
			bedingt beständig 80°: 512;
			unbeständig 100°: 512
		Tanigan F und Tanigan U	*beständig 60°: 512;*
			80°: 512 (gefüllt);
			bedingt beständig 80°: 512 (ungefüllt); 100°: 512 (gefüllt);
			unbeständig 100°: 512 (ungefüllt)
		Gerbsäure	*beständig 60°: 511*
52	Polymere halo-genierte Kohlen-wasserstoffe	Lg. pflanzlich	*beständig 20°: 521*
		Lg. aus Zellulose	*beständig 20°: 521*
77	Bitumenhaltige und asphalt-haltige Stoffe	25% Lg.	*beständig 65°*
		100%	*beständig 25°*
8	Holz	Lg.	*beständig*
91	Silikatzemente	Lg.	*beständig 260°*
92	Säurekitte mit Wasserglas	Lg.	*beständig: 922*
93	Säurekitte mit Kunstharz	Lg.	*beständig: 931, 932, 933, 934*
95	Säurekitte mit Asbest und Phenolharz	Lg.	*beständig 20°*

Glas.

1	Kohlenstoff	Glasschmelzen	*beständig: 11*
25	Keramische Auskleidungen	Glasschmelzen	*beständig: 256*

Glucose. $C_6H_{12}O_6$. *FP 146°*

51	Polymere Kohlen-wasserstoffe	kalt ges. Lg.	*beständig 20°: 512; 60°: 512 (ungefüllt);*
			bedingt beständig 60°: 512 (gefüllt) · 80°: 512 (ungefüllt);
			unbeständig 80°: 512 (gefüllt)
52	Polymere halo-genierte Kohlen-wasserstoffe	kalt ges. Lg.	*beständig 20°: 521;*
			bedingt beständig 60°: 521;
			unbeständig 80°: 521

Glycerin. $HOCH_2 \cdot CH(OH) \cdot CH_2OH$. *SP 290°*

1	Kohlenstoff	Lg. und wasserfrei	*beständig 100° bei Siede-temp.: 14*

W. V. Nr.	Werkstoff	Zusammensetzung des angreifenden Stoffes	Verhalten gegen den angreifenden Stoff
21	Glas	Lg. und wasserfrei	*beständig 100°*
22	Quarz	Lg. und wasserfrei	*beständig*
23	Natursteine	Lg. und wasserfrei	*beständig 70°: 239*
24	Zementhaltige Baustoffe	Lg. und wasserfrei	*unbeständig*
25	Keramische Auskleidungen	Lg. und wasserfrei	*beständig 100°*
26	Steinzeug	Lg. und wasserfrei	*beständig 100°*
27	Porzellan	Lg. und wasserfrei	*beständig*
29	Email	Lg. und wasserfrei	*beständig*
31	Weichgummi	20% Lg.	*beständig 100°*
32	Hartgummi	20% Lg.	*beständig 100°*
33	Butadienpolymerisate		*unbeständig*
35	Isoprenmischpolymerisate	Handelsware	*beständig 60°: 351*
36	Chloroprenpolymerisate	Lg.	*beständig 70°*
38	Silikongummi	Handelsware	*bedingt beständig 20°*
41	Phenolharze	Lg.	*beständig: 411*
42	Carbamidharze	Lg.	*beständig: 421, 423*
43	Furanharze	Lg. und wasserfrei	*beständig 20°*
44	Polyesterharze	25—50% Lg.	*beständig 100°: 441*
		70—95% Lg.	*beständig 120°: 441*
46	Polyamide	Lg. und wasserfrei	*beständig*
51	Polymere Kohlenwasserstoffe	50% Lg.	*beständig 70°: 514;* *beständig 100°: 512*
		90% Lg.	*beständig 60°: 511*
		100%	*beständig 70°: 514;* *beständig 100°: 512*
52	Polymere halogenierte Kohlenwasserstoffe	verd.-konz. Lg.	*beständig 40°: 522, 523;* *beständig 60°: 521;* *unbeständig 60°: 521 w;* *unbeständig 100°: 521*
55	Polyacryl- und Polymethacrylverbindungen	Lg. und wasserfrei	*beständig: 553*
62	Nicht abgewandelter Zellstoff	Lg.	*beständig: 621*
63	Zelluloseester	Lg.	*bedingt beständig: 631, 632*
77	Bitumenhaltige und asphalthaltige Stoffe	Lg. und wasserfrei	*beständig 65°*
8	Holz	Lg. und wasserfrei	*beständig*

Glykol. HO · CH$_2$ · CH$_2$ · OH. *SP 197,4°*

W. V. Nr.	Werkstoff	Zusammensetzung des angreifenden Stoffes	Verhalten gegen den angreifenden Stoff
38	Silikongummi	Handelsware	*bedingt beständig 20°*
51	Polymere Kohlenwasserstoffe	wäßrige Handelsware	*beständig 100°: 512*
52	Polymere halogenierte Kohlenwasserstoffe	wäßrige Handelsware	*beständig 60°: 521;* *unbeständig 100°: 521*

W. V. Nr.	Werkstoff	Zusammensetzung des angreifenden Stoffes	Verhalten gegen den angreifenden Stoff
Goldverbindungen.			
31	Weichgummi	Lg. für cyankalische Elektroplattierung	*beständig 25°*
32	Hartgummi	Lg. für cyankalische Elektroplattierung	*beständig 25°*
Harn.			
21	Glas		*beständig*
26	Steinzeug		*beständig*
27	Porzellan		*beständig*
51	Polymere Kohlenwasserstoffe		*beständig 60°: 512*
52	Polymere halogenierte Kohlenwasserstoffe		*beständig 40°: 521*
Harnstoff. $H_2N \cdot CO \cdot NH_2$. *FP 132,7°*			
21	Glas	Lg.	*beständig 75°*
26	Steinzeug	Lg.	*beständig 75°*
27	Porzellan	Lg.	*beständig 75°*
51	Polymere Kohlenwasserstoffe	verd.-konz. Lg.	*beständig 60°: 512*
52	Polymere halogenierte Kohlenwasserstoffe	10% Lg.	*beständig 40°: 521; bedingt beständig 60°: 521*
		33% Lg.	*beständig 60°: 521*
Harze.			
1	Kohlenstoff	Handelsware, Destillation	*beständig*
21	Glas	Harzsäuren	*beständig*
22	Quarz	Harzsäuren	*beständig*
25	Keramische Auskleidungen	Harzsäuren	*beständig*
26	Steinzeug	Harzsäuren	*beständig*
27	Porzellan	Harzsäuren	*beständig*
29	Email	Harzsäuren	*beständig 375°*
31	Weichgummi	Handelsware	*beständig*
32	Hartgummi	Handelsware	*beständig*
33	Butadienpolymerisate	Handelsware	*beständig*
51	Polymere Kohlenwasserstoffe	Destillation, Harzsäuren	*unbeständig: 512*
52	Polymere halogenierte Kohlenwasserstoffe	Destillation, Harzsäuren	*unbeständig: 521*
8	Holz	Handelsware, Destillation, Harzsäuren	*beständig*
95	Säurekitte mit Asbest und Phenolharz	Handelsware, Destillation, Harzsäuren	*unbeständig*
Hefe.			
1	Kohlenstoff	Handelsware	*beständig*
21	Glas	Handelsware	*beständig* (Rohre, Behälter)

W. V. Nr.	Werkstoff	Zusammensetzung des angreifenden Stoffes	Verhalten gegen den angreifenden Stoff
22	Quarz	Handelsware	*beständig*
23	Natursteine	Handelsware	*beständig*
24	Zementhaltige Baustoffe	Handelsware	*beständig*
25	Keramische Auskleidungen	Handelsware	*beständig*
26	Steinzeug	Handelsware	*beständig* (Behälter)
27	Porzellan	Handelsware	*beständig*
29	Email	Handelsware	*beständig*
31	Weichgummi	Handelsware	*beständig*
32	Hartgummi	Handelsware	*beständig*
33	Butadien-polymerisate	Handelsware	*beständig*
51	Polymere Kohlen-wasserstoffe	Handelsware	*beständig 20°: 511; beständig 60°: 512*
52	Polymere halo-genierte Kohlen-wasserstoffe	Handelsware	*beständig 20°: 521; bedingt beständig 40°: 521*
8	Holz	Handelsware	*beständig*
95	Säurekitte mit Asbest und Phenolharz	Handelsware	*beständig*

Heptan. $CH_3 \cdot (CH_2)_5 \cdot CH_3$. *SP 98,4°*

36	Chloropren-polymerisate	Lg.	*beständig 27°*
51	Polymere Kohlen-wasserstoffe	90% Mischung	*unbeständig 20°: 511*
52	Polymere halo-genierte Kohlen-wasserstoffe		*beständig 25°: 5251; beständig bei Siedetemp.: 524*

Hexachlorbenzol. C_6Cl_6. *SP 322°*

1	Kohlenstoff	Handelsware	*beständig 125°: 14*

Hexamethylentetramin. $C_6H_{12}N_4$. *subl. 230—270° (vac.)*

1	Kohlenstoff	Lg.	*beständig*
21	Glas	Lg.	*beständig*
22	Quarz	Lg.	*beständig*
23	Natursteine	Lg.	*beständig*
24	Zementhaltige Baustoffe	Lg.	*beständig*
25	Keramische Auskleidungen	Lg.	*beständig*
26	Steinzeug	Lg.	*beständig*
27	Porzellan	Lg.	*beständig*
29	Email	Lg.	*beständig*
8	Holz	Lg.	*beständig*

Hexantriol.

51	Polymere Kohlen-wasserstoffe	Handelsware	*beständig 100°: 512*
52	Polymere halo-genierte Kohlen-wasserstoffe	Handelsware	*beständig 60°: 521; unbeständig 100°: 521*

W. V. Nr.	Werkstoff	Zusammensetzung des angreifenden Stoffes	Verhalten gegen den angreifenden Stoff
Holzdestillation.			
1	Kohlenstoff	Holzteer, Holzessig	*beständig 70°*
21	Glas	Holzteer, Holzessig	*beständig*
22	Quarz	Holzteer, Holzessig	*beständig*
23	Natursteine	Holzteer, Holzessig	*beständig*
24	Zementhaltige Baustoffe	Holzteer Holzessig	*bedingt beständig unbeständig*
25	Keramische Auskleidungen	Holzteer, Holzessig	*beständig 70°*
26	Steinzeug	Holzteer, Holzessig	*beständig*
27	Porzellan	Holzteer, Holzessig	*beständig*
29	Email	Holzteer, Holzessig	*beständig*
51	Polymere Kohlenwasserstoffe	Holzteer, Holzessig	*unbeständig 20°: 512*
52	Polymere halogenierte Kohlenwasserstoffe	Holzteer, Holzessig	*bedingt beständig: 521*
8	Holz	Holzteer, Holzessig	*beständig*
95	Säurekitte mit Asbest und Phenolharz	Holzteer, Holzessig	*unbeständig*
Hydrochinon. HO< >OH. *SP ≈285°*			
1	Kohlenstoff	Lg.	*beständig*
21	Glas	Lg.	*beständig*
22	Quarz	Lg.	*beständig*
23	Natursteine	Lg.	*beständig*
25	Keramische Auskleidungen	Lg.	*beständig*
26	Steinzeug	Lg.	*beständig*
27	Porzellan	Lg.	*beständig*
29	Email	Lg.	*beständig*
31	Weichgummi	Lg.	*unbeständig*
32	Hartgummi	Lg.	*unbeständig*
33	Butadienpolymerisate	Lg.	*unbeständig*
51	Polymere Kohlenwasserstoffe	Lg.	*unbeständig: 512 (gefüllt und ungefüllt)*
52	Polymere halogenierte Kohlenwasserstoffe	Lg.	*unbeständig: 521*
8	Holz	Lg.	*beständig*
92	Säurekitte mit Wasserglas	Handelsware	*beständig: 921, 922*
93	Säurekitte mit Kunstharz	Handelsware	*beständig: 932, 934*
Isobutylchlorid. $(CH_3)_2 \cdot CH \cdot CH_2Cl.$ *SP 68,9°*			
1	Kohlenstoff	Handelsware	*beständig*
21	Glas	Handelsware	*beständig*
22	Quarz	Handelsware	*beständig*
23	Natursteine	Handelsware	*beständig*

W. V. Nr.	Werkstoff	Zusammensetzung des angreifenden Stoffes	Verhalten gegen den angreifenden Stoff
24	Zementhaltige Baustoffe	Handelsware, neutral	*beständig*
25	Keramische Auskleidungen	Handelsware	*beständig*
26	Steinzeug	Handelsware	*beständig*
27	Porzellan	Handelsware	*beständig*
29	Email	Handelsware	*beständig*
31	Weichgummi	Handelsware	*unbeständig*
32	Hartgummi	Handelsware	*unbeständig*
33	Butadien-polymerisate	Handelsware	*unbeständig*
51	Polymere Kohlen-wasserstoffe	Handelsware	*unbeständig: 512*
52	Polymere halo-genierte Kohlen-wasserstoffe	Handelsware	*unbeständig: 521*
55	Polyacryl- und Polymethacryl-verbindungen	Handelsware	*unbeständig: 552, 553*
8	Holz	Handelsware	*beständig*
95	Säurekitte mit Asbest und Phenolharz	Handelsware	*unbeständig*

Isopropylalkohol. CH$_3$ · CH(OH)CH$_3$. *SP 82,0°*

W. V. Nr.	Werkstoff	Zusammensetzung des angreifenden Stoffes	Verhalten gegen den angreifenden Stoff
97	Schwefelzemente	50% Lg.	*beständig 20°;* *bedingt beständig 60°*
		75% Lg.	*bedingt beständig 20°*
		Handelsware	*unbeständig 20°*
98	Furanzemente	Handelsware	*beständig 70°*

Jod. J$_2$. *FP 113,7°, SP 184°*

W. V. Nr.	Werkstoff	Zusammensetzung des angreifenden Stoffes	Verhalten gegen den angreifenden Stoff
1	Kohlenstoff	fest	*bedingt beständig 20°: 14*
21	Glas	Dampf, Lg.	*beständig 150°: 218*
22	Quarz	Dampf, Lg.	*beständig* (bei Sublimation)
23	Natursteine	Dampf, Lg.	*beständig 25°: 239*
24	Zementhaltige Baustoffe	Dampf	*beständig* (bei Sublimation)
25	Keramische Auskleidungen	Dampf, Lg.	*beständig*
26	Steinzeug	Dampf	*beständig* (bei Sublimation)
27	Porzellan	Dampf	*beständig* (bei Sublimation)
29	Email	Dampf, Lg.	*beständig*
31	Weichgummi		*unbeständig*
32	Hartgummi		*unbeständig*
33	Butadien-polymerisate		*unbeständig*
41	Phenolharze	Dampf	*unbeständig 20°: 411*
44	Polyesterharze	Dampf	*unbeständig 20°: 441*

W. V. Nr.	Werkstoff	Zusammensetzung des angreifenden Stoffes	Verhalten gegen den angreifenden Stoff
51	Polymere Kohlenwasserstoffe	Handelsware	*bedingt beständig 20°: 511; unbeständig 20°: 512, 514 unbeständig 60°: 511*
52	Polymere halogenierte Kohlenwasserstoffe	Handelsware	*unbeständig: 521, 523*
55	Polyacryl- und Polymethacrylverbindungen	fest und Dampf	*unbeständig 20°: 553*
77	Bitumenhaltige und asphalthaltige Stoffe	fest	*unbeständig 20°*
8	Holz	Dampf	*beständig*
91	Silikatzemente	Dampf	*beständig 320°*
95	Säurekitte mit Asbest und Phenolharz	Handelsware	*unbeständig*
96	Phenolzemente	fest und Dampf	*unbeständig 20°*
97	Schwefelzemente	fest und Dampf	*unbeständig 20°*
98	Furanzemente	fest und Dampf	*unbeständig 20°*

Jodoform. CHJ_3. *FP 119°*

W. V. Nr.	Werkstoff	Zusammensetzung des angreifenden Stoffes	Verhalten gegen den angreifenden Stoff
1	Kohlenstoff	Handelsware	*bedingt beständig 25°: 14*
21	Glas	Handelsware	*beständig*
26	Steinzeug	Handelsware	*beständig*
27	Porzellan	Handelsware	*beständig*

Jodwasserstoff. HJ

W. V. Nr.	Werkstoff	Zusammensetzung des angreifenden Stoffes	Verhalten gegen den angreifenden Stoff
1	Kohlenstoff	Lg.	*beständig*
21	Glas	Lg.	*beständig*
22	Quarz	Lg.	*beständig*
23	Natursteine	Lg.	*beständig*
24	Zementhaltige Baustoffe	Lg.	*unbeständig*
25	Keramische Auskleidungen	Lg.	*beständig*
26	Steinzeug	Lg.	*beständig*
27	Porzellan	Lg.	*beständig*
29	Email	Lg.	*beständig*
31	Weichgummi	Lg.	*beständig*
32	Hartgummi	Lg.	*beständig*
33	Butadienpolymerisate	Lg.	*beständig*
41	Phenolharze	Lg.	*beständig 25°: 411*
51	Polymere Kohlenwasserstoffe	Lg.	*bedingt beständig: 512 (gefüllt und ungefüllt)*
52	Polymere halogenierte Kohlenwasserstoffe	Lg.	*bedingt beständig: 521*
8	Holz	Lg.	*beständig*
95	Säurekitte mit Asbest und Phenolharz	Lg.	*beständig*

W. V. Nr.	Werkstoff	Zusammensetzung des angreifenden Stoffes	Verhalten gegen den angreifenden Stoff
Kaliumacetat. CH_3COOK			
1	Kohlenstoff	Lg.	*beständig*
21	Glas	Lg.	*beständig*
22	Quarz	Lg.	*beständig*
23	Natursteine	Lg.	*beständig*
25	Keramische Auskleidungen	Lg.	*beständig*
26	Steinzeug	Lg.	*beständig*
27	Porzellan	Lg.	*beständig*
29	Email	Lg.	*beständig*
31	Weichgummi	Lg.	*beständig*
32	Hartgummi	Lg.	*beständig*
33	Butadien-polymerisate	Lg.	*beständig*
41	Phenolharze	Lg.	*beständig:* 411 + Asbest
43	Furanharze	Lg.	*beständig:* 431; *beständig:* 43 + Asbest
51	Polymere Kohlenwasserstoffe	Lg.	*beständig:* 512 (gefüllt und ungefüllt)
52	Polymere halogenierte Kohlenwasserstoffe	Lg. / verd.-konz. Lg.	*beständig:* 521 / *beständig 40°:* 522
8	Holz	Lg.	*beständig*
95	Säurekitte mit Asbest und Phenolharz	Lg.	*beständig*
Kaliumbicarbonat. K_2CO_3			
1	Kohlenstoff	10—30% Lg.	*beständig 100°:* 14
21	Glas	verd.-konz. Lg. / fest	*beständig 100°* / *beständig 100°*
23	Natursteine	10% Lg. / 30% Lg.	*beständig 100°:* 239 / *beständig 25°:* 239
26	Steinzeug	verd.-konz. Lg. / fest	*beständig 100°* / *beständig 100°*
27	Porzellan	verd.-konz. Lg. / fest	*beständig 100°* / *beständig 100°*
31	Weichgummi	10—30% Lg.	*beständig 70°*
32	Hartgummi	10—30% Lg.	*beständig 70°*
36	Chloropren-polymerisate	verd.-konz. Lg.	*beständig 93°*
41	Phenolharze	Lg.	*beständig:* 411 + Asbest
43	Furanharze	Lg.	*beständig:* 431; *beständig:* 43 + Asbest
44	Polyesterharze	10% Lg. / fest	*beständig 100°:* 441 / *beständig 110°:* 441
51	Polymere Kohlenwasserstoffe	25% Lg. / fest	*beständig 70°:* 514 / *beständig 70°:* 514
52	Polymere halogenierte Kohlenwasserstoffe	verd.-konz. Lg. / fest	*beständig 40°:* 522 / *beständig 25°:* 523
77	Bitumenhaltige und asphalthaltige Stoffe	25% / fest	*beständig 65°* / *beständig 65°*

W. V. Nr.	Werkstoff	Zusammensetzung des angreifenden Stoffes	Verhalten gegen den angreifenden Stoff
91	Silikatzemente	10% Lg. fest	*beständig 95°* *unbeständig 95°*
96	Phenolzemente	25% Lg. fest	*beständig 100°* *beständig 120°*
97	Schwefelzemente	5% Lg.	*beständig 20°;* *bedingt beständig 50°;* *unbeständig 90°*
98	Furanzemente	25% Lg. fest	*beständig 100°* *beständig 120°*

Kaliumbichromat. $K_2Cr_2O_7$

W. V. Nr.	Werkstoff	Zusammensetzung des angreifenden Stoffes	Verhalten gegen den angreifenden Stoff
21	Glas	10—30% Lg.	*beständig 25°*
26	Steinzeug	10—30% Lg.	*beständig 25°*
27	Porzellan	10—30% Lg.	*beständig 25°*
35	Isoprenmisch-polymerisate	10—30% Lg.	*beständig 60°: 351*
36	Chloropren-polymerisate	Lg.	*bedingt beständig 26°*
41	Phenolharze	Lg.	*beständig: 411 + Asbest*
43	Furanharze	Lg.	*beständig: 431;* *beständig: 43 + Asbest*
44	Polyesterharze	10—25% Lg. fest	*beständig 95°: 441* *beständig 120°: 441*
51	Polymere Kohlen-wasserstoffe	25% Lg. 40% Lg. fest	*beständig 70°: 514* *beständig 20°: 512; 60°: 511* *beständig 60°: 511; 70°: 514*
52	Polymere halo-genierte Kohlen-wasserstoffe	40% Lg. verd.-konz. Lg.	*beständig 20°: 521* *beständig 40°: 522*
77	Bitumenhaltige und asphalt-haltige Stoffe	25% Lg.	*beständig 65°*
91	Silikatzemente	25% Lg. fest	*beständig 110°* *beständig 425°*
92	Säurekitte mit Wasserglas	Lg.	*beständig: 922*
93	Säurekitte mit Kunstharz	Lg.	*beständig: 931, 932, 933, 934*
96	Phenolzemente	25% Lg. fest	*beständig 100°* *beständig 120°*
97	Schwefelzemente	25% Lg. fest	*beständig 90°* *beständig 90°*
98	Furanzemente	25% Lg. fest	*beständig 100°* *beständig 120°*

Kaliumbisulfat. $KHSO_4$

W. V. Nr.	Werkstoff	Zusammensetzung des angreifenden Stoffes	Verhalten gegen den angreifenden Stoff
1	Kohlenstoff	Lg.	*beständig*
21	Glas	Lg.	*beständig*
22	Quarz	Lg. geschmolzen	*beständig* *unbeständig 800°*
24	Zementhaltige Baustoffe	Lg.	*unbeständig*
25	Keramische Auskleidungen	Lg.	*beständig*
26	Steinzeug	Lg.	*beständig*

W. V. Nr.	Werkstoff	Zusammensetzung des angreifenden Stoffes	Verhalten gegen den angreifenden Stoff
27	Porzellan	Lg.	*beständig*
29	Email	konz. Lg. geschmolzen	*beständig* *unbeständig 800°*
31	Weichgummi	Lg.	*beständig*
32	Hartgummi	Lg.	*beständig*
33	Butadien- polymerisate	Lg.	*beständig*
41	Phenolharze	Lg.	*beständig:* 411 + Asbest
43	Furanharze	Lg.	*beständig:* 431; *beständig:* 43 + Asbest
51	Polymere Kohlen- wasserstoffe	Lg.	*beständig:* 512 (gefüllt und ungefüllt)
52	Polymere halo- genierte Kohlen- wasserstoffe	Lg.	*beständig:* 521; *beständig 40°:* 522
95	Säurekitte mit Asbest und Phenolharz	Lg.	*beständig*

Kaliumborat. $K_2B_4O_7$

W. V. Nr.	Werkstoff	Zusammensetzung des angreifenden Stoffes	Verhalten gegen den angreifenden Stoff
41	Phenolharze	Lg.	*beständig:* 411 + Asbest
43	Furanharze	Lg.	*beständig:* 431; *beständig:* 43 + Asbest
51	Polymere Kohlen- wasserstoffe	1% Lg. fest	*beständig 60°:* 512 *beständig 60°:* 511
52	Polymere halo- genierte Kohlen- wasserstoffe	1% Lg.	*beständig 40°:* 521; *bedingt beständig 60°:* 521

Kaliumbromat. $KBrO_3$

W. V. Nr.	Werkstoff	Zusammensetzung des angreifenden Stoffes	Verhalten gegen den angreifenden Stoff
51	Polymere Kohlen- wasserstoffe	10% Lg.	*beständig 80°:* 512; *100°:* 512 (gefüllt); *bedingt beständig 100°:* 512 (ungefüllt)
52	Polymere halo- genierte Kohlen- wasserstoffe	10% Lg.	*beständig 40°:* 521; *bedingt beständig 60°:* 521; *unbeständig 80°:* 521

Kaliumbromid. KBr

W. V. Nr.	Werkstoff	Zusammensetzung des angreifenden Stoffes	Verhalten gegen den angreifenden Stoff
1	Kohlenstoff	Lg.	*beständig*
21	Glas	Lg.	*beständig*
22	Quarz	Lg.	*beständig*
23	Natursteine	Lg.	*beständig*
24	Zementhaltige Baustoffe	Lg.	*bedingt beständig* (dichter Beton nötig)
25	Keramische Auskleidungen	Lg.	*beständig*
26	Steinzeug	Lg.	*beständig*
27	Porzellan	Lg.	*beständig*
29	Email	Lg.	*beständig* (Kristallisatoren, Verdampfer)
31	Weichgummi	Lg.	*beständig*
32	Hartgummi	Lg.	*beständig*
33	Butadien- polymerisate	Lg.	*beständig*

W. V. Nr.	Werkstoff	Zusammensetzung des angreifenden Stoffes	Verhalten gegen den angreifenden Stoff
41	Phenolharze	30% Lg.	*beständig 50°: 411 + Asbest*
43	Furanharze	Lg.	*beständig: 431;* *beständig: 43 + Asbest*
51	Polymere Kohlenwasserstoffe	ges. Lg.	*beständig 80°: 512; 100°: 512* *(gefüllt);* *bedingt beständig 100°: 512* *(ungefüllt)*
52	Polymere halogenierte Kohlenwasserstoffe	verd. Lg. kalt ges. Lg.	*beständig 40°: 521, 522, 523;* *bedingt beständig 60°: 521* *beständig 40°: 522;* *beständig 60°: 521;* *unbeständig 80°: 521*
8	Holz	Lg.	*beständig*
91	Silikatzemente	25% Lg.	*beständig 95°*
92	Säurekitte mit Wasserglas	Lg.	*beständig: 921*
93	Säurekitte mit Kunstharz	Lg.	*beständig: 931, 932, 933, 934*
95	Säurekitte mit Asbest und Phenolharz	Lg.	*beständig*
96	Phenolzemente	25% Lg. fest	*beständig 100°* *beständig 120°*
97	Schwefelzemente	25% Lg. fest	*beständig 80°* *beständig 80°*
98	Furanzemente	25% Lg. fest	*beständig 100°* *beständig 120°*

Kaliumcarbonat. K_2CO_3

W. V. Nr.	Werkstoff	Zusammensetzung des angreifenden Stoffes	Verhalten gegen den angreifenden Stoff
1	Kohlenstoff	Lg.	*beständig*
21	Glas	Lg. geschmolzen	*beständig* *unbeständig*
22	Quarz	Lg. geschmolzen	*beständig* *unbeständig*
23	Natursteine	Lg. geschmolzen	*beständig* *unbeständig*
24	Zementhaltige Baustoffe	Lg.	*beständig*
25	Keramische Auskleidungen	Lg.	*beständig*
26	Steinzeug	Lg.	*beständig*
27	Porzellan	Lg.	*beständig*
29	Email	Lg. geschmolzen	*bedingt beständig* *unbeständig*
31	Weichgummi	Lg.	*beständig*
32	Hartgummi	Lg.	*beständig*
33	Butadienpolymerisate	Lg.	*beständig*
35	Isoprenmischpolymerisate	25%-konz. Lg.	*beständig 80°: 351*
36	Chloroprenpolymerisate	verd.-konz. Lg.	*beständig 93°*
41	Phenolharze	Lg.	*beständig 50°: 411 + Asbest*
43	Furanharze	Lg.	*beständig: 431;* *beständig: 43 + Asbest*

W. V. Nr.	Werkstoff	Zusammensetzung des angreifenden Stoffes	Verhalten gegen den angreifenden Stoff
44	Polyesterharze	10—25% Lg.	*beständig 20°: 441;* *bedingt beständig 55°: 441;* *unbeständig 90°: 441*
		fest	*bedingt beständig 20°: 441;* *unbeständig 65°: 441*
51	Polymere Kohlenwasserstoffe	30% Lg. fest	*beständig 60°: 511; 70°: 514* *beständig 60°: 511; 70°: 514*
52	Polymere halogenierte Kohlenwasserstoffe	Lg. fest	*beständig: 521, 522* *beständig 40°: 521, 522*
55	Polyacryl- und Polymethacrylverbindungen	Lg.	*beständig 100°: 553*
77	Bitumenhaltige und asphalthaltige Stoffe	25% Lg. fest	*beständig 65°* *beständig 65°*
8	Holz	Lg.	*beständig;* *unbeständig: 82*
91	Silikatzemente	10% Lg.	*unbeständig 20°*
92	Säurekitte mit Wasserglas	Lg.	*unbeständig: 921, 922, 923*
93	Säurekitte mit Kunstharz	Lg.	*beständig: 931, 932, 933, 934*
95	Säurekitte mit Asbest und Phenolharz	Lg.	*beständig*
96	Phenolzemente	25% Lg.	*beständig 70°;* *bedingt beständig 100°*
		50% Lg.	*beständig 50°;* *unbeständig 100°*
		fest	*unbeständig 120°*
97	Schwefelzemente	25% Lg.	*beständig 20°;* *bedingt beständig 50°;* *unbeständig 80°*
		fest	*unbeständig 80°*
98	Furanzemente	25% Lg. fest	*beständig 100°* *beständig 120°*

Kaliumchlorat. KClO$_3$

W. V. Nr.	Werkstoff	Zusammensetzung des angreifenden Stoffes	Verhalten gegen den angreifenden Stoff
1	Kohlenstoff	10—30% Lg.	*beständig 100°: 14*
21	Glas	Lg.	*beständig 100°*
22	Quarz	Lg.	*beständig 100°*
23	Natursteine	Lg.	*beständig*
24	Zementhaltige Baustoffe	Umstellung durch Elektrolyse	*beständig*
25	Keramische Auskleidungen	Lg.	*beständig*
26	Steinzeug	Lg.	*beständig 100°*
27	Porzellan	Lg.	*beständig 100°*
29	Email	Lg.	*beständig*
31	Weichgummi	Lg.	*beständig*
32	Hartgummi	Lg.	*beständig*
33	Butadienpolymerisate	Lg.	*beständig*
41	Phenolharze	Lg. fest	*beständig: 411 + Asbest* *beständig 25°: 411*

W. V. Nr.	Werkstoff	Zusammensetzung des angreifenden Stoffes	Verhalten gegen den angreifenden Stoff
43	Furanharze	Lg.	*beständig:* 43 + Asbest
51	Polymere Kohlenwasserstoffe	1% Lg.	*beständig 60°:* 512 (gefüllt und ungefüllt)
52	Polymere halogenierte Kohlenwasserstoffe	1% Lg. fest	*beständig 40°:* 521 *beständig 25°:* 523
77	Bitumenhaltige und asphalthaltige Stoffe	25% Lg. fest	*beständig 65°* *beständig 65°*
8	Holz	Lg.	*unbeständig* (Feuersgefahr)
91	Silikatzemente	25% Lg. fest	*beständig 95°* *beständig 180°*
92	Säurekitte mit Wasserglas	Lg.	*beständig:* 921, 922
93	Säurekitte mit Kunstharz	Lg.	*unbeständig:* 931, 932, 933, 934
95	Säurekitte mit Asbest und Phenolharz	Lg.	*beständig*
96	Phenolzemente	25% fest	*beständig 100°* *beständig 120°*
97	Schwefelzemente	15% Lg. fest	*beständig 80°* *beständig 80°*
98	Furanzemente	25% Lg. fest	*beständig 100°* *beständig 120°*

Kaliumchlorid. KCl

W. V. Nr.	Werkstoff	Zusammensetzung des angreifenden Stoffes	Verhalten gegen den angreifenden Stoff
1	Kohlenstoff	10—25% Lg.	*beständig 100°:* 14
21	Glas	10—20% Lg.	*beständig 100°*
23	Natursteine	10% Lg.	*beständig 25°:* 239
26	Steinzeug	10—20% Lg.	*beständig 100°*
27	Porzellan	10—20% Lg.	*beständig 100°*
31	Weichgummi	10—20% Lg.	*beständig 25°*
32	Hartgummi	10—20% Lg.	*beständig 25°*
35	Isoprenmischpolymerisate	10—30% Lg.	*beständig 100°:* 351
36	Chloroprenpolymerisate	verd.-konz. Lg.	*beständig 93°*
41	Phenolharze	Lg.	*beständig:* 411 + Asbest
43	Furanharze	Lg.	*beständig:* 120; *beständig:* 43 + Asbest
44	Polyesterharze	10—25% fest	*beständig 100°:* 441 *beständig 120°:* 441
51	Polymere Kohlenwasserstoffe	25% Lg. kalt ges. Lg. fest	*beständig 60°:* 511; *70°:* 514 *beständig 60°:* 512; *100°:* 512 (gefüllt); *bedingt beständig 100°:* 512 (ungefüllt) *beständig 60°:* 511, 514
52	Polymere halogenierte Kohlenwasserstoffe	verd. Lg. kalt ges. Lg. fest	*beständig 40°:* 521, 522, 523; *bedingt beständig 60°:* 521 *beständig 40°:* 522; *beständig 60°:* 521; *unbeständig 100°:* 521 *beständig 40°:* 521

W. V. Nr.	Werkstoff	Zusammensetzung des angreifenden Stoffes	Verhalten gegen den angreifenden Stoff
77	Bitumenhaltige und asphalthaltige Stoffe	25% Lg. fest	*beständig 65°* *beständig 65°*
91	Silikatzemente	25% Lg. fest	*beständig 110°* *beständig 530°*
96	Phenolzemente	25% Lg. fest	*beständig 100°* *beständig 120°*
97	Schwefelzemente	Lg. fest	*beständig 80°* *beständig 80°*
98	Furanzemente	25% Lg. fest	*beständig 100°* *beständig 120°*

Kaliumchromat. K_2CrO_4

W. V. Nr.	Werkstoff	Zusammensetzung des angreifenden Stoffes	Verhalten gegen den angreifenden Stoff
1	Kohlenstoff	10—30% Lg.	*beständig 100°: 14*
21	Glas	Lg.	*beständig 100°*
22	Quarz	Lg.	*beständig*
23	Natursteine	Lg.	*beständig 25°: 239*
24	Zementhaltige Baustoffe	Lg.	*beständig*
25	Keramische Auskleidungen	Lg.	*beständig*
26	Steinzeug	Lg.	*beständig 100°*
27	Porzellan	Lg.	*beständig 100°*
29	Email	Lg.	*beständig*
31	Weichgummi	10—30% Lg.	*beständig 70°*
32	Hartgummi	10—30% Lg.	*beständig 70°*
33	Butadienpolymerisate	Lg.	*beständig*
41	Phenolharze	Lg.	*beständig: 411 + Asbest*
43	Furanharze	Lg.	*beständig: 431;* *beständig: 43 + Asbest*
51	Polymere Kohlenwasserstoffe	40% Lg.	*beständig 20°: 512*
52	Polymere halogenierte Kohlenwasserstoffe	40% Lg.	*beständig 20°: 521, 522*
8	Holz	Lg.	*unbeständig*

Kaliumcyanid. KCN

W. V. Nr.	Werkstoff	Zusammensetzung des angreifenden Stoffes	Verhalten gegen den angreifenden Stoff
1	Kohlenstoff	Lg.	*beständig*
21	Glas	10% Lg.	*beständig 100°*
22	Quarz	Lg. geschmolzen	*beständig* *unbeständig 850°* *(16 g/m²/Tag)*
23	Natursteine	Lg.	*beständig*
24	Zementhaltige Baustoffe	Lg.	*beständig*
25	Keramische Auskleidungen	Lg.	*beständig*
26	Steinzeug	10% Lg.	*beständig 100°*
27	Porzellan	10% Lg.	*beständig 100°*
29	Email	Lg.	*beständig*
31	Weichgummi	10—30% Lg.	*beständig 70°*

W. V. Nr.	Werkstoff	Zusammensetzung des angreifenden Stoffes	Verhalten gegen den angreifenden Stoff
32	Hartgummi	10—30% Lg.	*beständig 70°*
33	Butadien-polymerisate	Lg.	*beständig*
36	Chloropren-polymerisate	verd.-konz. Lg.	*beständig 65°*
41	Phenolharze	Lg.	*beständig:* 411 + Asbest
43	Furanharze	Lg.	*beständig:* 43 + Asbest
51	Polymere Kohlen-wasserstoffe	kalt ges. Lg.	*beständig 80°:* 512; *100°:* 512 (gefüllt); *bedingt beständig 100°:* 512 (ungefüllt)
52	Polymere halo-genierte Kohlen-wasserstoffe	10% Lg. kalt ges. Lg.	*beständig 40°:* 521, 523; *bedingt beständig 60°:* 521 *beständig 60°:* 521; *unbeständig 80°:* 521
8	Holz	Lg.	*beständig*
92	Säurekitte mit Wasserglas	Lg.	*unbeständig:* 921, 922, 923
93	Säurekitte mit Kunstharz	Lg.	*beständig:* 932, 934
95	Säurekitte mit Asbest und Phenolharz	Lg.	*beständig*

Kaliumferricyanid. $K_3Fe(CN)_6$

W. V. Nr.	Werkstoff	Zusammensetzung des angreifenden Stoffes	Verhalten gegen den angreifenden Stoff
1	Kohlenstoff	Lg.	*beständig*
21	Glas	verd.-konz. Lg.	*beständig 100°*
22	Quarz	verd.-konz. Lg.	*beständig*
23	Natursteine	20—30% Lg.	*beständig 25°:* 239
24	Zementhaltige Baustoffe		*beständig*
25	Keramische Auskleidungen		*beständig*
26	Steinzeug	verd.-konz. Lg.	*beständig 100°*
27	Porzellan	verd.-konz. Lg.	*beständig 100°*
29	Email	Lg.	*beständig*
31	Weichgummi	Lg.	*beständig 50°*
32	Hartgummi	Lg.	*beständig 50°*
33	Butadien-polymerisate	Lg.	*beständig*
41	Phenolharze	Lg.	*beständig:* 411 + Asbest
43	Furanharze	Lg.	*beständig:* 431; *beständig:* 43 + Asbest
51	Polymere Kohlen-wasserstoffe	25% Lg. kalt ges. Lg. fest	*beständig 70°:* 514 *beständig 80°:* 512; *100°:* 512 (gefüllt) *beständig 70°:* 514
52	Polymere halo-genierte Kohlen-wasserstoffe	verd. Lg. kalt ges. Lg. fest	*beständig 40°:* 521; *bedingt beständig 60°:* 521 *beständig 40°:* 522; *beständig 60°:* 521; *unbeständig 80°:* 521 *beständig 50°:* 521
8	Holz	Lg.	*beständig*

W. V. Nr.	Werkstoff	Zusammensetzung des angreifenden Stoffes	Verhalten gegen den angreifenden Stoff
92	Säurekitte mit Wasserglas	Lg.	*beständig:* 922
93	Säurekitte mit Kunstharz	Lg.	*beständig:* 931, 932, 933, 934
95	Säurekitte mit Asbest und Phenolharz	Lg.	*beständig*
96	Phenolzemente	25% Lg. fest	*beständig 100° beständig 120°*
97	Schwefelzemente	25% Lg.	*beständig 20°; bedingt beständig 50°; unbeständig 90°*

Kaliumferrocyanid. $K_4Fe(CN)_6$

W. V. Nr.	Werkstoff	Zusammensetzung des angreifenden Stoffes	Verhalten gegen den angreifenden Stoff
1	Kohlenstoff	30% Lg.	*beständig 100°:* 14
21	Glas	verd.-konz. Lg.	*beständig 100°*
22	Quarz	verd.-konz. Lg.	*beständig 100°*
23	Natursteine	verd.-konz. Lg.	*beständig*
24	Zementhaltige Baustoffe	30% Lg.	*beständig 25°*
25	Keramische Auskleidungen	Lg.	*beständig*
26	Steinzeug	verd.-konz. Lg.	*beständig 100°*
27	Porzellan	verd.-konz. Lg.	*beständig 100°*
29	Email	verd.-konz. Lg.	*beständig*
31	Weichgummi	30% Lg.	*beständig 25°*
32	Hartgummi	30% Lg.	*beständig 25°*
33	Butadienpolymerisate	Lg.	*beständig 25°*
41	Phenolharze	Lg.	*beständig:* 411 + Asbest
43	Furanharze	Lg.	*beständig:* 431; *beständig:* 43 + Asbest
44	Polyesterharze	10—25% Lg. fest	*beständig 100°:* 441 *beständig 120°:* 441
51	Polymere Kohlenwasserstoffe	25% Lg. kalt ges. Lg. fest	*beständig 70°:* 514 *beständig 80°:* 512; 100°: 512 (gefüllt) *beständig 70°:* 514
52	Polymere halogenierte Kohlenwasserstoffe	verd. Lg. kalt ges. Lg. fest	*beständig 40°:* 521; *bedingt beständig 60°:* 521 *beständig 40°:* 522; *beständig 60°:* 521; *unbeständig 80°:* 521 *beständig 50°:* 522
77	Bitumenhaltige und asphalthaltige Stoffe	25% Lg.	*beständig 65°*
8	Holz	Lg.	*beständig*
91	Silikatzemente	25% Lg. fest	*beständig 110° beständig 110°*
92	Säurekitte mit Wasserglas	Lg.	*beständig:* 922
93	Säurekitte mit Kunstharz	Lg.	*beständig:* 931, 932, 933, 934

W. V. Nr.	Werkstoff	Zusammensetzung des angreifenden Stoffes	Verhalten gegen den angreifenden Stoff
95	Säurekitte mit Asbest und Phenolharz	Lg.	*beständig*
96	Phenolzemente	25% Lg. fest	*beständig 100°* *beständig 120°*
97	Schwefelzemente	25% Lg.	*beständig 20°;* *bedingt beständig 50°;* *unbeständig 90°*
98	Furanzemente	25% Lg. fest	*beständig 100°* *beständig 120°*

Kaliumfluorid. KF

W. V. Nr.	Werkstoff	Zusammensetzung des angreifenden Stoffes	Verhalten gegen den angreifenden Stoff
21	Glas	Lg.	*unbeständig*
22	Quarz	Lg.	*unbeständig*
24	Zementhaltige Baustoffe	Lg.	*unbeständig*
25	Keramische Auskleidungen	Lg.	*unbeständig*
26	Steinzeug	Lg.	*unbeständig*
27	Porzellan	Lg.	*unbeständig*
29	Email	Lg.	*unbeständig*

Kaliumhydroxyd. KOH

W. V. Nr.	Werkstoff	Zusammensetzung des angreifenden Stoffes	Verhalten gegen den angreifenden Stoff
1	Kohlenstoff	verd.-konz. Lg.	*beständig, auch bei höherer Temp.*
21	Glas	Lg. geschmolzen	*bedingt beständig* *unbeständig*
22	Quarz	30% Lg. 11% Lg.	*beständig 20° (Abtragung 0,07 g/m²/ Tag)* *unbeständig 100°*
23	Natursteine	Lg. geschmolzen	*beständig* *unbeständig*
24	Zementhaltige Baustoffe	Lg.	*beständig 25°*
25	Keramische Auskleidungen	5% Lg. 50% Lg.	*bedingt beständig 70;* *unbeständig 100°* *unbeständig 20°*
26	Steinzeug	verd. Lg. konz. Lg.	*bedingt beständig* *unbeständig bei Siedetemp.*
27	Porzellan	verd. Lg. konz. Lg.	*bedingt beständig* *unbeständig bei Siedetemp.*
29	Email	verd. Lg. konz. Lg.	*bedingt beständig* *unbeständig bei höherer Temp.*
31	Weichgummi	50% Lg.	*beständig*
32	Hartgummi	50% Lg.	*beständig*
33	Butadienpolymerisate	50% Lg.	*beständig*
35	Isoprenmischpolymerisate	25—50% Lg.	*beständig 50°: 351*
36	Chloroprenpolymerisate	verd.-konz. Lg.	*beständig 93°*
41	Phenolharze	Lg.	*unbeständig: 411*
42	Carbamidharze	Lg.	*unbeständig: 421, 423*

W. V. Nr.	Werkstoff	Zusammensetzung des angreifenden Stoffes	Verhalten gegen den angreifenden Stoff
43	Furanharze	25% Lg.	*beständig 20°* *beständig:* 43 + Asbest
44	Polyesterharze	10—25% Lg.	*bedingt beständig 20°:* 441; *unbeständig 40°:* 441
		50% Lg.	*unbeständig 20°:* 441
		fest	*unbeständig 20°:* 441
46	Polyamide	Lg.	*unbeständig*
51	Polymere Kohlen-wasserstoffe	25% Lg.	*beständig 60°:* 511; *70°:* 514
		50% Lg.	*beständig 100°:* 512
		fest	*beständig 60°:* 511; *70°:* 514
52	Polymere halo-genierte Kohlen-wasserstoffe	verd. Lg.	*beständig 40°:* 521w; *bedingt beständig 60°:* 521w
		25% Lg.	*beständig bei Siedetemp.:* 5251
		< 40% Lg.	*beständig 40°:* 521; *bedingt beständig 60°:* 521
		50% Lg.	*beständig 20°:* 521w; *beständig 100°:* 524; *bedingt beständig 40°:* 522; *unbeständig 40°:* 521w
		50—60% Lg.	*beständig 60°:* 521; *unbeständig 100°:* 521
		Lg.	*unbeständig:* 523
55	Polyacryl- und Polymethacryl-verbindungen	konz. Lg.	*beständig:* 552, 553
62	Nicht abgewan-delter Zellstoff	Lg.	*unbeständig:* 621
63	Zelluloseester	Lg.	*unbeständig:* 631, 632
77	Bitumenhaltige und asphalt-haltige Stoffe	25% Lg.	*beständig 65°*
		fest	*beständig 20°*
8	Holz	Lg.	*bedingt beständig*
91	Silikatzemente	5% Lg.	*unbeständig 20°*
92	Säurekitte mit Wasserglas	Lg.	*unbeständig:* 921, 922, 923
93	Säurekitte mit Kunstharz	Lg.	*beständig:* 932, 934
95	Säurekitte mit Asbest und Phenolharz	Lg.	*unbeständig*
96	Phenolzemente	10% Lg.	*unbeständig 20°*
97	Schwefelzemente	Lg.	*unbeständig 20°*
98	Furanzemente	50% Lg.	*beständig 100°*
		fest	*beständig 120°*

Kaliumhypochlorit. KClO

W. V. Nr.	Werkstoff	Zusammensetzung des angreifenden Stoffes	Verhalten gegen den angreifenden Stoff
21	Glas	verd.-konz. Lg.	*beständig 100°*
26	Steinzeug	verd.-konz. Lg.	*beständig 100°*
27	Porzellan	verd.-konz. Lg.	*beständig 100°*
43	Furanharze	6% Lg.	*unbeständig:* 431

Kaliumjodid. KJ

W. V. Nr.	Werkstoff	Zusammensetzung des angreifenden Stoffes	Verhalten gegen den angreifenden Stoff
21	Glas	Lg.	*beständig*
26	Steinzeug	Lg.	*beständig*

W. V. Nr.	Werkstoff	Zusammensetzung des angreifenden Stoffes	Verhalten gegen den angreifenden Stoff
27	Porzellan	Lg.	*beständig*
31	Weichgummi	10% Lg.	*beständig 70°*
32	Hartgummi	10% Lg.	*beständig 70°*
36	Chloropren-polymerisate	verd.-konz. Lg.	*beständig 93°*

Kaliumnitrat. KNO₃

W. V. Nr.	Werkstoff	Zusammensetzung des angreifenden Stoffes	Verhalten gegen den angreifenden Stoff
1	Kohlenstoff	verd.-konz. Lg.	*beständig 100°:* 14
21	Glas	Lg.	*beständig 100°*
22	Quarz	Lg. und geschmolzen	*beständig*
23	Natursteine	Lg.	*beständig*
24	Zementhaltige Baustoffe	Lg.	*beständig*
25	Keramische Auskleidungen	Lg.	*beständig*
26	Steinzeug	Lg.	*beständig 100°*
27	Porzellan	Lg.	*beständig 100°*
29	Email	Lg.	*beständig*
31	Weichgummi	Lg.	*beständig 25°*
32	Hartgummi	Lg.	*beständig 25°*
33	Butadien-polymerisate	Lg.	*beständig 25°*
36	Chloropren-polymerisate	verd.-konz. Lg.	*beständig 93°*
41	Phenolharze	Lg.	*beständig:* 411 + Asbest
43	Furanharze	Lg.	*beständig 120°; beständig:* 43 + Asbest
44	Polyesterharze	10—25% fest	*beständig 100°:* 441 *beständig 120°:* 441
51	Polymere Kohlen-wasserstoffe	25% Lg. kalt ges. Lg. fest	*beständig 60°:* 511; *70°:* 514 *beständig 60°:* 512 *beständig 60°:* 511; *70°:* 514
52	Polymere halo-genierte Kohlen-wasserstoffe	verd. Lg. kalt ges. Lg.	*beständig 40°:* 521, 522; *bedingt beständig 60°:* 521 *beständig 60°:* 521
77	Bitumenhaltige und asphalt-haltige Stoffe	25% Lg. fest	*beständig 65° beständig 20°*
8	Holz	Lg.	*unbeständig* (Feuersgefahr)
91	Silikatzemente	25% Lg. fest	*beständig 110° beständig 425°*
92	Säurekitte mit Wasserglas	Lg.	*beständig:* 921, 922
93	Säurekitte mit Kunstharz	Lg.	*beständig:* 931, 932, 933, 934
95	Säurekitte mit Asbest und Phenolharz	Lg.	*beständig*
96	Phenolzemente	25% Lg. fest	*beständig 100° beständig 120°*
97	Schwefelzemente	Lg. fest	*beständig 80° beständig 80°*
98	Furanzemente	25% Lg. fest	*beständig 100° beständig 120°*

W. V. Nr.	Werkstoff	Zusammensetzung des angreifenden Stoffes	Verhalten gegen den angreifenden Stoff
Kaliumnitrit. KNO_2			
21	Glas	Lg.	*beständig*
26	Steinzeug	Lg.	*beständig*
27	Porzellan	Lg.	*beständig*
36	Chloropren-polymerisate	verd.-konz. Lg.	*beständig 65°*
Kaliumoxalat. $\begin{matrix} COOK & COOK \\ \dot{C}OOH & \dot{C}OOK \end{matrix}$			
1	Kohlenstoff	10—20% Lg.	*beständig 100°:* 14
21	Glas	10—30% Lg.	*beständig 100°*
23	Natursteine	10% Lg.	*beständig 25°:* 239
26	Steinzeug	10—30% Lg.	*beständig 100°*
27	Porzellan	10—30% Lg.	*beständig 100°*
Kaliumperchlorat. $KClO_4$			
21	Glas	verd.-konz. Lg.	*beständig 100°*
26	Steinzeug	verd.-konz. Lg.	*beständig 100°*
27	Porzellan	verd.-konz. Lg.	*beständig 100°*
41	Phenolharze	Lg.	*beständig:* 411 + Asbest
43	Furanharze	Lg.	*beständig:* 431; *beständig:* 43 + Asbest
51	Polymere Kohlen-wasserstoffe	1% Lg.	*beständig 80°:* 512
52	Polymere halo-genierte Kohlen-wasserstoffe	1% Lg.	*beständig 40°:* 521; *bedingt beständig 60°:* 521; *unbeständig 80°:* 521
Kaliumpermanganat. $KMnO_4$			
1	Kohlenstoff	Lg.	*unbeständig*
21	Glas	Lg. 25% Lg.	*beständig* *beständig 100°:* 218
22	Quarz	Lg.	*beständig*
23	Natursteine	Lg.	*beständig*
24	Zementhaltige Baustoffe	Lg.	*beständig*
25	Keramische Auskleidungen	Lg.	*beständig*
26	Steinzeug	Lg.	*beständig*
27	Porzellan	Lg.	*beständig*
29	Email	Lg.	*beständig*
31	Weichgummi	Lg.	*bedingt beständig*
32	Hartgummi	Lg.	*bedingt beständig*
33	Butadien-polymerisate	Lg.	*bedingt beständig*
41	Phenolharze	Lg.	*beständig:* 411 + Asbest
43	Furanharze	Lg.	*beständig:* 431; *beständig:* 43 + Asbest
44	Polyesterharze	10—25% Lg. 50% Lg. fest	*beständig 95°:* 441 *beständig 65°:* 441 *beständig 20°:* 441; *bedingt beständig 65°:* 441; *unbeständig 95°:* 441

W. V. Nr.	Werkstoff	Zusammensetzung des angreifenden Stoffes	Verhalten gegen den angreifenden Stoff
51	Polymere Kohlenwasserstoffe	6% Lg. 20% Lg. fest	*beständig 70°: 514;* *bedingt beständig 20°: 512;* *beständig 60°: 511;* *unbeständig 40°: 512* *beständig 20°: 511, 514*
52	Polymere halogenierte Kohlenwasserstoffe	6% Lg. 18% Lg. fest	*beständig 60°: 521;* *beständig 100°: 524* *beständig 40°: 521;* *unbeständig 40°: 522* *unbeständig 50°: 523*
55	Polyacryl- und Polymethacrylverbindungen	10% Lg.	*beständig 100°: 553*
77	Bitumenhaltige und asphalthaltige Stoffe	12% Lg.	*unbeständig 25°*
8	Holz	Lg.	*unbeständig*
91	Silikatzemente	konz. Lg. fest	*beständig 95°* *beständig 200°*
92	Säurekitte mit Wasserglas	Lg.	*beständig: 922*
93	Säurekitte mit Kunstharz	Lg.	*beständig: 931, 932, 933, 934*
95	Säurekitte mit Asbest und Phenolharz	0,35% Lg. höhere Konz. und heiß	*bedingt beständig 90°* *unbeständig*
96	Phenolzemente	konz. Lg. ·fest	*beständig 100°* *beständig 100°*
97	Schwefelzemente	konz. Lg. fest	*beständig 80°* *beständig 80°*
98	Furanzemente	konz. Lg. fest	*beständig 100°* *beständig 100°*

Kaliumperoxyd. K_2O_2

W. V. Nr.	Werkstoff	Zusammensetzung des angreifenden Stoffes	Verhalten gegen den angreifenden Stoff
21	Glas	verd. Lg.	*beständig 20°*
22	Quarz	verd. Lg.	*beständig 20°;* *unbeständig bei höherer Temp.*
23	Natursteine	verd. Lg.	*beständig 20°*
25	Keramische Auskleidungen	verd. Lg.	*unbeständig*
26	Steinzeug	verd. Lg. konz. Lg.	*beständig 20°;* *unbeständig bei höherer Temp.* *unbeständig*
27	Porzellan	verd. Lg.	*beständig*
29	Email	verd. Lg.	*beständig*
31	Weichgummi	verd. Lg.	*unbeständig*
32	Hartgummi	verd. Lg.	*unbeständig*
33	Butadienpolymerisate	verd. Lg.	*unbeständig*
8	Holz	Lg.	*unbeständig*
92	Säurekitte mit Wasserglas	Lg.	*unbeständig: 921, 922, 923*
93	Säurekitte mit Kunstharz	Lg.	*bedingt beständig: 934*

W. V. Nr.	Werkstoff	Zusammensetzung des angreifenden Stoffes	Verhalten gegen den angreifenden Stoff
Kaliumpersulfat. $K_2S_2O_8$			
21	Glas	Lg. 10% Lg.	*beständig* *beständig 100°: 218*
22	Quarz	Lg.	*beständig*
23	Natursteine	Lg.	*beständig*
24	Zementhaltige Baustoffe	Lg.	*unbeständig*
25	Keramische Auskleidungen	Lg.	*beständig*
26	Steinzeug	Lg.	*beständig*
27	Porzellan	Lg.	*beständig*
29	Email	Lg.	*beständig*
41	Phenolharze	Lg.	*beständig: 411 + Asbest*
43	Furanharze	Lg.	*beständig: 43 + Asbest*
44	Polyesterharze	10% Lg. fest	*beständig 15°: 441* *beständig 20°: 441*
51	Polymere Kohlenwasserstoffe	5% Lg. kalt ges. Lg. fest	*beständig 70°: 514* *beständig 100°: 512* *beständig 70°: 514*
52	Polymere halogenierte Kohlenwasserstoffe	verd. Lg. kalt ges. Lg.	*beständig 40°: 521;* *bedingt beständig 60°: 521* *beständig 40°: 521;* *bedingt beständig 60°: 521;* *unbeständig 100°: 521*
77	Bitumenhaltige und asphalthaltige Stoffe	8% Lg.	*beständig 65°*
8	Holz	Lg.	*unbeständig*
92	Säurekitte mit Wasserglas	Lg.	*beständig: 922*
93	Säurekitte mit Kunstharz	Lg.	*beständig: 931, 932, 933, 934*
Kaliumsulfat. K_2SO_4			
1	Kohlenstoff	10% Lg.	*beständig 100°: 14*
21	Glas	Lg.	*beständig*
22	Quarz	fest	*beständig 900°*
23	Natursteine	Lg.	*beständig*
24	Zementhaltige Baustoffe	10% Lg.	*beständig 20°*
25	Keramische Auskleidungen	Lg.	*beständig*
26	Steinzeug	Lg.	*beständig*
27	Porzellan	Lg.	*beständig*
29	Email	Lg.	*beständig*
31	Weichgummi	10% Lg.	*beständig 70°*
32	Hartgummi	10% Lg.	*beständig 70°*
33	Butadienpolymerisate	Lg.	*beständig*
35	Isoprenmischpolymerisate	25—50% Lg.	*beständig 60°: 351*
36	Chloroprenpolymerisate	verd.-konz. Lg.	*beständig 93°*

W. V. Nr.	Werkstoff	Zusammensetzung des angreifenden Stoffes	Verhalten gegen den angreifenden Stoff
41	Phenolharze	Lg.	*beständig:* 411 + Asbest
43	Furanharze	Lg.	*beständig 120°;* *beständig:* 43 + Asbest
44	Polyesterharze	10—25% Lg. fest	*beständig 95°:* 441 *beständig 120°:* 441
51	Polymere Kohlenwasserstoffe	25% Lg. fest	*beständig 70°:* 514 *beständig 60°:* 514, 511
52	Polymere halogenierte Kohlenwasserstoffe	Lg.	*beständig:* 521, 522, 523
77	Bitumenhaltige und asphalthaltige Stoffe	25% Lg. fest	*beständig 65°* *beständig 65°*
8	Holz	Lg.	*beständig*
91	Silikatzemente	25% Lg. fest	*beständig 115°* *beständig 530°*
92	Säurekitte mit Wasserglas	Lg.	*beständig:* 922
93	Säurekitte mit Kunstharz	Lg.	*beständig:* 931, 932, 933, 934
95	Säurekitte mit Asbest und Phenolharz	Lg.	*beständig*
96	Phenolzemente	25% Lg. fest	*beständig 100°* *beständig 120°*
97	Schwefelzemente	Lg. fest	*beständig 80°* *beständig 80°*
98	Furanzemente	25% Lg. fest	*beständig 100°* *beständig 120°*

Kaliumsulfid. K_2S

W. V. Nr.	Werkstoff	Zusammensetzung des angreifenden Stoffes	Verhalten gegen den angreifenden Stoff
31	Weichgummi	10—20% Lg.	*beständig 70°*
32	Hartgummi	10—20% Lg.	*beständig 70°*
92	Säurekitte mit Wasserglas	Lg.	*unbeständig:* 921, 922, 923
93	Säurekitte mit Kunstharz	Lg.	*beständig:* 934

Kampfer.

W. V. Nr.	Werkstoff	Zusammensetzung des angreifenden Stoffes	Verhalten gegen den angreifenden Stoff
1	Kohlenstoff	10% Lg.	*beständig 100°:* 14
44	Polyesterharze	fest	*beständig 20°:* 441
51	Polymere Kohlenwasserstoffe	fest	*unbeständig 20°:* 514
77	Bitumenhaltige und asphalthaltige Stoffe	fest	*unbeständig 25°*
91	Silikatzemente	fest	*beständig 200°*
97	Schwefelzemente	fest	*unbeständig 20°*
98	Furanzemente		*beständig 120°*

Kieselfluorwasserstoffsäure. H_2SiF_6

W. V. Nr.	Werkstoff	Zusammensetzung des angreifenden Stoffes	Verhalten gegen den angreifenden Stoff
1	Kohlenstoff	Lg.	*beständig*
21	Glas	Lg.	*beständig 20°*
23	Natursteine	Lg.	*unbeständig*

W. V. Nr.	Werkstoff	Zusammensetzung des angreifenden Stoffes	Verhalten gegen den angreifenden Stoff
25	Keramische Auskleidungen	Lg.	*unbeständig*
27	Porzellan	Lg.	*beständig*
29	Email	Lg.	*beständig*
31	Weichgummi		*beständig 70°*
32	Hartgummi		*beständig 70°*
33	Butadien-polymerisate		*beständig*
35	Isoprenmisch-polymerisate	25—50% Lg.	*beständig 50°: 351*
36	Chloropren-polymerisate	10% Lg.	*beständig 38°*
41	Phenolharze	Lg.	*beständig:* 411 + Graphit
42	Carbamidharze	verd. Lg.	*bedingt beständig:* 421, 423
43	Furanharze	Lg.	*beständig 120°*
44	Polyesterharze	10—45% Lg.	*unbeständig 20°: 441*
46	Polyamide	Lg.	*unbeständig*
51	Polymere Kohlen-wasserstoffe	bis 32% Lg. 40% Lg. konz. Lg.	*beständig 60°: 512* *beständig 70°: 514* *beständig 20°: 511*
52	Polymere halo-genierte Kohlen-wasserstoffe	bis 32% Lg.	*beständig 40°: 522;* *beständig 60°: 521*
62	Nicht abgewan-delter Zellstoff	verd. Lg.	*unbeständig: 621*
63	Zelluloseester	verd. Lg.	*unbeständig: 631, 632*
8	Holz	Lg.	*beständig*
91	Silikatzemente	10% Lg.	*unbeständig 20°*
92	Säurekitte mit Wasserglas	Lg.	*unbeständig: 921, 922, 923*
93	Säurekitte mit Kunstharz	Lg.	*beständig: 931, 932, 933, 934*
95	Säurekitte mit Asbest und Phenolharz	Lg.	*beständig*
97	Schwefelzemente	Lg.	*beständig 80°*
98	Furanzemente	40% Lg.	*beständig 100°*

Königswasser. HCl + HNO$_3$

W. V. Nr.	Werkstoff	Zusammensetzung des angreifenden Stoffes	Verhalten gegen den angreifenden Stoff
1	Kohlenstoff	HCl + HNO$_3$	*unbeständig*
21	Glas	HCl + HNO$_3$	*beständig*
22	Quarz	HCl + HNO$_3$	*beständig*
23	Natursteine	HCl + HNO$_3$	*bedingt beständig*
24	Zementhaltige Baustoffe	HCl + HNO$_3$	*unbeständig*
25	Keramische Auskleidungen	HCl + HNO$_3$	*beständig*
26	Steinzeug	HCl + HNO$_3$	*beständig*
27	Porzellan	HCl + HNO$_3$	*beständig*
29	Email	HCl + HNO$_3$	*beständig*
31	Weichgummi		*unbeständig*
32	Hartgummi		*unbeständig*

W. V. Nr.	Werkstoff	Zusammensetzung des angreifenden Stoffes	Verhalten gegen den angreifenden Stoff
33	Butadien-polymerisate		*unbeständig*
41	Phenolharze	$HCl + HNO_3$	*unbeständig:* 411
42	Carbamidharze	$HCl + HNO_3$	*unbeständig:* 421, 423
46	Polyamide	$HCl + HNO_3$	*unbeständig*
52	Polymere halo-genierte Kohlen-wasserstoffe	$HCl + HNO_3$	*beständig 25°:* 5251; *beständig 50°:* 524; *unbeständig:* 521, 523
55	Polyacryl- und Polymethacryl-verbindungen	$HCl + HNO_3$	*unbeständig 20°:* 553
62	Nicht abgewan-delter Zellstoff	$HCl + HNO_3$	*unbeständig:* 621
63	Zelluloseester	$HCl + HNO_3$	*unbeständig:* 631, 632
8	Holz	Lg.	*unbeständig*
92	Säurekitte mit Wasserglas	$HCl + HNO_3$	*beständig:* 921, 922
93	Säurekitte mit Kunstharz	$HCl + HNO_3$	*unbeständig:* 931, 932, 933, 934

Kohlendioxyd und Kohlensäure. CO_2, H_2CO_3

W. V. Nr.	Werkstoff	Zusammensetzung des angreifenden Stoffes	Verhalten gegen den angreifenden Stoff
1	Kohlenstoff	H_2CO_3 CO_2 und H_2CO_3	*beständig:* 14 *beständig 20°;* *unbeständig bei hoher Temp.*
21	Glas	CO_2 und H_2CO_3	*beständig 100°:* 218
22	Quarz	CO_2 und H_2CO_3	*beständig*
23	Natursteine	CO_2 und H_2CO_3	*beständig*
24	Zementhaltige Baustoffe	CO_2 H_2CO_3	*beständig* *unbeständig, undicht*
25	Keramische Auskleidungen	CO_2 und H_2CO_3	*beständig*
26	Steinzeug	CO_2 und H_2CO_3	*beständig 100°*
27	Porzellan	CO_2 und H_2CO_3	*beständig 100°*
29	Email	CO_2 und H_2CO_3	*beständig*
31	Weichgummi	Lg.	*beständig 25°*
32	Hartgummi	Lg.	*beständig 25°*
33	Butadien-polymerisate		*beständig*
36	Chloropren-polymerisate	Lg.	*beständig 93°*
44	Polyesterharze	5% Lg. CO_2 100%	*beständig 20°:* 441 *beständig 120°:* 441
51	Polymere Kohlen-wasserstoffe	CO_2, trocken CO_2, feucht CO_2, verflüssigt konz. Lg. konz. Lg. (8 atü)	*beständig 60°:* 511, 514 *beständig 40°:* 511, 514 *beständig 30°:* 511 *beständig 60°:* 511; *beständig 100°:* 512 *unbeständig 20°:* 512
52	Polymere halo-genierte Kohlen-wasserstoffe	CO_2, trocken CO_2, feucht	*beständig 60°:* 521, 521 w, 522; *unbeständig 80°:* 521, 521 w *beständig 40°:* 521, 521 w, 522; *bedingt beständig 60°:* 521; *unbeständig 100°:* 521

W. V. Nr.	Werkstoff	Zusammensetzung des angreifenden Stoffes	Verhalten gegen den angreifenden Stoff
		CO_2, verflüssigt konz. Lg. (8 atü)	beständig 20°: 521, 521 w beständig 20°: 521
55	Polyacryl- und Polymethacryl- verbindungen	CO_2 und H_2CO_3	beständig: 553
77	Bitumenhaltige und asphalt- haltige Stoffe	CO_2	beständig 65°
8	Holz	CO_2 und H_2CO_3	beständig
91	Silikatzemente	5% H_2CO_3 CO_2	beständig 95° beständig 530°
92	Säurekitte mit Wasserglas	CO_2	beständig: 921, 922
93	Säurekitte mit Kunstharz	CO_2	beständig: 931, 932, 933, 934
95	Säurekitte mit Asbest und Phenolharz	CO_2	beständig
96	Phenolzemente	10% Lg. CO_2	beständig 100° beständig 50°
97	Schwefelzemente	5% Lg. CO_2	beständig 80° beständig 100°
98	Furanzemente	5% Lg. CO_2	beständig 100° beständig 50°

Kohlenoxyd. CO

W. V. Nr.	Werkstoff	Zusammensetzung des angreifenden Stoffes	Verhalten gegen den angreifenden Stoff
1	Kohlenstoff	Gas	unbeständig bei höherer Temp.
21	Glas	Gas	beständig
22	Quarz	Gas	beständig
23	Natursteine	Gas	beständig
24	Zementhaltige Baustoffe	Gas	beständig
25	Keramische Auskleidungen	Gas	beständig
26	Steinzeug	Gas	beständig 500°
27	Porzellan	Gas	beständig 500°
29	Email	Gas	beständig
31	Weichgummi	Gas	beständig 25°
32	Hartgummi	Gas	beständig 25°
33	Butadien- polymerisate	Gas	beständig
44	Polyesterharze	Gas	beständig 120°: 441
51	Polymere Kohlen- wasserstoffe	Gas	beständig 60°: 511, 512; beständig 70°: 514;
52	Polymere halo- genierte Kohlen- wasserstoffe	Gas	beständig 20°: 521, 521 w
55	Polyacryl- und Polymethacryl- verbindungen	Gas	beständig: 553
77	Bitumenhaltige und asphalt- haltige Stoffe	Gas	beständig 65°
8	Holz	Gas	beständig

W. V. Nr.	Werkstoff	Zusammensetzung des angreifenden Stoffes	Verhalten gegen den angreifenden Stoff
91	Silikatzemente	Gas	*beständig 530°*
92	Säurekitte mit Wasserglas	Gas	*beständig:* 921, 922
93	Säurekitte mit Kunstharz	Gas	*beständig:* 931, 932, 933, 934
95	Säurekitte mit Asbest und Phenolharz	Gas	*beständig*
96	Phenolzemente	Gas	*beständig 50°*
97	Schwefelzemente	Gas	*beständig 100°*
98	Furanzemente	Gas	*beständig 70°*

Kornöl.

W. V. Nr.	Werkstoff	Zusammensetzung des angreifenden Stoffes	Verhalten gegen den angreifenden Stoff
35	Isoprenmischpolymerisate	Handelsware	*beständig 60°:* 351

Kraftstoffe.

W. V. Nr.	Werkstoff	Zusammensetzung des angreifenden Stoffes	Verhalten gegen den angreifenden Stoff
41	Phenolharze	Treibstoffgemisch	*beständig:* 411
42	Carbamidharze	Treibstoffgemisch	*beständig:* 421, 423
44	Polyesterharze	Benzin	*beständig 65°:* 441
46	Polyamide	Treibstoffgemisch	*beständig*
47	Polyurethane	Benzin Dieselöl Mineralöl	*beständig 20°* *beständig 100°* *beständig 100°*
51	Polymere Kohlenwasserstoffe	Treibstoffgemisch	*beständig 20°:* 511; *unbeständig 20°:* 512
52	Polymere halogenierte Kohlenwasserstoffe	Treibstoffgemisch	*bedingt beständig 20°:* 521; *unbeständig 20°:* 522, 521 w
55	Polyacryl- und Polymethacrylverbindungen	Benzin, Dieselöl, Mineralöl Treibstoffgemisch	*beständig:* 553 *unbeständig:* 553
62	Nicht abgewandelter Zellstoff	Treibstoffgemisch	*beständig:* 621
63	Zelluloseester	Treibstoffgemisch	*bedingt beständig:* 631, 632

Kreosot.

W. V. Nr.	Werkstoff	Zusammensetzung des angreifenden Stoffes	Verhalten gegen den angreifenden Stoff
21	Glas	Handelsware	*beständig 100°*
26	Steinzeug	Handelsware	*beständig 100°*
27	Porzellan	Handelsware	*beständig 100°*
96	Phenolzemente	Handelsware	*beständig 130°*
97	Schwefelzemente	Handelsware	*unbeständig 20°*
98	Furanzemente	Handelsware	*beständig 120°*

Kresole. $CH_3 \cdot C_6H_4 \cdot OH$. *SP (o, m, p) 191—202°*

W. V. Nr.	Werkstoff	Zusammensetzung des angreifenden Stoffes	Verhalten gegen den angreifenden Stoff
1	Kohlenstoff	Handelsware	*beständig*
21	Glas	Handelsware	*beständig*
22	Quarz	Handelsware	*beständig*
23	Natursteine	Handelsware	*beständig*
24	Zementhaltige Baustoffe	Handelsware	*unbeständig*
25	Keramische Auskleidungen	Handelsware	*beständig*
26	Steinzeug	Handelsware	*beständig*

W. V. Nr.	Werkstoff	Zusammensetzung des angreifenden Stoffes	Verhalten gegen den angreifenden Stoff
27	Porzellan	Handelsware	*beständig*
29	Email	$+ SO_2Cl_2$	*beständig 120°*
31	Weichgummi	Handelsware	*unbeständig*
32	Hartgummi	Handelsware	*unbeständig*
33	Butadien-polymerisate	Handelsware	*unbeständig*
36	Chloropren-polymerisate	Handelsware	*bedingt beständig 30°*
44	Polyesterharze	Kresolsäuren	*unbeständig 20°: 441*
46	Polyamide	Handelsware	*unbeständig*
47	Polyurethane	Handelsware, konz.	*unbeständig*
51	Polymere Kohlen-wasserstoffe	Handelsware	*bedingt beständig 20°: 511; 45°: 512*
		Kresolsäuren	*unbeständig 20°: 514*
52	Polymere halo-genierte Kohlen-wasserstoffe	90% Lg. Handeslware	*bedingt beständig 95°: 522 beständig 25°: 5251; bedingt beständig 45°: 521; unbeständig 45°: 521w*
		chlorierte Kresole	*beständig bei Siedetemp.: 524*
55	Polyacryl- und Polymethacryl-verbindungen	Handelsware	*unbeständig: 553*
8	Holz	Handelsware	*beständig*
91	Silikatzemente	Handelsware	*beständig 170°*
92	Säurekitte mit Wasserglas	Handelsware	*beständig: 922*
93	Säurekitte mit Kunstharz	Handelsware	*beständig: 932, 934*
95	Säurekitte mit Asbest und Phenolharz	Handelsware	*unbeständig*
98	Furanzemente	Kresolsäuren, Handels-ware	*beständig 100°*

Kühlsolen.

W. V. Nr.	Werkstoff	Zusammensetzung des angreifenden Stoffes	Verhalten gegen den angreifenden Stoff
1	Kohlenstoff	$NaCl$, $MgCl_2$, Lg.	*beständig*
21	Glas	$NaCl$, $MgCl_2$, Lg.	*beständig*
22	Quarz	$NaCl$, $MgCl_2$, Lg.	*beständig*
23	Natursteine	$NaCl$, $MgCl_2$, Lg.	*beständig*
24	Zementhaltige Baustoffe	$NaCl$, Lg.	*beständig*
		$CaCl_2$, $MgCl_2$, Lg.	*unbeständig*
25	Keramische Auskleidungen	$NaCl$, $MgCl_2$, Lg.	*beständig*
26	Steinzeug	$NaCl$, $MgCl_2$, Lg.	*beständig*
27	Porzellan	$NaCl$, $MgCl_2$, Lg.	*beständig*
29	Email	$NaCl$, $MgCl_2$, Lg.	*beständig*
31	Weichgummi		*beständig*
32	Hartgummi		*beständig*
33	Butadien-polymerisate		*beständig*
51	Polymere Kohlen-wasserstoffe	$NaCl$, $MgCl_2$, Lg.	*beständig: 512 (gefüllt und ungefüllt)*

W. V. Nr.	Werkstoff	Zusammensetzung des angreifenden Stoffes	Verhalten gegen den angreifenden Stoff
52	Polymere halogenierte Kohlenwasserstoffe	NaCl, MgCl$_2$, Lg.	*beständig:* 521
8	Holz	NaCl, MgCl$_2$, Lg.	*beständig*
92	Säurekitte mit Wasserglas	NaCl, MgCl$_2$, Lg.	*beständig:* 921, 922
93	Säurekitte mit Kunstharz	NaCl, MgCl$_2$, Lg.	*beständig:* 931, 932, 933, 934
95	Säurekitte mit Asbest und Phenolharz	NaCl, MgCl$_2$, Lg.	*beständig*

Kupferacetat. (CH$_3$COO)$_2$Cu

W. V. Nr.	Werkstoff	Zusammensetzung des angreifenden Stoffes	Verhalten gegen den angreifenden Stoff
1	Kohlenstoff	Lg.	*beständig 100°:* 14
21	Glas	Lg.	*beständig*
22	Quarz	Lg.	*beständig*
23	Natursteine	20% Lg.	*beständig 50°:* 239
24	Zementhaltige Baustoffe	Lg.	*unbeständig*
25	Keramische Auskleidungen	Lg.	*beständig*
26	Steinzeug	Lg.	*beständig*
27	Porzellan	Lg.	*beständig*
29	Email	Lg.	*beständig*
31	Weichgummi	10% Lg.	*beständig 70°*
32	Hartgummi	10% Lg.	*beständig 70°*
33	Butadienpolymerisate	Lg.	*beständig*
41	Phenolharze	Lg.	*beständig:* 411 + Asbest
43	Furanharze	Lg.	*beständig:* 431; *beständig:* 43 + Asbest
51	Polymere Kohlenwasserstoffe	Lg.	*beständig:* 512 (gefüllt und ungefüllt)
52	Polymere halogenierte Kohlenwasserstoffe	Lg.	*beständig 40°:* 521, 522
8	Holz	Lg.	*beständig*
92	Säurekitte mit Wasserglas	Lg.	*beständig:* 922
93	Säurekitte mit Kunstharz	Lg.	*beständig:* 931, 932, 933, 934
95	Säurekitte mit Asbest und Phenolharz	Lg.	*beständig*

Kupfercarbonat. CuCO$_3$

W. V. Nr.	Werkstoff	Zusammensetzung des angreifenden Stoffes	Verhalten gegen den angreifenden Stoff
41	Phenolharze	Lg.	*beständig:* 411 + Asbest
43	Furanharze	Lg.	*beständig:* 431; *beständig:* 43 + Asbest
52	Polymere halogenierte Kohlenwasserstoffe	verd.-konz. Lg.	*beständig 40°:* 522

W. V. Nr.	Werkstoff	Zusammensetzung des angreifenden Stoffes	Verhalten gegen den angreifenden Stoff
Kupferchlorid. $CuCl_2$			
1	Kohlenstoff	verd.-konz. Lg.	*beständig bei Siedetemp.:* **14**
21	Glas	10—50% Lg.	*beständig 100°:* **218**
23	Natursteine	10—40% Lg.	*beständig 25°:* **239**
26	Steinzeug	verd.-konz. Lg.	*beständig 100°*
27	Porzellan	verd.-konz. Lg.	*beständig 100°*
31	Weichgummi	10—40% Lg.	*beständig 50°*
32	Hartgummi	10—40% Lg.	*beständig 50°*
35	Isoprenmisch-polymerisate	25—50% Lg.	*beständig 70°:* **351**
41	Phenolharze	Lg.	*beständig:* **411** + *Asbest*
43	Furanharze	Lg.	*beständig bei Siedetemp.* *beständig:* **43** + *Asbest*
44	Polyesterharze	25% Lg. fest	*beständig 95°:* **441** *beständig 120°:* **441**
51	Polymere Kohlen-wasserstoffe	25% Lg. konz. Lg. fest	*beständig 70°:* **514** *beständig 70°:* **511** *beständig 70°:* **514**
52	Polymere halo-genierte Kohlen-wasserstoffe	kalt ges. Lg.	*beständig 20°:* **521**; *beständig 40°:* **522, 523, 524**
77	Bitumenhaltige und asphalt-haltige Stoffe	25% Lg.	*beständig 25°*
91	Silikatzemente	25% Lg. fest	*beständig 110°* *beständig 530°*
96	Phenolzemente	25% Lg. konz. Lg.	*beständig 100°* *beständig 130°*
97	Schwefelzemente	Lg. fest	*beständig 80°* *beständig 80°*
98	Furanzemente	25% Lg. fest	*beständig 100°* *beständig 120°*
Kupfercyanid. $Cu(CN)_2$			
21	Glas	fest	*beständig 100°*
26	Steinzeug	fest	*beständig 100°*
27	Porzellan	fest	*beständig 100°*
31	Weichgummi	10% Lg.	*beständig 50°*
32	Hartgummi	10% Lg.	*beständig 50°*
41	Phenolharze	Lg.	*beständig:* **411** + *Asbest*
43	Furanharze	Lg.	*beständig:* **431**; *beständig:* **43** + *Asbest*
44	Polyesterharze	fest	*beständig 120°:* **441**
51	Polymere Kohlen-wasserstoffe	25% Lg. fest	*beständig 70°:* **514** *beständig 70°:* **511**
52	Polymere halo-genierte Kohlen-wasserstoffe	verd.-konz. Lg. fest	*beständig 40°:* **522** *beständig 25°:* **523**
77	Bitumenhaltige und asphalt-haltige Stoffe	25% Lg.	*beständig 65°*
91	Silikatzemente	fest	*beständig 95°*
96	Phenolzemente	25% Lg. konz. Lg.	*beständig 100°* *beständig 130°*

W. V. Nr.	Werkstoff	Zusammensetzung des angreifenden Stoffes	Verhalten gegen den angreifenden Stoff
97	Schwefelzemente	25% Lg. fest	*beständig 100°* *beständig 100°*
98	Furanzemente	25% Lg. fest	*beständig 100°* *beständig 120°*

Kupferfluorid. CuF_2

W. V. Nr.	Werkstoff	Zusammensetzung des angreifenden Stoffes	Verhalten gegen den angreifenden Stoff
41	Phenolharze	Lg.	*beständig: 411 + Asbest*
43	Furanharze	Lg.	*beständig: 431;* *beständig: 43 + Asbest*
51	Polymere Kohlenwasserstoffe	2% Lg.	*beständig 50°: 512*
52	Polymere halogenierte Kohlenwasserstoffe	2% Lg.	*beständig 50°: 521*

Kupfernitrat. $Cu(NO_3)_2$

W. V. Nr.	Werkstoff	Zusammensetzung des angreifenden Stoffes	Verhalten gegen den angreifenden Stoff
1	Kohlenstoff	verd.-konz. Lg.	*beständig 100°: 14*
21	Glas	10—50% Lg.	*beständig 100°: 218*
23	Natursteine	verd.-konz. Lg.	*beständig 25°: 239*
26	Steinzeug	verd.-konz. Lg.	*beständig 100°*
27	Porzellan	verd.-konz. Lg.	*beständig 100°*
35	Isoprenmischpolymerisate	25%-konz. Lg.	*beständig 80°: 351*
41	Phenolharze	Lg.	*beständig: 411 + Asbest*
43	Furanharze	Lg.	*beständig bei Siedetemp.* *beständig: 43 + Asbest*
51	Polymere Kohlenwasserstoffe	35% Lg. fest	*beständig 60°: 511* *beständig 60°: 511*
52	Polymere halogenierte Kohlenwasserstoffe	verd.-konz. Lg.	*beständig 40°: 522, 523*
91	Silikatzemente	25% Lg. fest	*beständig 100°* *beständig 180°*
96	Phenolzemente	25% Lg. konz. Lg.	*beständig 100°* *beständig 130°*
97	Schwefelzemente	25% Lg. fest	*beständig 100°* *beständig 100°*
98	Furanzemente	25% Lg. fest	*beständig 100°* *beständig 120°*

Kupfersulfat. $CuSO_4$

W. V. Nr.	Werkstoff	Zusammensetzung des angreifenden Stoffes	Verhalten gegen den angreifenden Stoff
1	Kohlenstoff	10—50% Lg.	*beständig 100°: 14*
21	Glas	10—50% Lg.	*beständig 100°: 218*
22	Quarz	10—50% Lg.	*beständig 100°*
23	Natursteine	10—30% Lg.	*beständig 25°: 239*
24	Zementhaltige Baustoffe	Lg.	*unbeständig* (Schutzschicht aus Asphalt erforderlich)
25	Keramische Auskleidungen	Lg.	*beständig*
26	Steinzeug	verd.-konz. Lg.	*beständig 100°*
27	Porzellan	verd.-konz. Lg.	*beständig 100°*
29	Email	Lg.	*beständig*
31	Weichgummi	verd.-konz. Lg.	*beständig 70°*
32	Hartgummi	verd.-konz. Lg.	*beständig 70°*

W. V. Nr.	Werkstoff	Zusammensetzung des angreifenden Stoffes	Verhalten gegen den angreifenden Stoff
33	Butadien-polymerisate	Lg.	*beständig*
36	Chloropren-polymerisate	verd.-konz. Lg.	*beständig 93°*
41	Phenolharze	Lg.	*beständig: 411 + Asbest*
43	Furanharze	Lg.	*beständig bei Siedetemp.; beständig: 43 + Asbest*
44	Polyesterharze	25% Lg. fest	*beständig 95°: 441* *beständig 120°: 441*
51	Polymere Kohlen-wasserstoffe	25% Lg. 60% Lg. kalt ges. Lg. fest	*beständig 70°: 514* *beständig 60°: 511* *beständig 80°: 512; 100°: 512 (gefüllt);* *bedingt beständig 100°: 512 (ungefüllt)* *beständig 60°: 511; 70°: 514*
52	Polymere halo-genierte Kohlen-wasserstoffe	verd. Lg. kalt ges. Lg.	*beständig 40°: 521, 522, 523; bedingt beständig 60°: 521* *beständig 60°: 521; unbeständig 80°: 521*
77	Bitumenhaltige und asphalt-haltige Stoffe	25% Lg.	*beständig 65°*
8	Holz	Lg.	*beständig*
91	Silikatzemente	25% Lg. fest	*beständig 110°* *beständig 520°*
92	Säurekitte mit Wasserglas	Lg.	*beständig: 922*
93	Säurekitte mit Kunstharz	Lg.	*beständig: 931, 932, 933, 934*
95	Säurekitte mit Asbest und Phenolharz	Lg.	*beständig*
96	Phenolzemente	25% Lg. konz. Lg.	*beständig 100°* *beständig 130°*
97	Schwefelzemente	Lg. fest	*beständig 80°* *beständig 80°*
98	Furanzemente	25% Lg. fest	*beständig 100°* *beständig 120°*

Lävulinsäure. $CH_2 \cdot CO \cdot CH_2 \cdot CH_2 \cdot COOH$. *SP 245°*

W. V. Nr.	Werkstoff	Zusammensetzung des angreifenden Stoffes	Verhalten gegen den angreifenden Stoff
1	Kohlenstoff	Lg.	*beständig*
21	Glas	Lg.	*beständig*
22	Quarz	Lg.	*beständig*
23	Natursteine	Lg.	*beständig*
24	Zementhaltige Baustoffe	Lg.	*unbeständig*
25	Keramische Auskleidungen	Lg.	*beständig*
26	Steinzeug	Lg.	*beständig*
27	Porzellan	Lg.	*beständig*
29	Email	Lg.	*beständig*
31	Weichgummi	Lg.	*beständig*
32	Hartgummi	Lg.	*beständig*

W. V. Nr.	Werkstoff	Zusammensetzung des angreifenden Stoffes	Verhalten gegen den angreifenden Stoff
33	Butadien-polymerisate	Lg.	*beständig*
41	Phenolharze	10% Lg.	*beständig 25°: 411*
51	Polymere Kohlen-wasserstoffe	Lg.	*beständig: 512 (gefüllt und ungefüllt)*
52	Polymere halo-genierte Kohlen-wasserstoffe	Lg.	*beständig: 521*
95	Säurekitte mit Asbest und Phenolharz	Lg.	*beständig*

Leinöl.

W. V. Nr.	Werkstoff	Zusammensetzung des angreifenden Stoffes	Verhalten gegen den angreifenden Stoff
21	Glas	Handelsware	*beständig 100°*
26	Steinzeug	Handelsware	*beständig 100°*
27	Porzellan	Handelsware	*beständig 100°*
35	Isoprenmisch-polymerisate	Handelsware	*beständig 50°: 351*
36	Chloropren-polymerisate	Handelsware	*beständig 27°*
38	Silikongummi	Handelsware	*bedingt beständig 20°*
41	Phenolharze	Handelsware	*beständig 25°: 411*
44	Polyesterharze	Handelsware	*beständig 65°: 441; bedingt beständig 95°: 441*
51	Polymere Kohlen-wasserstoffe	Handelsware	*bedingt beständig 20°: 514; unbeständig 20°: 512, 511; unbeständig 70°: 514*
52	Polymere halo-genierte Kohlen-wasserstoffe	Handelsware	*beständig 25°: 523*
55	Polyacryl- und Polymethacryl-verbindungen	Handelsware	*beständig 20°: 552, 553; unbeständig 100°: 553*
91	Silikatzemente	Handelsware	*beständig 315°*
96	Phenolzemente	Handelsware	*beständig 120°*
97	Schwefelzemente	Handelsware	*unbeständig 20°*
98	Furanzemente	Handelsware	*beständig 120°*

Leuchtgas.

W. V. Nr.	Werkstoff	Zusammensetzung des angreifenden Stoffes	Verhalten gegen den angreifenden Stoff
51	Polymere Kohlen-wasserstoffe		*beständig 20°: 511; unbeständig 20°: 512*
52	Polymere halo-genierte Kohlen-wasserstoffe		*bedingt beständig 20°: 521, 521 w*
92	Säurekitte mit Wasserglas		*beständig: 922*
93	Säurekitte mit Kunstharz		*beständig: 931, 932, 933, 934*
95	Säurekitte mit Asbest und Phenolharz		*beständig*

Lithium und Lithiumverbindungen.

W. V. Nr.	Werkstoff	Zusammensetzung des angreifenden Stoffes	Verhalten gegen den angreifenden Stoff
1	Kohlenstoff	LiCl-Lg.	*beständig*
21	Glas	LiCl-Lg.	*beständig*

W. V. Nr.	Werkstoff	Zusammensetzung des angreifenden Stoffes	Verhalten gegen den angreifenden Stoff
22	Quarz	LiCl-Lg. LiCl-Schmelze	*beständig* *unbeständig*
23	Natursteine	LiCl-Lg.	*beständig*
24	Zementhaltige Baustoffe	LiCl-Lg.	*beständig*
25	Keramische Auskleidungen	LiCl-Lg.	*beständig*
26	Steinzeug	LiCl-Lg.	*beständig*
27	Porzellan	LiCl-Lg.	*beständig*
29	Email	LiCl-Lg.	*beständig*
31	Weichgummi	LiCl-Lg.	*beständig*
32	Hartgummi	LiCl-Lg.	*beständig*
33	Butadien-polymerisate	LiCl-Lg.	*beständig*
41	Phenolharze	LiCl, LiOH	*beständig 25°:* **411**
51	Polymere Kohlen-wasserstoffe	LiCl-Lg.	*beständig:* **512** (gefüllt und ungefüllt)
52	Polymere halo-genierte Kohlen-wasserstoffe	LiCl-Lg.	*beständig:* **521**
8	Holz	LiCl	*beständig*
95	Säurekitte mit Asbest und Phenolharz	LiCl-Lg.	*beständig*

Lithopone.

W. V. Nr.	Werkstoff	Zusammensetzung des angreifenden Stoffes	Verhalten gegen den angreifenden Stoff
1	Kohlenstoff	Handelsware	*beständig*
21	Glas	Handelsware	*beständig*
22	Quarz	Handelsware	*beständig*
23	Natursteine	Handelsware	*beständig*
24	Zementhaltige Baustoffe	Handelsware	*beständig*
25	Keramische Auskleidungen	Handelsware	*beständig*
26	Steinzeug	Handelsware	*beständig*
27	Porzellan	Handelsware	*beständig*
29	Email	Handelsware	*beständig*
31	Weichgummi	Handelsware	*beständig*
32	Hartgummi	Handelsware	*beständig*
33	Butadien-polymerisate	Handelsware	*beständig*
51	Polymere Kohlen-wasserstoffe	Handelsware	*beständig:* **512** (gefüllt und ungefüllt)
52	Polymere halo-genierte Kohlen-wasserstoffe	Handelsware	*beständig:* **521**
95	Säurekitte mit Asbest und Phenolharz	Handelsware	*beständig*

Magnesiumcarbonat. $MgCO_3$

W. V. Nr.	Werkstoff	Zusammensetzung des angreifenden Stoffes	Verhalten gegen den angreifenden Stoff
1	Kohlenstoff	10% Lg.	*beständig 100°:* **14**

W. V. Nr.	Werkstoff	Zusammensetzung des angreifenden Stoffes	Verhalten gegen den angreifenden Stoff
21	Glas	20% Lg.	*beständig 100°*
		fest	*beständig 100°*
23	Natursteine	fest	*beständig 25°: 239*
26	Steinzeug	20% Lg.	*beständig 100°*
		fest	*beständig 100°*
27	Porzellan	20% Lg.	*beständig 100°*
		fest	*beständig 100°*
31	Weichgummi	10% Lg.	*beständig 70°*
32	Hartgummi	10% Lg.	*beständig 70°*
43	Furanharze	fest	*beständig: 431*
44	Polyesterharze	fest	*beständig 120°: 441*
51	Polymere Kohlenwasserstoffe	fest	*beständig 70°: 514*
52	Polymere halogenierte Kohlenwasserstoffe	verd.-konz. Lg.	*beständig 25°: 523;* *beständig 40°: 522*
		fest	*beständig 25°: 523*
77	Bitumenhaltige und asphalthaltige Stoffe	fest	*beständig 20°*
91	Silikatzemente	fest	*beständig 520°*
96	Phenolzemente	fest	*beständig 120°*
97	Schwefelzemente	fest	*beständig 80°*
98	Furanzemente	fest	*beständig 120°*

Magnesiumchlorid. $MgCl_2$

W. V. Nr.	Werkstoff	Zusammensetzung des angreifenden Stoffes	Verhalten gegen den angreifenden Stoff
1	Kohlenstoff	Lg.	*beständig*
21	Glas	Lg.	*beständig*
		30% Lg.	*beständig 100°: 218*
22	Quarz	Lg.	*beständig*
23	Natursteine	Lg.	*beständig*
24	Zementhaltige Baustoffe	Lg.	*unbeständig*
25	Keramische Auskleidungen	Lg.	*beständig*
26	Steinzeug	Lg.	*beständig*
27	Porzellan	Lg.	*beständig;* *unbeständig* (bei Pumpen für $MgSO_4 + KCl + NaCl$)
29	Email	Lg.	*beständig;* *unbeständig* (bei Pumpen für $MgSO_4 + KCl + NaCl$)
31	Weichgummi	Lg.	*beständig*
32	Hartgummi	Lg.	*beständig*
33	Butadienpolymerisate	Lg.	*beständig*
35	Isoprenmischpolymerisate	25%-konz. Lg.	*beständig 90°: 351*
43	Furanharze	Lg.	*beständig bei Siedetemp. 120°*
44	Polyesterharze	25% Lg.	*beständig 95°: 441*
		50% Lg.	*beständig 110°: 441*
		fest	*beständig 120°: 441*

W. V. Nr.	Werkstoff	Zusammensetzung des angreifenden Stoffes	Verhalten gegen den angreifenden Stoff
51	Polymere Kohlenwasserstoffe	50% Lg. 90% Lg. fest	*beständig 70°:* 511 *beständig 70°:* 511, 512; *100°:* 512 (gefüllt); *bedingt beständig 100°:* 512 (ungefüllt) *beständig 70°:* 514
52	Polymere halogenierte Kohlenwasserstoffe	verd. Lg. 30% Lg. kalt ges. Lg.	*beständig 40°:* 521, 522, 523; *bedingt beständig 60°:* 521 *beständig 50°:* 523 *beständig 40°:* 522; *beständig 60°:* 521; *unbeständig 80°:* 521
77	Bitumenhaltige und asphalthaltige Stoffe	25% Lg. frei	*beständig 65°* *beständig 65°*
8	Holz	Lg.	*beständig 100°* (hartes Holz schrumpft etwas)
91	Silikatzemente	25% Lg. fest	*beständig 125°* *beständig 520°*
92	Säurekitte mit Wasserglas	Lg.	*beständig:* 921
93	Säurekitte mit Kunstharz	Lg.	*beständig:* 931, 932, 933, 934
95	Säurekitte mit Asbest und Phenolharz	Lg.	*beständig*
96	Phenolzemente	25% Lg. fest	*beständig 100°* *beständig 120°*
97	Schwefelzemente	Lg. fest	*beständig 80°* *beständig 80°*
98	Furanzemente	25% Lg. fest	*beständig 100°* *beständig 120°*

Magnesiumhydroxyd. Mg(OH)$_2$

W. V. Nr.	Werkstoff	Zusammensetzung des angreifenden Stoffes	Verhalten gegen den angreifenden Stoff
1	Kohlenstoff	10% Lg.	*beständig 100°:* 14
21	Glas	fest	*beständig 100°*
23	Natursteine	10% Lg.	*beständig 28°:* 239
26	Steinzeug	fest	*beständig 100°*
27	Porzellan	fest	*beständig 100°*
31	Weichgummi	10% Lg.	*beständig 70°*
32	Hartgummi	10% Lg.	*beständig 70°*
52	Polymere halogenierte Kohlenwasserstoffe	25% Lg. fest	*beständig 60°:* 521 *beständig 25°:* 523; *beständig 80°:* 521
96	Phenolzemente	10% Lg.	*beständig 50°;* *unbeständig 100°*
97	Schwefelzemente	verd. Lg. fest	*beständig 20°;* *bedingt beständig 80°* *bedingt beständig 80°*
98	Furanzemente	verd. Lg. fest	*beständig 100°* *beständig 120°*

Magnesiumnitrat. Mg(NO$_3$)$_2$

W. V. Nr.	Werkstoff	Zusammensetzung des angreifenden Stoffes	Verhalten gegen den angreifenden Stoff
1	Kohlenstoff	10% Lg.	*beständig 100°:* 14
21	Glas	verd.-konz. Lg. fest	*beständig 100°* *beständig 100°*

W. V. Nr.	Werkstoff	Zusammensetzung des angreifenden Stoffes	Verhalten gegen den angreifenden Stoff
23	Natursteine	Lg.	*beständig 25°: 239*
26	Steinzeug	verd.-konz. Lg. fest	*beständig 100°* *beständig 100°*
27	Porzellan	verd.-konz. Lg. fest	*beständig 100°* *beständig 100°*
35	Isoprenmisch- polymerisate	25%-konz. Lg.	*beständig 90°: 351*
52	Polymere halo- genierte Kohlen- wasserstoffe	fest	*beständig 25°: 523*
96	Phenolzemente	25% Lg. fest	*beständig 100°* *beständig 120°*
97	Schwefelzemente	25% Lg. fest	*beständig 80°* *beständig 80°*
98	Furanzemente	25% Lg. fest	*beständig 100°* *beständig 120°*

Magnesiumsilicofluorid. $MgSiF_6$

W. V. Nr.	Werkstoff	Zusammensetzung des angreifenden Stoffes	Verhalten gegen den angreifenden Stoff
24	Zementhaltige Baustoffe	Lg.	(dient zur Dichtung von Beton)
29	Email	Lg.	*beständig*
41	Phenolharze	fest	*beständig 25°: 411*

Magnesiumsulfat. $MgSO_4$

W. V. Nr.	Werkstoff	Zusammensetzung des angreifenden Stoffes	Verhalten gegen den angreifenden Stoff
1	Kohlenstoff	Lg.	*beständig 100°: 14*
21	Glas	Lg.	*beständig*
22	Quarz	Lg. und fest	*beständig* (auch bei Rotglut)
23	Natursteine	Lg.	*beständig*
24	Zementhaltige Baustoffe	Lg.	*unbeständig*
25	Keramische Auskleidungen	Lg.	*beständig*
26	Steinzeug	Lg.	*beständig*
27	Porzellan	Lg.	*beständig*
29	Email	Lg.	*beständig*
31	Weichgummi	Lg.	*beständig*
32	Hartgummi	Lg.	*beständig*
33	Butadien- polymerisate	Lg.	*beständig*
35	Isoprenmisch- polymerisate	25—50% Lg.	*beständig 90°: 351*
36	Chloropren- polymerisate	verd.-konz. Lg.	*beständig 93°*
41	Phenolharze	30% Lg.	*beständig 50°: 411*
43	Furanharze	Lg.	*beständig bei Siedetemp.*
44	Polyesterharze	25% Lg. 50% Lg. fest	*beständig 100°: 441* *beständig 115°: 441* *beständig 120°: 441*
51	Polymere Kohlen- wasserstoffe	25% Lg. 50% Lg.	*beständig 65°: 511;* *beständig 70°: 514* *beständig 65°: 511*

W. V. Nr.	Werkstoff	Zusammensetzung des angreifenden Stoffes	Verhalten gegen den angreifenden Stoff
		95% Lg.	*beständig 65°: 511; 80°: 512; 100°: 512 (gefüllt); bedingt beständig 100°: 512 (ungefüllt)*
		fest	*beständig 70°: 514*
52	Polymere halogenierte Kohlenwasserstoffe	verd. Lg.	*beständig 40°: 521, 522, 523; bedingt beständig 60°: 521*
		kalt ges. Lg.	*beständig 40°: 522, 523; beständig 60°: 521; unbeständig 80°: 521*
77	Bitumenhaltige und asphalthaltige Stoffe	25% Lg.	*beständig 65°*
		fest	*beständig 65°*
8	Holz	Lg.	*beständig*
91	Silikatzemente	25% Lg.	*beständig 110°*
		fest	*beständig 520°*
92	Säurekitte mit Wasserglas	Lg.	*beständig: 922*
93	Säurekitte mit Kunstharz	Lg.	*beständig: 931, 932, 933, 934*
95	Säurekitte mit Asbest und Phenolharz	Lg.	*beständig*
96	Phenolzemente	25%	*beständig 100°*
		fest	*beständig 120°*
97	Schwefelzemente	Lg.	*beständig 80°*
		fest	*beständig 80°*
98	Furanzemente	25% Lg.	*beständig 100°*
		fest	*beständig 120°*

Maleinsäure. HOOC · CH = CH · COOH. *FP 130°*

W. V. Nr.	Werkstoff	Zusammensetzung des angreifenden Stoffes	Verhalten gegen den angreifenden Stoff
1	Kohlenstoff	10—40% Lg.	*beständig 100°: 14*
21	Glas	verd.-konz. Lg.	*beständig 100°*
22	Quarz	verd.-konz. Lg.	*beständig 100°*
23	Natursteine	verd.-konz. Lg.	*beständig 25°: 239*
26	Weichgummi	10—30% Lg.	*beständig 50°*
27	Hartgummi	10—30% Lg.	*beständig 50°*
43	Furanharze	25% Lg.	*beständig 120°*
44	Polyesterharze	15—25% Lg.	*beständig 105°: 441*
		fest	*beständig 105°: 441*
51	Polymere Kohlenwasserstoffe	25% Lg.	*beständig 70°: 514*
		kalt ges. Lg.	*beständig 20°: 514; 80°: 512*
		fest	*beständig 20°: 514; bedingt beständig 70°: 514*
52	Polymere halogenierte Kohlenwasserstoffe	kalt ges. Lg.	*beständig 40°: 521; bedingt beständig 60°: 521; unbeständig 80°: 521*
77	Bitumenhaltige und asphalthaltige Stoffe	25% Lg.	*beständig 25°*
		fest	*beständig 25°*
91	Silikatzemente	Lg.	*beständig 130°*
96	Phenolzemente	25% Lg.	*beständig 100°*
		fest	*beständig 100°*
97	Schwefelzemente	Lg.	*beständig 20°; bedingt beständig 80°*

W. V. Nr.	Werkstoff	Zusammensetzung des angreifenden Stoffes	Verhalten gegen den angreifenden Stoff
98	Furanzemente	25% Lg. 50% Lg. fest	*beständig 100°* *bedingt beständig 100°* *unbeständig 110°*

Mangansulfat. MnSO$_4$

W. V. Nr.	Werkstoff	Zusammensetzung des angreifenden Stoffes	Verhalten gegen den angreifenden Stoff
1	Kohlenstoff	10—30% Lg.	*beständig 100°:* 14
21	Glas	verd.-konz. Lg. fest	*beständig 100°* *beständig 100°*
23	Natursteine	10% Lg.	*beständig 75°:* 239
26	Steinzeug	verd.-konz. Lg. fest	*beständig 100°* *beständig 100°*
27	Porzellan	verd.-konz. Lg. fest	*beständig 100°* *beständig 100°*
43	Furanharze	Lg.	*beständig:* 431

Melasse.

W. V. Nr.	Werkstoff	Zusammensetzung des angreifenden Stoffes	Verhalten gegen den angreifenden Stoff
1	Kohlenstoff	konz. Lg.	*beständig*
21	Glas	konz. Lg.	*beständig*
22	Quarz	konz. Lg.	*beständig*
23	Natursteine	konz. Lg.	*beständig*
24	Zementhaltige Baustoffe	konz. Lg.	*bedingt beständig* (dichter Beton nötig, Schutz mit Asphalt oder Teer empfohlen)
25	Keramische Auskleidungen	konz. Lg.	*beständig*
26	Steinzeug	konz. Lg.	*beständig*
27	Porzellan	konz. Lg.	*beständig*
29	Email	konz. Lg.	*beständig*
31	Weichgummi	konz. Lg.	*beständig*
32	Hartgummi	konz. Lg.	*beständig*
33	Butadien-polymerisate	konz. Lg.	*beständig*
51	Polymere Kohlen-wasserstoffe	übliche Konzentration	*beständig 60°:* 512; *80°:* 512 (gefüllt); *bedingt beständig 80°:* 512 (ungefüllt); *100°:* 512 (gefüllt); *unbeständig 100°:* 512 (ungefüllt)
52	Polymere halo-genierte Kohlen-wasserstoffe	übliche Konzentration	*beständig 20°:* 521; *bedingt beständig 60°:* 521; *unbeständig 80°:* 521
8	Holz	konz. Lg.	*bedingt beständig*
95	Säurekitte mit Asbest und Phenolharz	konz. Lg.	*beständig*

Mersol.

W. V. Nr.	Werkstoff	Zusammensetzung des angreifenden Stoffes	Verhalten gegen den angreifenden Stoff
92	Säurekitte mit Wasserglas	Handelsware	*beständig:* 922
93	Säurekitte mit Kunstharz	Handelsware	*beständig:* 931, 932, 933, 934

W. V. Nr.	Werkstoff	Zusammensetzung des angreifenden Stoffes	Verhalten gegen den angreifenden Stoff

Methylalkohol. $CH_3 \cdot OH.$ *SP. 64,7°*

W. V. Nr.	Werkstoff	Zusammensetzung des angreifenden Stoffes	Verhalten gegen den angreifenden Stoff
1	Kohlenstoff	rein und wäßrig	*beständig 70°: 14*
21	Glas	Handelsware	*beständig;*
		Handelsware	*beständig bei 0°: 218*
22	Quarz	Handelsware	*beständig*
23	Natursteine	Handelsware	*beständig*
24	Zementhaltige Baustoffe	Handelsware	*beständig* (nur geringer Gewichtsverlust durch Undichtigkeit, Tanks)
25	Keramische Auskleidungen	rein und wäßrig	*beständig 70°*
26	Steinzeug	Handelsware	*beständig*
27	Porzellan	Handelsware	*beständig*
29	Email	Handelsware	*beständig*
31	Weichgummi	Handelsware	*beständig*
32	Hartgummi	Handelsware	*beständig*
33	Butadienpolymerisate	Handelsware	*unbeständig*
35	Isoprenmischpolymerisate	Handelsware	*beständig 50°: 351*
36	Chloroprenpolymerisate	Handelsware	*beständig 27°*
41	Phenolharze	Handelsware	*bedingt beständig:* 411 + Asbest
42	Carbamidharze	Handelsware	*beständig: 421, 423*
43	Furanharze	Handelsware	*beständig bei Siedetemp.;* *beständig: 43 + Asbest*
44	Polyesterharze	Handelsware, 25—75% Lg.	*beständig 50°: 441*
		Handelsware, 100%	*beständig 50°: 441*
46	Polyamide	Handelsware	*beständig*
51	Polymere Kohlenwasserstoffe	Handelsware	*beständig 60°: 512, 514;* *bedingt beständig 20°: 511;* *65°: 512 (gefüllt)*
52	Polymere halogenierte Kohlenwasserstoffe	Handelsware	*beständig 40°: 522, 5251;* *beständig 60°: 521;* *beständig bei Siedetemp.: 524;* *bedingt beständig 70°: 521;* *unbeständig 40°: 521 w*
54	Polyvinylester und Derivate	Handelsware	*unbeständig: 541*
62	Nicht abgewandelter Zellstoff	Handelsware	*beständig: 621*
63	Zelluloseester	Handelsware	*bedingt beständig: 631, 632*
77	Bitumenhaltige und asphalthaltige Stoffe	Handelsware	*beständig: 50°*
8	Holz	Handelsware	*beständig*
91	Silikatzemente	Handelsware	*beständig bei Siedetemp.*
92	Säurekitte mit Wasserglas	Handelsware	*beständig: 921, 922*
93	Säurekitte mit Kunstharz	Handelsware	*beständig: 932, 934*

W. V. Nr.	Werkstoff	Zusammensetzung des angreifenden Stoffes	Verhalten gegen den angreifenden Stoff
95	Säurekitte mit Asbest und Phenolharz	Handelsware	*beständig*
96	Phenolzemente	Handelsware 50% Lg.	*beständig 50°* *beständig 20°;* *bedingt beständig 50°*
97	Schwefelzemente	Handelsware	*bedingt beständig 20°*
98	Furanzemente	Handelsware	*beständig 50°*

Methylamin. $CH_3 \cdot NH_2$. *SP* —6,5°

1	Kohlenstoff	Gas	*beständig*
21	Glas	Gas	*beständig*
22	Quarz	Gas	*beständig*
23	Natursteine	Gas	*beständig*
24	Zementhaltige Baustoffe	Gas	*beständig*
25	Keramische Auskleidungen	Gas	*beständig*
26	Steinzeug	Gas	*beständig*
27	Porzellan	Gas	*beständig*
29	Email	Gas	*beständig*
51	Polymere Kohlenwasserstoffe	32%	*beständig 20°: 512 (gefüllt)*
92	Säurekitte mit Wasserglas	Gas	*beständig: 921, 922*
93	Säurekitte mit Kunstharz	Gas	*beständig: 932, 934*

Methyl-Äthylketon. $CH_3 \cdot CO \cdot C_2H_5$. *SP* 79,6°

35	Isoprenmischpolymerisate	Handelsware	*unbeständig 50°: 351*
41	Phenolharze	Handelsware	*beständig: 411*
42	Carbamidharze	Handelsware	*beständig: 421, 423*
43	Furanharze	Handelsware	*beständig 20°*
44	Polyesterharze	5—20% Lg. 80% Lg. 100%	*beständig 20°: 441* *unbeständig 20°: 441* *unbeständig 20°: 441*
46	Polyamide	Handelsware	*unbeständig*
51	Polymere Kohlenwasserstoffe	5% Lg. 15% Lg. 85% Lg. 95% Lg. 100%	*bedingt beständig 20°: 514* *bedingt beständig 20°: 514* *unbeständig 20°: 514* *bedingt beständig 20°: 511;* *unbeständig 60°: 511* *unbeständig 20°: 512, 514*
52	Polymere halogenierte Kohlenwasserstoffe	Handelsware	*beständig bei Siedetemp.:* *524, 5251;* *unbeständig 20°: 521, 521w,* *523*
55	Polyacryl- und Polymethacrylverbindungen	Handelsware	*unbeständig: 552, 553*
62	Nicht abgewandelter Zellstoff	Handelsware	*beständig: 621*
63	Zelluloseester	Handelsware	*unbeständig: 631, 632*

W. V. Nr.	Werkstoff	Zusammensetzung des angreifenden Stoffes	Verhalten gegen den angreifenden Stoff
77	Bitumenhaltige und asphalthaltige Stoffe	Handelsware, 10% 100%	*bedingt beständig 25°* *unbeständig 25°*
91	Silikatzemente	Handelsware	*beständig bei Siedetemp.*
96	Phenolzemente	Handelsware	*beständig 60°*
97	Schwefelzemente	15% Lg. Handelsware	*beständig 60°* *unbeständig 20°*
98	Furanzemente	Handelsware	*beständig 60°*

Methylbromid. CH$_3$·Br. *SP 4,6°*

W. V. Nr.	Werkstoff	Zusammensetzung des angreifenden Stoffes	Verhalten gegen den angreifenden Stoff
1	Kohlenstoff	Handelsware	*beständig 25°: 14*
21	Glas	1—100%	*beständig 100°*
26	Steinzeug	1—100%	*beständig 100°*
27	Porzellan	1—100%	*beständig 100°*
51	Polymere Kohlenwasserstoffe	Handelsware	*bedingt beständig 20°: 511*

Methylchlorid. CH$_3$Cl

W. V. Nr.	Werkstoff	Zusammensetzung des angreifenden Stoffes	Verhalten gegen den angreifenden Stoff
1	Kohlenstoff	Gas	*beständig 75°: 14*
21	Glas	Gas	*beständig*
22	Quarz	Gas	*beständig*
23	Natursteine	Gas	*beständig*
25	Keramische Auskleidungen	Gas	*beständig*
26	Steinzeug	Gas	*beständig*
27	Porzellan	Gas	*beständig*
29	Email	Gas	*beständig*
31	Weichgummi	Gas	*unbeständig*
32	Hartgummi	Gas	*unbeständig*
33	Butadienpolymerisate	Gas	*unbeständig*
38	Silikongummi	Handelsware	*unbeständig 20°*
41	Phenolharze	100%	*beständig: 411*
42	Carbamidharze	100%	*beständig: 421, 423*
44	Polyesterharze	100%	*beständig 10°: 441*
46	Polyamide	Gas	*beständig*
51	Polymere Kohlenwasserstoffe	100%	*unbeständig 20°: 512, 514*
52	Polymere halogenierte Kohlenwasserstoffe	100%	*beständig 25°: 524;* *unbeständig 20°: 521*
55	Polyacryl- und Polymethacrylverbindungen	100%	*unbeständig: 552, 553*
62	Nicht abgewandelter Zellstoff	100%	*beständig: 621*
63	Zelluloseester	100%	*unbeständig: 631, 632*
77	Bitumenhaltige und asphalthaltige Stoffe	Gas	*unbeständig 25°*
8	Holz	Gas	*beständig*
91	Silikatzemente	Gas	*beständig 15°*
96	Phenolzemente	100%	*beständig 20°*

W. V. Nr.	Werkstoff	Zusammensetzung des angreifenden Stoffes	Verhalten gegen den angreifenden Stoff
97	Schwefelzemente	100%	*unbeständig 20°*
98	Furanzemente	100%	*beständig 30°*

Methylenchlorid. CH_2Cl_2

W. V. Nr.	Werkstoff	Zusammensetzung des angreifenden Stoffes	Verhalten gegen den angreifenden Stoff
1	Kohlenstoff	Handelsware	*beständig 100°:* 14
21	Glas	Handelsware	*beständig*
22	Quarz	Handelsware	*beständig*
23	Natursteine	Handelsware	*beständig*
24	Zementhaltige Baustoffe	Handelsware, neutral	*beständig* (aber eventuell undicht)
25	Keramische Auskleidungen	Handelsware	*beständig*
26	Steinzeug	Handelsware	*beständig*
27	Porzellan	Handelsware	*beständig*
29	Email	Handelsware	*beständig*
31	Weichgummi	Handelsware	*unbeständig*
32	Hartgummi	Handelsware	*unbeständig*
33	Butadien-polymerisate	Handelsware	*unbeständig*
36	Chloropren-polymerisate	Handelsware	*unbeständig*
46	Polyamide	Handelsware	*beständig*
51	Polymere Kohlenwasserstoffe	Handelsware	*unbeständig 20°:* 512
52	Polymere halogenierte Kohlenwasserstoffe	Handelsware	*unbeständig 20°:* 521, 522, 5251
54	Polyvinylester und Derivate	Handelsware	*unbeständig:* 541
55	Polyacryl- und Polymethacrylverbindungen	Handelsware	*unbeständig:* 552, 553
8	Holz	Handelsware feucht und sauer	*beständig* *bedingt beständig*
92	Säurekitte mit Wasserglas	Handelsware	*beständig:* 921
93	Säurekitte mit Kunstharz	Handelsware	*beständig:* 931, 932, 933, 934

Methyl-Isobutylketon. $(CH_3)_2CH \cdot CH_2 \cdot CO \cdot CH_3$. *SP 117°*

W. V. Nr.	Werkstoff	Zusammensetzung des angreifenden Stoffes	Verhalten gegen den angreifenden Stoff
51	Polymere Kohlenwasserstoffe	Handelsware	*unbeständig 20°:* 511
55	Polyacryl- und Polymethacrylverbindungen	Handelsware	*unbeständig:* 552, 553

Methylschwefelsäure. $CH_3 \cdot O \cdot SO_3H$

W. V. Nr.	Werkstoff	Zusammensetzung des angreifenden Stoffes	Verhalten gegen den angreifenden Stoff
51	Polymere Kohlenwasserstoffe	bis 50% Lg. bis 100%	*beständig 100°:* 512 *beständig 40°:* 512 (ungefüllt); *bedingt beständig 60°:* 512 (ungefüllt); *unbeständig 40°:* 512 (gefüllt); *80°:* 512 (ungefüllt)

W. V. Nr.	Werkstoff	Zusammensetzung des angreifenden Stoffes	Verhalten gegen den angreifenden Stoff
52	Polymere halogenierte Kohlenwasserstoffe	50% Lg.	*beständig 20°: 521;* *bedingt beständig 40°: 521;* *unbeständig 100°: 521*
		100%	*beständig 40°: 521;* *bedingt beständig 60°: 521;* *unbeständig 80°: 521*
55	Polyacryl- und Polymethacrylverbindungen	Lg.	*unbeständig 20°: 553*
91	Silikatzemente	25% Lg.	*beständig 110°*
		100%	*beständig bei Siedetemp.*
96	Phenolzemente	80% Lg.	*beständig 100°*
		100%	*beständig 80°;* *bedingt beständig 100°*
97	Schwefelzemente	100%	*beständig 80°*
98	Furanzemente	50% Lg.	*beständig 100°*
		60% Lg.	*beständig 40°;* *bedingt beständig 100°*
		75% Lg.	*bedingt beständig 40°;* *unbeständig 100°*
		85% Lg.	*unbeständig 40°*

Milchsäure. $CH_3 \cdot CH(OH) \cdot COOH$

1	Kohlenstoff	verd.-konz. Lg.	*beständig 100°: 14*
21	Glas	Lg. verd.-konz. Lg.	*beständig* (Versand) *beständig 50°: 218*
22	Quarz	Lg.	*beständig*
23	Natursteine	Lg.	*beständig 25°: 239*
24	Zementhaltige Baustoffe	Lg.	*bedingt beständig* (Schutz mit Wasserglas oder Silicofluorid nötig)
25	Keramische Auskleidungen	Lg.	*beständig*
26	Steinzeug	Lg.	*beständig*
27	Porzellan	Lg.	*beständig*
29	Email	Lg.	*beständig 100°* (Verdampfer)
31	Weichgummi	Lg.	*beständig*
32	Hartgummi	Lg.	*beständig*
33	Butadienpolymerisate	Lg.	*beständig*
35	Isoprenmischpolymerisate	25%-konz. Lg.	*beständig 40°: 351*
36	Chloroprenpolymerisate	Lg.	*beständig 29°*
41	Phenolharze	Lg.	*beständig: 411* + Asbest
42	Carbamidharze	Lg.	*bedingt beständig: 421, 423*
43	Furanharze	Lg.	*beständig 120°;* *beständig: 43* + Asbest
44	Polyesterharze	25—75% Lg.	*beständig 95°: 441*
		100%	*beständig 100°: 441*
46	Polyamide	Lg.	*unbeständig*
51	Polymere Kohlenwasserstoffe	90% Lg.	*beständig 60°: 511;* *100°: 512*

W. V. Nr.	Werkstoff	Zusammensetzung des angreifenden Stoffes	Verhalten gegen den angreifenden Stoff
52	Polymere halogenierte Kohlenwasserstoffe	10% Lg.	*beständig 40°: 521;* *bedingt beständig 60°: 521*
		90% Lg.	*unbeständig 60°: 521, 521w*
		Lg.	*beständig 20°: 522, 523*
55	Polyacryl- und Polymethacrylverbindungen	Lg.	*beständig: 552*
		bis 20% Lg.	*beständig 20°: 553;* *bedingt beständig 100°: 553*
62	Nicht abgewandelter Zellstoff	Lg.	*beständig: 621*
63	Zelluloseester	Lg.	*unbeständig: 631, 632*
8	Holz	Lg.	*beständig*
91	Silikatzemente	25% Lg.	*beständig 110°*
		konz. Lg.	*beständig bei Siedetemp.*
92	Säurekitte mit Wasserglas	Lg.	*beständig: 922*
93	Säurekitte mit Kunstharz	Lg.	*beständig: 931, 932, 933, 934*
95	Säurekitte mit Asbest und Phenolharz	Lg.	*beständig*
96	Phenolzemente	25% Lg.	*beständig 100°*
		fest	*beständig 120°*
97	Schwefelzemente	Lg.	*beständig 80°*
98	Furanzemente	25% Lg.	*beständig 100°*
		fest	*beständig 120°*

Mischsäure. $H_2SO_4/HNO_3/H_2O$

W. V. Nr.	Werkstoff	Zusammensetzung des angreifenden Stoffes	Verhalten gegen den angreifenden Stoff
1	Kohlenstoff	jede Zusammensetzung	*unbeständig 20°*
21	Glas	normale Zusammensetzung	*beständig*
22	Quarz	normale Zusammensetzung	*beständig*
23	Natursteine	normale Zusammensetzung	*unbeständig 20°: 239*
24	Zementhaltige Baustoffe	jede Zusammensetzung	*unbeständig*
25	Keramische Auskleidungen	jede Zusammensetzung	*beständig, auch bei höherer Temp.*
26	Steinzeug	normale Zusammensetzung	*beständig*
27	Porzellan	normale Zusammensetzung	*beständig*
29	Email	normale Zusammensetzung	*beständig*
31	Weichgummi		*unbeständig*
32	Hartgummi		*unbeständig*
33	Butadienpolymerisate		*unbeständig*
41	Phenolharze	jede Zusammensetzung	*unbeständig: 411*
42	Carbamidharze	jede Zusammensetzung	*unbeständig: 421, 423*
43	Furanharze	57% H_2SO_4, 28% HNO_3	*unbeständig 20°*
44	Polyesterharze	57% H_2SO_4, 28% HNO_3	*beständig 20°: 441;* *bedingt beständig 40°: 441;* *unbeständig 65°: 441*
46	Polyamide	jede Zusammensetzung	*unbeständig*

W. V. Nr.	Werkstoff	Zusammensetzung des angreifenden Stoffes	Verhalten gegen den angreifenden Stoff
51	Polymere Kohlenwasserstoffe	50/50/0 10/20/70	*unbeständig 20°: 512, 514* *unbeständig 20°: 512*
52	Polymere halogenierte Kohlenwasserstoffe	15/20/65 60/20/20 50/33/17 11/86/3 48/49/3 50/50/0 10/20/70 50/31/19 20/15/65	*beständig 50°: 521* *beständig 20°: 521* *beständig 30°: 521* *bedingt beständig 20°: 521;* *unbeständig 20°: 521w* *bedingt beständig 40°: 521;* *unbeständig 20°: 521w* *bedingt beständig 20°: 521;* *bedingt beständig 30°: 522* *unbeständig 40°: 521* *beständig 70°: 521* *beständig 30°: 521* *bedingt beständig 40°: 522*
55	Polyacryl- und Polymethacrylverbindungen		*bedingt beständig 20°: 553;* *unbeständig 100°: 553*
62	Nicht abgewandelter Zellstoff	jede Zusammensetzung	*unbeständig: 621*
63	Zelluloseester	jede Zusammensetzung	*unbeständig: 631, 632*
77	Bitumenhaltige und asphalthaltige Stoffe	Lg.	*unbeständig 25°*
8	Holz		*unbeständig*
91	Silikatzemente	57% H_2SO_4, 20% HNO_3	*beständig 150°*
92	Säurekitte mit Wasserglas		*beständig: 922*
93	Säurekitte mit Kunstharz		*bedingt beständig: 934*
95	Säurekitte mit Asbest und Phenolharz		*unbeständig*
96	Phenolzemente		*bedingt beständig 20°*
97	Schwefelzemente	57% H_2SO_4, 28% HNO_3	*bedingt beständig 20°;* *unbeständig 80°*
98	Furanzemente	jede Zusammensetzung	*unbeständig 30°*

Monoäthanolamin.

W. V. Nr.	Werkstoff	Zusammensetzung des angreifenden Stoffes	Verhalten gegen den angreifenden Stoff
21	Glas	Handelsware	*beständig 150°: 218;* *bedingt beständig 200°: 218*
26	Steinzeug	Handelsware	*beständig 125°;* *bedingt beständig 150°*
27	Porzellan	Handelsware	*beständig 125°;* *bedingt beständig 150°*

Mörtel.

W. V. Nr.	Werkstoff	Zusammensetzung des angreifenden Stoffes	Verhalten gegen den angreifenden Stoff
23	Natursteine		*beständig*
25	Keramische Auskleidungen		*beständig*
26	Steinzeug		*beständig*
27	Porzellan		*beständig*
51	Polymere Kohlenwasserstoffe		*beständig: 512 (gefüllt und ungefüllt)*

W. V. Nr.	Werkstoff	Zusammensetzung des angreifenden Stoffes	Verhalten gegen den angreifenden Stoff
52	Polymere halogenierte Kohlenwasserstoffe		*beständig:* 521
8	Holz		*beständig*
95	Säurekitte mit Asbest und Phenolharz		*beständig*

Naphtha.

W. V. Nr.	Werkstoff	Zusammensetzung des angreifenden Stoffes	Verhalten gegen den angreifenden Stoff
1	Kohlenstoff	Handelsware	*beständig 25°:* 14
21	Glas	Handelsware	*beständig 100°*
23	Natursteine	Handelsware	*beständig 25°:* 239
26	Steinzeug	Handelsware	*beständig 100°*
44	Polyesterharze	Handelsware	*beständig 120°:* 441
51	Polymere Kohlenwasserstoffe	Handelsware	*unbeständig 20°:* 514; *100°:* 512
52	Polymere halogenierte Kohlenwasserstoffe	Handelsware	*beständig 25°:* 523, 5251
55	Polyacryl- und Polymethacrylverbindungen	Handelsware	*unbeständig 20°*
77	Bitumenhaltige und asphalthaltige Stoffe	Handelsware	*unbeständig 25°*
91	Silikatzemente	Handelsware	*beständig 120°*
96	Phenolzemente	Handelsware	*beständig 120°*
97	Schwefelzemente	Handelsware	*unbeständig 20°*
98	Furanzemente	Handelsware	*beständig 120°*

Naphthalin.

W. V. Nr.	Werkstoff	Zusammensetzung des angreifenden Stoffes	Verhalten gegen den angreifenden Stoff
1	Kohlenstoff	Handelsware	*beständig 25°:* 14
21	Glas	Handelsware	*beständig 100°*
23	Natursteine	Handelsware	*beständig 25°:* 239
26	Steinzeug	Handelsware	*beständig 100°*
27	Porzellan	Handelsware	*beständig 100°*
36	Chloroprenpolymerisate	Handelsware	*unbeständig*
44	Polyesterharze	Handelsware	*beständig 20°:* 441; *bedingt beständig 85°:* 441; *unbeständig 120°:* 441
51	Polymere Kohlenwasserstoffe	Handelsware	*unbeständig 20°:* 512, 514
52	Polymere halogenierte Kohlenwasserstoffe	Handelsware	*unbeständig 25°:* 523
55	Polyacryl- und Polymethacrylverbindungen	Handelsware	*unbeständig 20°:* 553
77	Bitumenhaltige und asphalthaltige Stoffe	Handelsware	*unbeständig 25°*
91	Silikatzemente	Handelsware	*beständig bei Siedetemp.*

W. V. Nr.	Werkstoff	Zusammensetzung des angreifenden Stoffes	Verhalten gegen den angreifenden Stoff
92	Säurekitte mit Wasserglas	Handelsware	*beständig:* 921, 922
93	Säurekitte mit Kunstharz	Handelsware	*beständig:* 931, 932, 933, 934
96	Phenolzemente	Handelsware	*beständig 120°*
97	Schwefelzemente	Handelsware	*beständig 20°; unbeständig 80°*
98	Furanzemente	Handelsware	*beständig 120°*

Naphthalinsulfonsäuren. $C_{10}H_7SO_3H$

W. V. Nr.	Werkstoff	Zusammensetzung des angreifenden Stoffes	Verhalten gegen den angreifenden Stoff
21	Glas	verd.-konz. Lg.	*beständig 100°*
26	Steinzeug	verd.-konz. Lg.	*beständig 100°*
27	Porzellan	verd.-konz. Lg.	*beständig 100°*

Naphthensäuren.

W. V. Nr.	Werkstoff	Zusammensetzung des angreifenden Stoffes	Verhalten gegen den angreifenden Stoff
1	Kohlenstoff	Handelsware	*beständig 25°:* 14
21	Glas	verd.-konz. Lg.	*beständig 100°*
23	Natursteine	10—40% Lg.	*bedingt beständig 25°:* 239
26	Steinzeug	verd.-konz. Lg.	*beständig 100°*
27	Porzellan	verd.-konz. Lg.	*beständig 100°*
47	Polyurethane	Handelsware	*beständig 60°*
91	Silikatzemente	Handelsware	*beständig 150°*
96	Phenolzemente	100%	*unbeständig 120°*
97	Schwefelzemente	25% Lg. / 100%	*beständig 80°* / *unbeständig 80°*
98	Furanzemente	100%	*beständig 120°*

Naphthole.

W. V. Nr.	Werkstoff	Zusammensetzung des angreifenden Stoffes	Verhalten gegen den angreifenden Stoff
52	Polymere halogenierte Kohlenwasserstoffe	Handelsware	*beständig bei Siedetemp.:* 524

Natriumacetat. CH_3COONa

W. V. Nr.	Werkstoff	Zusammensetzung des angreifenden Stoffes	Verhalten gegen den angreifenden Stoff
1	Kohlenstoff	Lg.	*beständig 100°:* 14
21	Glas	Lg.	*beständig 100°*
22	Quarz	Lg.	*beständig*
23	Natursteine	Lg.	*beständig 25°:* 239
24	Zementhaltige Baustoffe	neutrale Lg.	*beständig*
25	Keramische Auskleidungen	Lg.	*beständig*
26	Steinzeug	Lg.	*beständig 100°*
27	Porzellan	Lg.	*beständig 100°*
29	Email	Lg.	*beständig*
31	Weichgummi	Lg.	*beständig*
32	Hartgummi	Lg.	*beständig*
33	Butadienpolymerisate	Lg.	*beständig*
41	Phenolharze	Lg.	*beständig 50°:* 411 + Asbest
43	Furanharze	Lg.	*beständig:* 431; *beständig:* 43 + Asbest
44	Polyesterharze	10—25% Lg. / fest	*beständig 100°:* 441 / *beständig 120°:* 441

W. V. Nr.	Werkstoff	Zusammensetzung des angreifenden Stoffes	Verhalten gegen den angreifenden Stoff
46	Polyamide	10% Lg.	*beständig*
51	Polymere Kohlenwasserstoffe	25% Lg. fest	*beständig 70°: 514* *beständig 70°: 514*
52	Polymere halogenierte Kohlenwasserstoffe	Lg.	*beständig 40°: 521, 522, 523*
77	Bitumenhaltige und asphalthaltige Stoffe	25% Lg. fest	*beständig 65°* *beständig 65°*
8	Holz	Lg.	*beständig*
91	Silikatzemente	25% Lg. fest	*beständig 120°* *beständig 315°*
92	Säurekitte mit Wasserglas	Lg.	*beständig: 922*
93	Säurekitte mit Kunstharz	Lg.	*beständig: 931, 932, 933, 934*
95	Säurekitte mit Asbest und Phenolharz	Lg.	*beständig*
96	Phenolzemente	25% Lg. fest	*beständig 100°* *beständig 120°*
97	Schwefelzemente	25% Lg. fest	*beständig 80°* *beständig 80°*
98	Furanzemente	25% Lg. fest	*beständig 100°* *beständig 120°*

Natriumbenzoat. C_6H_5COONa

W. V. Nr.	Werkstoff	Zusammensetzung des angreifenden Stoffes	Verhalten gegen den angreifenden Stoff
21	Glas	fest	*beständig 25°*
26	Steinzeug	fest	*beständig 25°*
27	Porzellan	fest	*beständig 25°*
51	Polymere Kohlenwasserstoffe	25% Lg. fest	*beständig 60°: 511* *beständig 60°: 511*
52	Polymere halogenierte Kohlenwasserstoffe	10—30% Lg.	*beständig 40°: 521;* *bedingt beständig 60°: 521*

Natriumbicarbonat. $NaHCO_3$

W. V. Nr.	Werkstoff	Zusammensetzung des angreifenden Stoffes	Verhalten gegen den angreifenden Stoff
1	Kohlenstoff	15% Lg.	*beständig 100°: 14*
21	Glas	5—20% Lg.	*beständig 20°: 218;* *bedingt beständig 100°: 218*
23	Natursteine	20% Lg.	*beständig 100°: 239*
26	Steinzeug	10—20% Lg.	*beständig 100°*
27	Porzellan	10—20% Lg.	*beständig 100°*
31	Weichgummi	10% Lg.	*beständig 75°*
32	Hartgummi	10% Lg.	*beständig 75°*
36	Chloroprenpolymerisate	verd.-konz. Lg.	*beständig 93°*
41	Phenolharze	Lg.	*beständig*
43	Furanharze	Lg. Lg.	*beständig bei Siedetemp.;* *beständig: 43 + Asbest*
44	Polyesterharze	10% Lg. fest	*beständig 100°: 441* *beständig 20°: 441;* *bedingt beständig 100°: 441*
· 51	Polymere Kohlenwasserstoffe	25% Lg. fest	*beständig 70°: 514* *beständig 70°: 514*

W. V. Nr.	Werkstoff	Zusammensetzung des angreifenden Stoffes	Verhalten gegen den angreifenden Stoff
52	Polymere halogenierte Kohlenwasserstoffe	verd.-konz. Lg.	*beständig 40°: 522, 523*
77	Bitumenhaltige und asphalthaltige Stoffe	25% Lg. fest	*beständig 65°* *beständig 65°*
91	Silikatzemente	10% Lg. fest	*beständig 110°* *unbeständig 110°*
96	Phenolzemente	25% Lg. fest	*beständig 100°* *beständig 120°*
97	Schwefelzemente	10% Lg. fest	*beständig 20°;* *bedingt beständig 50°;* *unbeständig 90°* *unbeständig 90°*
98	Furanzemente	25% Lg. fest	*beständig 100°* *beständig 120°*

Natriumbisulfat. $NaHSO_4$

W. V. Nr.	Werkstoff	Zusammensetzung des angreifenden Stoffes	Verhalten gegen den angreifenden Stoff
1	Kohlenstoff	10% Lg.	*beständig 100°: 14*
21	Glas	25—50% Lg.	*beständig 100°: 218*
22	Quarz	Lg. und geschmolzen	*beständig*
23	Natursteine	Lg.	*beständig*
24	Zementhaltige Baustoffe	Lg.	*unbeständig*
25	Keramische Auskleidungen	Lg.	*beständig*
26	Steinzeug	Lg.	*beständig 100°*
27	Porzellan	Lg.	*beständig*
29	Email	Lg. geschmolzen	*beständig* *unbeständig*
31	Weichgummi	Lg.	*beständig*
32	Hartgummi	Lg.	*beständig*
33	Butadienpolymerisate	Lg.	*beständig*
41	Phenolharze	Lg.	*beständig: 411 + Asbest*
43	Furanharze	Lg.	*beständig: 431;* *beständig: 43 + Asbest*
44	Polyesterharze	10—20% Lg. fest	*beständig 100°: 441* *beständig 120°: 441*
51	Polymere Kohlenwasserstoffe	25% Lg. fest	*beständig 70°: 514* *beständig 70°: 514*
52	Polymere halogenierte Kohlenwasserstoffe	10% Lg. verd.-konz. Lg.	*beständig: 521, 523* *beständig 40°: 522*
77	Bitumenhaltige und asphalthaltige Stoffe	25% Lg. fest	*beständig 65°* *beständig 65°*
8	Holz	Lg.	*beständig*
91	Silikatzemente	25% Lg. fest	*beständig 110°* *beständig 315°*
92	Säurekitte mit Wasserglas	Lg.	*beständig: 922*
93	Säurekitte mit Kunstharz	Lg.	*beständig: 931, 932, 933, 934*

W. V. Nr.	Werkstoff	Zusammensetzung des angreifenden Stoffes	Verhalten gegen den angreifenden Stoff
95	Säurekitte mit Asbest und Phenolharz	Lg.	*beständig*
96	Phenolzemente	25% Lg. fest	*beständig 100°* *beständig 120°*
97	Schwefelzemente	25% Lg. fest	*beständig 80°* *beständig 80°*
98	Furanzemente	25% Lg. fest	*beständig 100°* *beständig 120°*

Natriumbisulfit. $NaHSO_3$

W. V. Nr.	Werkstoff	Zusammensetzung des angreifenden Stoffes	Verhalten gegen den angreifenden Stoff
1	Kohlenstoff	10% Lg.	*beständig 100°: 14*
21	Glas	Lg.	*beständig*
22	Quarz	Lg.	*beständig*
23	Natursteine	Lg.	*bedingt beständig;* *unbeständig 25°: 239*
24	Zementhaltige Baustoffe	Lg.	*unbeständig*
25	Keramische Auskleidungen	Lg.	*beständig*
26	Steinzeug	Lg.	*beständig*
27	Porzellan	Lg.	*beständig*
29	Email	Lg.	*beständig*
31	Weichgummi	Lg.	*beständig*
32	Hartgummi	Lg.	*beständig*
33	Butadienpolymerisate	Lg.	*beständig*
35	Isoprenmischpolymerisate	15% Lg.	*beständig 80°: 351*
36	Chloroprenpolymerisate	verd.-konz. Lg.	*beständig 93°*
41	Phenolharze	Lg.	*beständig 25°: 411 + Asbest*
43	Furanharze	Lg.	*beständig: 431;* *beständig: 43 + Asbest*
44	Polyesterharze	10—25% Lg. fest	*beständig 95°: 441* *beständig 120°: 441*
46	Polyamide	Lg. techn.	*bedingt beständig*
51	Polymere Kohlenwasserstoffe	25% Lg. kalt ges. Lg. warm ges. Lg. + SO₂, gesättigt fest	*beständig 70°: 511, 514* *beständig 60°: 512;* *beständig 80°: 512 (gefüllt);* *bedingt beständig 80°: 512 (ungefüllt);* *bedingt beständig 100°: 512 (gefüllt);* *unbeständig 100°: 512 (ungefüllt)* *beständig 50°: 512* *beständig 70°: 511, 514*
52	Polymere halogenierte Kohlenwasserstoffe	verd. Lg. kalt ges. Lg. warm ges. Lg. + SO₂, gesättigt	*beständig 40°: 521, 523;* *bedingt beständig 60°: 521* *beständig 60°: 521;* *unbeständig 80°: 521* *beständig 50°: 521*

W. V. Nr.	Werkstoff	Zusammensetzung des angreifenden Stoffes	Verhalten gegen den angreifenden Stoff
77	Bitumenhaltige und asphalthaltige Stoffe	25% Lg. fest	*beständig 65°* *beständig 65°*
8	Holz	Lg.	*bedingt beständig*
91	Silikatzemente	25% Lg. fest	*beständig 110°* *beständig 150°*
92	Säurekitte mit Wasserglas	Lg.	*beständig: 922*
93	Säurekitte mit Kunstharz	Lg.	*beständig: 931, 932, 933, 934*
95	Säurekitte mit Asbest und Phenolharz	Lg.	*beständig*
96	Phenolzemente	25% Lg. fest	*beständig 100°* *beständig 120°*
97	Schwefelzemente	25% Lg. fest	*beständig 80°* *beständig 80°*
98	Furanzemente	25% Lg. fest	*beständig 100°* *beständig 120°*

Natriumbromid. NaBr

W. V. Nr.	Werkstoff	Zusammensetzung des angreifenden Stoffes	Verhalten gegen den angreifenden Stoff
1	Kohlenstoff	10—50% Lg.	*beständig 100°: 14*
21	Glas	verd.-konz. Lg. fest	*beständig 100°* *beständig 50°*
23	Natursteine	10—50% Lg.	*beständig 20°: 239*
26	Steinzeug	verd.-konz. Lg. fest	*beständig 100°* *beständig 50°*
27	Porzellan	verd.-konz. Lg. fest	*beständig 100°* *beständig 50°*
31	Weichgummi	10—50% Lg.	*beständig 50°*
32	Hartgummi	10—50% Lg.	*beständig 50°*
41	Phenolharze	Lg.	*beständig: 411 + Asbest*
43	Furanharze	Lg.	*beständig: 431;* *beständig: 43 + Asbest*
44	Polyesterharze	10—20% Lg. fest	*beständig 90°: 441* *beständig 120°: 441*
51	Polymere Kohlenwasserstoffe	25% Lg. fest	*beständig 70°: 514* *beständig 70°: 514*
52	Polymere halogenierte Kohlenwasserstoffe	verd.-konz. Lg. fest	*beständig 40°: 522* *beständig 25°: 523*
77	Bitumenhaltige und asphalthaltige Stoffe	25% Lg. fest	*beständig 65°* *beständig 25°*
91	Silikatzemente	25% Lg. fest	*beständig 125°* *beständig 530°*
96	Phenolzemente	25% Lg. fest	*beständig 100°* *beständig 120°*
97	Schwefelzemente	25% Lg. fest	*beständig 80°* *beständig 80°*
98	Furanzemente	25% Lg. fest	*beständig 100°* *beständig 120°*

Natriumcarbonat. Na_2CO_3

W. V. Nr.	Werkstoff	Zusammensetzung des angreifenden Stoffes	Verhalten gegen den angreifenden Stoff
1	Kohlenstoff	10—30% Lg.	*beständig 100°: 14*

W. V. Nr.	Werkstoff	Zusammensetzung des angreifenden Stoffes	Verhalten gegen den angreifenden Stoff
21	Glas	5—25% Lg.	*bedingt beständig 60°:* **218**; *unbeständig 100°:* **218**
		30% Lg.	*beständig 40°:* **218**
23	Natursteine	10—30% Lg.	*beständig 100°:* **239**
26	Steinzeug	10—30% Lg.	*beständig 70°; unbeständig 100°*
27	Porzellan	10—30% Lg.	*beständig 70°; unbeständig 100°*
31	Weichgummi	10—20% Lg.	*beständig 70°*
32	Hartgummi	10—20% Lg.	*beständig 70°*
35	Isoprenmisch-polymerisate	5—25% Lg.	*beständig 80°:* **351**
36	Chloropren-polymerisate	verd.-konz. Lg.	*beständig 93°*
41	Phenolharze	Lg.	*beständig 25°:* **411** + Asbest
43	Furanharze	Lg.	*beständig bei Siedetemp. 120°; beständig:* **43** + Asbest
44	Polyesterharze	10—25% Lg.	*beständig 20°:* **441**; *bedingt beständig 50°:* **441**; *unbeständig 90°:* **441**
		fest	*bedingt beständig 20°:* **441**; *unbeständig 65°:* **441**
46	Polyamide	10% Lg.	*beständig*
51	Polymere Kohlen-wasserstoffe	25% Lg.	*beständig 70°:* **511, 514**
		fest	*beständig 70°:* **511, 514**
52	Polymere halo-genierte Kohlen-wasserstoffe	2% Lg.	*beständig 25°:* **5251**
		verd.-konz. Lg.	*beständig 20°:* **522, 523**
55	Polyacryl- und Polymethacryl-verbindungen	Lg.	*beständig:* **552**
77	Bitumenhaltige und asphalt-haltige Stoffe	25% Lg.	*beständig 65°*
		fest	*beständig 65°*
91	Silikatzemente	5% Lg.	*unbeständig 20°*
92	Säurekitte mit Wasserglas	Lg.	*unbeständig:* **921, 922, 923**
93	Säurekitte mit Kunstharz	Lg.	*beständig:* **931, 932, 933, 934**
96	Phenolzemente	25% Lg.	*beständig 60°; bedingt beständig 100°*
		50% Lg.	*beständig 40°; unbeständig 100°*
		fest	*unbeständig 120°*
97	Schwefelzemente	Lg.	*beständig 20°; unbeständig 80°*
		fest	*unbeständig 80°*
98	Furanzemente	25% Lg.	*beständig 100°*
		fest	*beständig 120°*

Natriumchlorat. $NaClO_3$

W. V. Nr.	Werkstoff	Zusammensetzung des angreifenden Stoffes	Verhalten gegen den angreifenden Stoff
1	Kohlenstoff	verd.-konz. Lg.	*beständig 100°:* **14**
23	Natursteine	10—40% Lg.	*beständig 25°:* **239**
35	Isoprenmisch-polymerisate	25—50% Lg.	*beständig 80°:* **351**

W. V. Nr.	Werkstoff	Zusammensetzung des angreifenden Stoffes	Verhalten gegen den angreifenden Stoff
51	Polymere Kohlenwasserstoffe	25% Lg.	*beständig 60°:* 511
		kalt ges. Lg.	*beständig 60°:* 512; *beständig 100°:* 512 (gefüllt); *bedingt beständig 100°:* 512 (ungefüllt)
		fest	*beständig 60°:* 511
52	Polymere halogenierte Kohlenwasserstoffe	10% Lg.	*beständig 25°:* 523; *beständig 40°:* 521; *bedingt beständig 60°:* 521
		kalt ges. Lg.	*beständig 60°:* 521; *unbeständig 100°:* 521
		fest	*beständig 25°:* 523
91	Silikatzemente	25% Lg.	*beständig 120°*
		fest	*beständig 225°*
92	Säurekitte mit Wasserglas	Lg.	*beständig:* 921, 922
93	Säurekitte mit Kunstharz	Lg.	*unbeständig:* 931, 932, 933, 934
96	Phenolzemente	25% Lg.	*beständig 100°*
		fest	*beständig 100°*
97	Schwefelzemente	25% Lg.	*beständig 90°*
		fest	*beständig 90°*
98	Furanzemente	25% Lg.	*beständig 100°*
		fest	*beständig 100°*

Natriumchlorid. NaCl

W. V. Nr.	Werkstoff	Zusammensetzung des angreifenden Stoffes	Verhalten gegen den angreifenden Stoff
1	Kohlenstoff	verd.-konz. Lg.	*beständig bei Siedetemp.:* 14
21	Glas	Lg.	*beständig*
		50% Lg.	*beständig 100°:* 218
22	Quarz	Lg.	*beständig*
		geschmolzen	*bedingt beständig 900°* (Abtragung: 0,3 g/m²/Tag)
23	Natursteine	Lg.	*beständig 100°:* 239
24	Zementhaltige Baustoffe	Lg.	*beständig 100°* (Pfannen, Elektrolysezellen)
25	Keramische Auskleidungen	Lg.	*beständig*
26	Steinzeug	Lg.	*beständig*
27	Porzellan	Lg.	*beständig*
29	Email	Lg.	*beständig*
31	Weichgummi	Lg.	*beständig 70°*
32	Hartgummi	Lg.	*beständig 70°*
33	Butadienpolymerisate	Lg.	*beständig*
35	Isoprenmischpolymerisate	25% Lg.	*beständig 100°:* 351
36	Chloroprenpolymerisate	verd.-konz. Lg.	*beständig 93°*
41	Phenolharze	Lg.	*beständig 50°:* 411 + Asbest
43	Furanharze	Lg.	*beständig bei Siedetemp.; beständig:* 43 + Asbest
44	Polyesterharze	10—25% Lg.	*beständig 95°:* 441
		fest	*beständig 120°:* 441
46	Polyamide	10% Lg.	*beständig*

W. V. Nr.	Werkstoff	Zusammensetzung des angreifenden Stoffes	Verhalten gegen den angreifenden Stoff
51	Polymere Kohlenwasserstoffe	25% Lg.	*beständig 60°: 511;* *beständig 70°: 514*
		kalt ges. Lg.	*beständig 60°: 512;* *beständig 100°: 512 (gefüllt);* *bedingt beständig 80°: 512 (ungefüllt)*
		fest	*beständig 60°: 511;* *beständig 70°: 514*
52	Polymere halogenierte Kohlenwasserstoffe	verd. Lg.	*beständig 25°: 5251;* *beständig 40°: 521, 522;* *bedingt beständig 60°: 521*
		kalt ges. Lg.	*beständig 40°: 522;* *beständig 60°: 521*
55	Polyacryl- und Polymethacrylverbindungen	Lg.	*beständig: 553*
77	Bitumenhaltige und asphalthaltige Stoffe	25% Lg. fest	*beständig 65°* *beständig 65°*
8	Holz	Lg.	*beständig;* *bedingt beständig bei höherer Temp.*
91	Silikatzemente	25% Lg. fest	*beständig 120°* *beständig 520°*
92	Säurekitte mit Wasserglas	Lg.	*beständig: 921*
93	Säurekitte mit Kunstharz	Lg.	*beständig: 931, 932, 933, 934*
95	Säurekitte mit Asbest und Phenolharz	Lg.	*beständig*
96	Phenolzemente	25% Lg. fest	*beständig 100°* *beständig 120°*
97	Schwefelzemente	Lg. fest	*beständig 80°* *beständig 80°*
98	Furanzemente	25% Lg. fest	*beständig 100°* *beständig 120°*

Natriumchromat. Na_2CrO_4

W. V. Nr.	Werkstoff	Zusammensetzung des angreifenden Stoffes	Verhalten gegen den angreifenden Stoff
1	Kohlenstoff	10% Lg.	*beständig 50°: 14*
21	Glas	Lg.	*beständig*
22	Quarz	Lg.	*beständig*
23	Natursteine	Lg.	*beständig*
24	Zementhaltige Baustoffe	Lg.	*beständig*
25	Keramische Auskleidungen	Lg.	*beständig*
26	Steinzeug	Lg.	*beständig*
27	Porzellan	Lg.	*beständig*
29	Email	Lg.	*beständig*
31	Weichgummi	Lg.	*beständig*
32	Hartgummi	Lg.	*beständig*
33	Butadienpolymerisate	Lg.	*beständig*
41	Phenolharze	Lg.	*beständig: 411 + Asbest*

W. V. Nr.	Werkstoff	Zusammensetzung des angreifenden Stoffes	Verhalten gegen den angreifenden Stoff
43	Furanharze	Lg.	*beständig:* 43 + Asbest
52	Polymere halogenierte Kohlenwasserstoffe	verd.-konz. Lg.	*beständig 25°:* 522, 523
8	Holz	10% Lg.	*unbeständig 25°*

Natriumcyanid. NaCN

W. V. Nr.	Werkstoff	Zusammensetzung des angreifenden Stoffes	Verhalten gegen den angreifenden Stoff
1	Kohlenstoff	10% Lg.	*beständig 100°:* 14
21	Glas	Lg.	*beständig*
22	Quarz	Lg.	*beständig*
23	Natursteine	20% Lg.	*beständig 25°:* 239
24	Zementhaltige Baustoffe	Lg.	*beständig*
25	Keramische Auskleidungen	Lg.	*beständig*
26	Steinzeug	Lg.	*beständig*
27	Porzellan	Lg.	*beständig*
29	Email	Lg.	*beständig*
31	Weichgummi	10—30% Lg.	*beständig 70°*
32	Hartgummi	10—30% Lg.	*beständig 70°*
33	Butadienpolymerisate	Lg.	*beständig*
36	Chloroprenpolymerisate	verd.-konz. Lg.	*beständig 65°*
41	Phenolharze	10—30% Lg.	*beständig 25°:* 411
43	Furanharze	Lg.	*beständig:* 431; *beständig:* 43 + Asbest
44	Polyesterharze	10—25% Lg. fest	*bedingt beständig 20°:* 441; *unbeständig 40°:* 441 *unbeständig 20°:* 441
51	Polymere Kohlenwasserstoffe	25% Lg. fest	*beständig 70°:* 514 *beständig 70°:* 514
52	Polymere halogenierte Kohlenwasserstoffe	10—30% Lg.	*beständig 70°:* 523
77	Bitumenhaltige und asphalthaltige Stoffe	25% Lg. fest	*beständig 65°* *beständig 25°*
8	Holz	Lg.	*beständig*
91	Silikatzemente	5% Lg.	*unbeständig 20°*
95	Säurekitte mit Asbest und Phenolharz	Lg.	*beständig*
96	Phenolzemente	25% Lg. fest	*beständig 100°* *beständig 120°*
97	Schwefelzemente	25% Lg.	*beständig 20°;* *bedingt beständig 50°;* *unbeständig 90°*

Natriumferricyanid. Na₃Fe(CN)₆

W. V. Nr.	Werkstoff	Zusammensetzung des angreifenden Stoffes	Verhalten gegen den angreifenden Stoff
1	Kohlenstoff	10% Lg.	*beständig 100°:* 14
23	Natursteine	10% Lg.	*beständig 25°:* 239
31	Weichgummi	10% Lg.	*beständig 70°*
32	Hartgummi	10% Lg.	*beständig 70°*

W. V. Nr.	Werkstoff	Zusammensetzung des angreifenden Stoffes	Verhalten gegen den angreifenden Stoff
44	Polyesterharze	10—25% Lg. fest	*beständig 95°: 441* *beständig 95°: 441*
52	Polymere halogenierte Kohlenwasserstoffe	10% Lg.	*beständig 25°: 523*
96	Phenolzemente	25% Lg. fest	*beständig 100°* *beständig 120°*
97	Schwefelzemente	25% Lg.	*beständig 20°;* *bedingt beständig 50°;* *unbeständig 90°*
98	Furanzemente	25% Lg. fest	*beständig 100°* *beständig 120°*

Natriumfluorid. NaF

W. V. Nr.	Werkstoff	Zusammensetzung des angreifenden Stoffes	Verhalten gegen den angreifenden Stoff
21	Glas	2% Lg. fest	*bedingt beständig 60°: 218* *unbeständig 25°*
26	Steinzeug	fest	*unbeständig 20°*
27	Porzellan	fest	*unbeständig 20°*
31	Weichgummi	10% Lg.	*beständig 70°*
32	Hartgummi	10% Lg.	*beständig 70°*
51	Polymere Kohlenwasserstoffe	3% Lg. fest	*beständig 70°: 514* *beständig 70°: 514*
52	Polymere halogenierte Kohlenwasserstoffe	10% Lg. fest	*beständig 25°: 523* *beständig 25°: 523*
91	Silikatzemente	5% Lg.	*unbeständig 20°*
96	Phenolzemente	10% Lg. fest	*beständig 100°* *beständig 120°*
97	Schwefelzemente	5% Lg. fest	*beständig 80°* *beständig 80°*
98	Furanzemente	10% Lg. fest	*beständig 100°* *beständig 120°*

Natriumhydroxyd. NaOH

W. V. Nr.	Werkstoff	Zusammensetzung des angreifenden Stoffes	Verhalten gegen den angreifenden Stoff
1	Kohlenstoff	<67% Lg. 67—80% Lg. 50% Lg.	*beständig bei Siedetemp.: 14* *beständig 125°: 14* *beständig 100°*
21	Glas	verd.-konz. Lg. 5—25% Lg. Lg. und geschmolzen	*beständig 20°* *beständig 20°: 218;* *unbeständig 70°: 218* *unbeständig bei höherer Temp.*
22	Quarz	10% Lg. Lg. und geschmolzen	*beständig 20° (Abtragung 0,02 g/m²/Tag)* *unbeständig bei höherer Temp.*
23	Natursteine	verd. Lg. 10—30% Lg.	*beständig bei höherer Temp.* *beständig 25°: 239*
24	Zementhaltige Baustoffe	Lg.	*beständig (Elektrolysenzellen)*
25	Keramische Auskleidungen	5% Lg. konz. Lg.	*bedingt beständig 70°* *unbeständig bei höherer Temp.*
26	Steinzeug	verd. Lg.	*beständig bei höherer Temp.*
27	Porzellan	verd. Lg.	*beständig bei höherer Temp.*

W. V. Nr.	Werkstoff	Zusammensetzung des angreifenden Stoffes	Verhalten gegen den angreifenden Stoff
29	Email	Lg.	*beständig 20°;* *unbeständig bei höherer* *Temp.*
31	Weichgummi	50% Lg.	*beständig 70°;* *unbeständig höhere Temp.* *und Konzentration*
32	Hartgummi	50% Lg.	*beständig 70°;* *unbeständig höhere Temp.* *und Konzentration*
33	Butadien-polymerisate	50% Lg.	*beständig*
35	Isoprenmisch-polymerisate	25—50% Lg.	*beständig 50°: 351*
36	Chloropren-polymerisate	verd.-konz. Lg.	*beständig 93°*
41	Phenolharze	Lg.	*unbeständig: 441*
42	Carbamidharze	Lg.	*unbeständig: 421, 423*
43	Furanharze	Lg.	*beständig bei Siedetemp. 431* *beständig: 43 + Asbest*
44	Polyesterharze	10—25% Lg.	*bedingt beständig 20°: 441;* *unbeständig 40°: 441*
		50% Lg. fest	*unbeständig 20°: 441* *unbeständig 20°: 441*
46	Polyamide	4% Lg. 10% Lg.	*beständig* *unbeständig*
51	Polymere Kohlen-wasserstoffe	50% Lg.	*beständig 60°: 511;* *beständig 70°: 514;* *beständig 100°: 512*
		75% Lg. fest	*beständig 60°: 511* *beständig 60°: 511;* *beständig 70°: 514*
52	Polymere halo-genierte Kohlen-wasserstoffe	verd. Lg. 10% Lg. 40% Lg.	*beständig 40°: 521w* *beständig 25°: 5251* *beständig 40°: 521;* *bedingt beständig 60°: 521*
		50% Lg.	*beständig 20°: 521w;* *beständig 100°: 524;* *bedingt beständig 40°: 522;* *bedingt beständig 60°: 521;* *unbeständig 40°: 521w;* *unbeständig 100°: 521*
		Lg.	*unbeständig: 523*
55	Polyacryl- und Polymethacryl-verbindungen	konz. Lg.	*beständig: 552, 553*
62	Nicht abgewan-delter Zellstoff	Lg.	*unbeständig: 621*
63	Zelluloseester	Lg.	*unbeständig: 631, 632*
77	Bitumenhaltige und asphalt-haltige Stoffe	25% Lg. fest	*beständig 65°* *beständig 25°;* *bedingt beständig 65°*
8	Holz	verd. Lg. pH=11 5% Lg.	*bedingt beständig* *unbeständig* *unbeständig 20°*
91	Silikatzemente	5% Lg.	*unbeständig 20°*

W. V. Nr.	Werkstoff	Zusammensetzung des angreifenden Stoffes	Verhalten gegen den angreifenden Stoff
92	Säurekitte mit Wasserglas	Lg.	*unbeständig:* 921, 922, 923
93	Säurekitte mit Kunstharz	Lg.	*beständig:* 932, 934
95	Säurekitte mit Asbest und Phenolharz	Lg.	*unbeständig*
96	Phenolzemente	10% Lg.	*unbeständig 20°*
97	Schwefelzemente	Lg.	*unbeständig 20°*
98	Furanzemente	50% Lg. fest	*beständig 100°* *beständig 120°*

Natriumhypochlorit. NaClO

W. V. Nr.	Werkstoff	Zusammensetzung des angreifenden Stoffes	Verhalten gegen den angreifenden Stoff
1	Kohlenstoff	10% Cl_2	*unbeständig 70°*
21	Glas	Lg. / 10% Lg.	*beständig* / *beständig 60°:* 218
22	Quarz	Lg.	*beständig*
23	Natursteine	10—20% Lg.	*beständig 25°:* 239
24	Zementhaltige Baustoffe	Lg.	*beständig* (Behälter, event. Auskleidung)
25	Keramische Auskleidungen	10% Cl_2	*beständig 70°*
26	Steinzeug	Lg.	*beständig* (Kühler)
27	Porzellan	Lg.	*beständig*
29	Email	Lg.	*beständig*
31	Weichgummi	10—30% Lg.	*beständig 50°*
32	Hartgummi	10—30% Lg.	*beständig 50°*
33	Butadien-polymerisate	Lg.	*unbeständig*
35	Isoprenmisch-polymerisate	10—30% Lg.	*beständig 50°:* 351
36	Chloropren-polymerisate	Lg.	*unbeständig*
41	Phenolharze	10% Lg.	*unbeständig 25°:* 411
43	Furanharze	6% Lg.	*bedingt beständig 20°*
44	Polyesterharze	10% Lg.	*beständig 35°:* 441; *bedingt beständig 50°:* 441; *unbeständig 65°:* 441
		15% Lg.	*unbeständig 50°:* 441
		20% Lg.	*bedingt beständig 20°:* 441
		25% Lg.	*unbeständig 35°:* 441
51	Polymere Kohlen-wasserstoffe	3% Cl_2	*beständig 20°:* 511; *unbeständig 100°:* 511
		7% Cl_2-Lg.	*beständig 20°:* 514; *bedingt beständig 70°:* 514
52	Polymere halo-genierte Kohlen-wasserstoffe	5% Lg.	*beständig bei Siedetemp.:* 5251
		10% Cl_2	*beständig 60°:* 521
		12,5% Cl_2	*bedingt beständig 40°:* 521
55	Polyacryl- und Polymethacryl-verbindungen	Lg.	*beständig 20°:* 553; *unbeständig 100°:* 553
77	Bitumenhaltige und asphalt-haltige Stoffe	10% Lg.	*bedingt beständig 25°*

W. V. Nr.	Werkstoff	Zusammensetzung des angreifenden Stoffes	Verhalten gegen den angreifenden Stoff
91	Silikatzemente	5% Lg.	*unbeständig 20°*
92	Säurekitte mit Wasserglas	Lg.	*unbeständig:* 921, 922, 923
93	Säurekitte mit Kunstharz	Lg.	*beständig:* 934
95	Säurekitte mit Asbest und Phenolharz	Lg.	*unbeständig*
96	Phenolzemente	5% Lg.	*bedingt beständig 20°; unbeständig 50°*
97	Schwefelzemente	5% Lg.	*unbeständig 20°*
98	Furanzemente	5% Lg.	*bedingt beständig 20°; unbeständig 40°*
		10% Lg.	*unbeständig 20°*

Natriumnitrat. NaNO$_3$

W. V. Nr.	Werkstoff	Zusammensetzung des angreifenden Stoffes	Verhalten gegen den angreifenden Stoff
1	Kohlenstoff	verd.-konz. Lg.	*beständig 100°:* 14
21	Glas	Lg.	*beständig*
		10—40% Lg.	*beständig 100°:* 218
22	Quarz	Lg.	*beständig*
23	Natursteine	10—40% Lg.	*beständig 25°:* 239
24	Zementhaltige Baustoffe	Lg.	*beständig* (Behälter)
25	Keramische Auskleidungen	Lg.	*beständig*
26	Steinzeug	Lg.	*beständig*
27	Porzellan	Lg.	*beständig*
29	Email	Lg.	*beständig*
31	Weichgummi	10—20% Lg.	*beständig 25°*
32	Hartgummi	10—20% Lg.	*beständig 25°*
33	Butadien-polymerisate	Lg.	*beständig*
35	Isoprenmisch-polymerisate	25—50% Lg.	*beständig 80°:* 351
36	Chloropren-polymerisate	verd.-konz. Lg.	*beständig 93°*
41	Phenolharze	Lg.	*beständig 50°:* 411 + Asbest
43	Furanharze	Lg.	*beständig bei Siedetemp. beständig:* 43 + Asbest
44	Polyesterharze	10—25% Lg. fest	*beständig 95°:* 441 *beständig 120°:* 441
51	Polymere Kohlen-wasserstoffe	25% Lg. fest Lg.	*beständig 70°:* 514 *beständig 70°:* 514 *beständig 60°:* 511
52	Polymere halogenierte Kohlen-wasserstoffe	verd.-konz. Lg.	*beständig 40°:* 522, 523
77	Bitumenhaltige und asphalt-haltige Stoffe	25% Lg. fest	*beständig 65°* *beständig 65°*
8	Holz	Lg.	*beständig*
91	Silikatzemente	25% Lg. fest	*beständig 110°* *beständig 370°*

W. V. Nr.	Werkstoff	Zusammensetzung des angreifenden Stoffes	Verhalten gegen den angreifenden Stoff
95	Säurekitte mit Asbest und Phenolharz	Lg.	*beständig*
96	Phenolzemente	25% Lg. fest	*beständig 100°* *beständig 120°*
97	Schwefelzemente	Lg. fest	*beständig 80°* *beständig 80°*
98	Furanzemente	25% Lg. fest	*beständig 100°* *beständig 120°*

Natriumnitrit. $NaNO_2$

W. V. Nr.	Werkstoff	Zusammensetzung des angreifenden Stoffes	Verhalten gegen den angreifenden Stoff
1	Kohlenstoff	verd.-konz. Lg.	*beständig 100°: 14*
21	Glas	verd.-konz. Lg.	*beständig 100°*
23	Natursteine	10—40% Lg.	*beständig 25°: 239*
26	Steinzeug	verd.-konz. Lg.	*beständig 100°*
27	Porzellan	verd.-konz. Lg.	*beständig 100°*
36	Chloropren-polymerisate	verd.-konz. Lg.	*beständig 65°*
44	Polyesterharze	10—25% Lg. fest	*beständig 100°: 441* *beständig 120°: 441*
51	Polymere Kohlen-wasserstoffe	25% Lg. fest	*beständig 70°: 514* *beständig 70°: 514*
52	Polymere halo-genierte Kohlen-wasserstoffe	verd.-konz. Lg.	*beständig 40°: 522, 523*
77	Bitumenhaltige und asphalt-haltige Stoffe	25% Lg. fest	*beständig 65°* *beständig 65°*
91	Silikatzemente	25% Lg. fest	*beständig 110°* *beständig 315°*
92	Säurekitte mit Wasserglas	Lg.	*beständig: 921*
93	Säurekitte mit Kunstharz	Lg.	*beständig: 932, 934*
96	Phenolzemente	25% Lg. fest	*beständig 100°* *beständig 120°*
97	Schwefelzemente	25% Lg.	*beständig 20°;* *bedingt beständig 50°;* *unbeständig 90°*
98	Furanzemente	25% Lg. fest	*beständig 100°* *beständig 120°*

Natriumoxalat.
$$\begin{matrix} COONa \\ | \\ COONa. \end{matrix}$$

W. V. Nr.	Werkstoff	Zusammensetzung des angreifenden Stoffes	Verhalten gegen den angreifenden Stoff
21	Glas		*beständig*
26	Steinzeug		*beständig*
27	Porzellan		*beständig*
31	Weichgummi	10—20% Lg.	*beständig 50°*
32	Hartgummi	10—20% Lg.	*beständig 50°*

Natriumperborat (Natriumperoxyborat). $NaBO_3 \cdot H_2O_2 \cdot H_2O$

W. V. Nr.	Werkstoff	Zusammensetzung des angreifenden Stoffes	Verhalten gegen den angreifenden Stoff
1	Kohlenstoff	10% Lg.	*beständig 75°: 14*
21	Glas	Lg., fest	*beständig*
23	Natursteine	10% Lg.	*beständig 75°: 239*

W. V. Nr.	Werkstoff	Zusammensetzung des angreifenden Stoffes	Verhalten gegen den angreifenden Stoff
26	Steinzeug	Lg., fest	*beständig*
27	Porzellan	Lg., fest	*beständig*
31	Weichgummi	10% Lg.	*beständig 75°*
32	Hartgummi	10% Lg.	*beständig 75°*

Natriumperoxyd. Na_2O_2

1	Kohlenstoff	verd. Lg.	*beständig 75°: 14*
21	Glas	verd. Lg.	*beständig 25°*
23	Natursteine	10% Lg.	*beständig 75°: 239*
26	Steinzeug	verd. Lg.	*beständig 25°*
27	Porzellan	verd. Lg.	*beständig 25°*
31	Weichgummi	10% Lg.	*beständig 75°*
32	Hartgummi	10% Lg.	*beständig 75°*
52	Polymere halogenierte Kohlenwasserstoffe		*beständig 100°: 524*
92	Säurekitte mit Wasserglas	Lg.	*unbeständig: 921, 922, 923*
93	Säurekitte mit Kunstharz	Lg.	*bedingt beständig: 934*

Natriumphosphate. NaH_2PO_4, Na_2HPO_4, Na_3PO_4

1	Kohlenstoff	NaH_2PO_4-, Na_3PO_4-Lg.	*beständig bei Siedetemp.*
21	Glas	NaH_2PO_4-, Na_3PO_4-Lg.	*beständig*
		Na_3PO_4-Lg. (10—20%)	*beständig 20°: 218;* *unbeständig 100°: 218*
22	Quarz	NaH_2PO_4-, Na_3PO_4-Lg.	*beständig*
		Na_3PO_4, geschmolzen	*unbeständig*
23	Natursteine	NaH_2PO_4-, Na_3PO_4-Lg.	*beständig*
24	Zementhaltige Baustoffe	NaH_2PO_4-, Na_3PO_4-Lg.	*beständig*
25	Keramische Auskleidungen	NaH_2PO_4-, Na_3PO_4-Lg.	*beständig*
26	Steinzeug	NaH_2PO_4-, Na_3PO_4-Lg.	*beständig*
27	Porzellan	NaH_2PO_4-, Na_3PO_4-Lg.	*beständig*
29	Email	NaH_2PO_4-, Na_3PO_4-Lg.	*beständig*
31	Weichgummi	NaH_2PO_4-, Na_3PO_4-Lg.	*beständig*
32	Hartgummi	NaH_2PO_4-, Na_3PO_4-Lg.	*beständig*
33	Butadienpolymerisate	NaH_2PO_4-, Na_3PO_4-Lg.	*beständig*
36	Chloroprenpolymerisate	verd.-konz. Lg.	*beständig: 93*
41	Phenolharze	Lg.	*bedingt beständig: 411 + Asbest*
43	Furanharze	Na_3PO_4-Lg.	*beständig bei Siedetemp.* *beständig: 43 + Asbest*
44	Polyesterharze	Na_3PO_4, 10—25% Lg.	*beständig 20°: 441;* *bedingt beständig 40°: 441;* *unbeständig 60°: 441*
		Na_3PO_4, 50% Lg.	*beständig 20°: 441*
		Na_3PO_4, 90% Lg.	*bedingt beständig 20°: 441*
51	Polymere Kohlenwasserstoffe	25% Lg.	*beständig 70°: 514*
		fest	*beständig 70°: 514*

W. V. Nr.	Werkstoff	Zusammensetzung des angreifenden Stoffes	Verhalten gegen den angreifenden Stoff
52	Polymere halogenierte Kohlenwasserstoffe	NaH_2PO_4-, Na_3PO_4-Lg., kalt ges.	*beständig 40°: 522; beständig 60°: 521*
77	Bitumenhaltige und asphalthaltige Stoffe	Na_3PO_4, 25% Lg. Na_3PO_4, fest	*beständig 65°* *beständig 65°*
8	Holz	NaH_2PO_4-, Na_3PO_4-Lg.	*beständig*
91	Silikatzemente	Na_3PO_4, 5% Lg.	*unbeständig 20°*
92	Säurekitte mit Wasserglas	Lg.	*beständig: 922*
93	Säurekitte mit Kunstharz	Lg.	*beständig: 931, 932, 933, 934*
95	Säurekitte mit Asbest und Phenolharz	NaH_2PO_4-, Na_3PO_4-Lg.	*beständig*
96	Phenolzemente	Na_3PO_4, 25% Lg. fest	*beständig 50°; bedingt beständig 80° unbeständig 120°*
97	Schwefelzemente	Na_3PO_4-Lg.	*bedingt beständig 20°; unbeständig 80°*
98	Furanzemente	Na_3PO_4, 25% Lg. Na_3PO_4, fest	*beständig 100°* *beständig 120°*

Natriumsalicylat. $HO \cdot C_6H_4 \cdot COONa$

1	Kohlenstoff	10% Lg.	*beständig 100°: 14*
21	Glas	verd.-konz. Lg.	*beständig 100°*
26	Steinzeug	verd.-konz. Lg.	*beständig 100°*
27	Porzellan	verd.-konz. Lg.	*beständig 100°*

Natriumsilikat. Na_2SiO_3

1	Kohlenstoff	Lg.	*beständig*
21	Glas	Lg.	*beständig 20°*
22	Quarz	Lg.	*beständig 20°*
23	Natursteine	Lg.	*beständig*
24	Zementhaltige Baustoffe	Lg.	*beständig*
26	Steinzeug	Lg.	*beständig*
27	Porzellan	Lg.	*beständig*
29	Email	Lg.	*beständig*
31	Weichgummi	Lg.	*beständig*
32	Hartgummi	Lg.	*beständig*
33	Butadienpolymerisate	Lg.	*beständig*
43	Furanharze	Lg.	*beständig: 431*
51	Polymere Kohlenwasserstoffe	Lg.	*beständig: 512 (gefüllt und ungefüllt)*
52	Polymere halogenierte Kohlenwasserstoffe	Lg.	*beständig 40°: 521, 522*
8	Holz	Lg.	*beständig*
95	Säurekitte mit Asbest und Phenolharz	Lg.	*beständig*

W. V. Nr.	Werkstoff	Zusammensetzung des angreifenden Stoffes	Verhalten gegen den angreifenden Stoff
Natriumsulfat. Na$_2$SO$_4$			
1	Kohlenstoff	10—30% Lg.	*beständig 100°: 14*
21	Glas	Lg.	*beständig*
		20% Lg.	*beständig 100°: 218*
22	Quarz	Lg.	*beständig*
23	Natursteine	10—30% Lg.	*beständig 25°: 239*
24	Zementhaltige Baustoffe	Lg.	*unbeständig*
25	Keramische Auskleidungen	Lg.	*beständig*
26	Steinzeug	Lg.	*beständig*
27	Porzellan	Lg.	*beständig*
29	Email	Lg.	*beständig*
31	Weichgummi	10—30% Lg.	*beständig 70°*
32	Hartgummi	10—30% Lg.	*beständig 70°*
33	Butadienpolymerisate	Lg.	*beständig*
35	Isoprenmischpolymerisate	25—50% Lg.	*beständig 80°: 351*
36	Chloroprenpolymerisate	verd.-konz. Lg.	*beständig 93°*
41	Phenolharze	Lg.	*beständig: 411 + Asbest*
43	Furanharze	Lg.	*beständig bei Siedetemp.* *beständig: 43 + Asbest*
44	Polyesterharze	10% Lg.	*beständig 90°: 441*
		25% Lg.	*beständig 95°: 441*
		fest	*beständig 120°: 441*
46	Polyamide	10% Lg.	*beständig*
51	Polymere Kohlenwasserstoffe	25% Lg.	*beständig 70°: 514*
		fest	*beständig 70°: 514*
		Lg.	*beständig 60°: 511*
52	Polymere halogenierte Kohlenwasserstoffe	Lg.	*beständig 40°: 521, 522, 523*
77	Bitumenhaltige und asphalthaltige Stoffe	25% Lg. fest	*beständig 65°* *beständig 65°*
8	Holz	Lg.	*beständig*
91	Silikatzemente	25% Lg. fest	*beständig 110°* *beständig 520°*
92	Säurekitte mit Wasserglas	Lg.	*beständig: 922*
93	Säurekitte mit Kunstharz	Lg.	*beständig: 931, 932, 933, 934*
95	Säurekitte mit Asbest und Phenolharz	Lg.	*beständig*
96	Phenolzemente	25% Lg. fest	*beständig 100°* *beständig 120°*
97	Schwefelzemente	Lg. fest	*beständig 80°* *beständig 80°*
98	Furanzemente	25% Lg. fest	*beständig 100°* *beständig 120°*

W. V. Nr.	Werkstoff	Zusammensetzung des angreifenden Stoffes	Verhalten gegen den angreifenden Stoff
Natriumsulfid. Na$_2$S			
1	Kohlenstoff	verd.-konz. Lg.	*beständig 100°: 14*
21	Glas	Lg.	*beständig*
22	Quarz	Lg.	*beständig*
23	Natursteine	10% Lg.	*beständig 25°: 239*
24	Zementhaltige Baustoffe	Lg.	*bedingt beständig (nur wenn völlig O$_2$-frei)*
25	Keramische Auskleidungen	Lg.	*beständig*
26	Steinzeug	Lg.	*beständig*
27	Porzellan	Lg.	*beständig*
29	Email	Lg.	*beständig*
31	Weichgummi	10—20% Lg.	*beständig 50°*
32	Hartgummi	10—20% Lg.	*beständig 50°*
33	Butadien-polymerisate		
35	Isoprenmisch-polymerisate	10—50% Lg.	*beständig 70°: 351*
41	Phenolharze	Lg.	*unbeständig 25°: 411*
43	Furanharze	Lg.	*beständig bei Siedetemp.*
44	Polyesterharze	10% Lg.	*beständig 20°: 441; bedingt beständig 55°: 441; unbeständig 90°: 441*
		25% Lg.	*bedingt beständig 20°: 441; unbeständig 55°: 441*
		fest	*bedingt beständig 20°: 441; unbeständig 50°: 441*
51	Polymere Kohlen-wasserstoffe	25% Lg.	*beständig 70°: 511, 514*
		kalt ges. Lg.	*beständig 60°: 512; bedingt beständig 100°: 512*
		fest	*beständig 60°: 511, 514*
52	Polymere halo-genierte Kohlen-wasserstoffe	kalt ges. Lg.	*beständig 60°: 521*
		Lg.	*unbeständig 25°: 523*
55	Polyacryl- und Polymethacryl-verbindungen	Lg.	*beständig 100°: 553*
77	Bitumenhaltige und asphalt-haltige Stoffe	25% Lg.	*beständig 65°*
8	Holz	Lg.	*unbeständig*
		fest, trocken	*beständig*
91	Silikatzemente	5% Lg.	*unbeständig 20°*
92	Säurekitte mit Wasserglas	Lg.	*unbeständig: 921, 922, 923*
93	Säurekitte mit Kunstharz	Lg.	*beständig: 934*
95	Säurekitte mit Asbest und Phenolharz	Lg., frei von Alkalien	*beständig*
96	Phenolzemente	10% Lg.	*bedingt beständig 20°; unbeständig 60°*
		25% Lg.	*unbeständig 20°*
97	Schwefelzemente	5% Lg.	*unbeständig 20°*

W. V. Nr.	Werkstoff	Zusammensetzung des angreifenden Stoffes	Verhalten gegen den angreifenden Stoff
98	Furanzemente	25% Lg. fest	*beständig 100°* *beständig 20°;* *unbeständig 120°*

Natriumsulfit. Na_2SO_3

W. V. Nr.	Werkstoff	Zusammensetzung des angreifenden Stoffes	Verhalten gegen den angreifenden Stoff
1	Kohlenstoff	Lg.	*beständig*
21	Glas	Lg. 30% Lg.	*beständig* *beständig 100°: 218*
22	Quarz	Lg.	*beständig*
23	Natursteine	Lg. 10% Lg.	*beständig* (Bodenbelag) *beständig 25°: 239*
24	Zementhaltige Baustoffe	Lg.	*bedingt beständig* (wenn neutral oder alkalisch und völlig O_2-frei)
25	Keramische Auskleidungen	Lg.	*beständig*
26	Steinzeug	Lg.	*beständig*
27	Porzellan	Lg.	*beständig*
29	Email	Lg.	*beständig* (Trockenpfannen)
31	Weichgummi	10—20% Lg.	*beständig 50°*
32	Hartgummi	10—20% Lg.	*beständig 50°*
33	Butadienpolymerisate	Lg.	*beständig*
35	Isoprenmischpolymerisate	10—30% Lg.	*beständig 70°: 351*
41	Phenolharze	10% Lg. fest	*beständig 50°: 411* *beständig 25°: 411*
44	Polyesterharze	10—25% Lg. fest	*beständig 95°: 441* *beständig 95°: 441*
47	Polyurethane	3—50% Lg.	*beständig 100°*
51	Polymere Kohlenwasserstoffe	25% Lg. fest	*beständig 70°: 514* *beständig 70°: 514*
52	Polymere halogenierte Kohlenwasserstoffe	10% Lg. kalt ges.	*beständig 20°: 522, 523* *beständig 60°: 521*
77	Bitumenhaltige und asphalthaltige Stoffe	25% Lg.	*beständig 65°*
8	Holz Lärche	Lg., heiß	*beständig* *unbeständig*
91	Silikatzemente	25% Lg. fest	*beständig 110°* *beständig 200°*
92	Säurekitte mit Wasserglas	Lg.	*unbeständig: 921, 922, 923*
93	Säurekitte mit Kunstharz	Lg.	*beständig: 931, 932, 933, 934*
95	Säurekitte mit Asbest und Phenolharz	20% Lg.	*beständig 60°*
96	Phenolzemente	25% Lg. fest	*beständig 100°* *beständig 120°*
97	Schwefelzemente	10% Lg. fest	*beständig 20°;* *bedingt beständig 50°;* *unbeständig 80°* *unbeständig 80°*

W. V. Nr.	Werkstoff	Zusammensetzung des angreifenden Stoffes	Verhalten gegen den angreifenden Stoff
98	Furanzemente	25% Lg. fest	*beständig 100°* *beständig 120°*

Natriumtartrat. NaOOC · CH(OH) · CH(OH) · COONa

W. V. Nr.	Werkstoff	Zusammensetzung des angreifenden Stoffes	Verhalten gegen den angreifenden Stoff
1	Kohlenstoff	Lg.	*beständig*
21	Glas	Lg.	*beständig*
22	Quarz	Lg.	*beständig*
23	Natursteine	Lg.	*beständig*
24	Zementhaltige Baustoffe	Lg.	*beständig*
25	Keramische Auskleidungen	Lg.	*beständig*
26	Steinzeug	Lg.	*beständig*
27	Porzellan	Lg.	*beständig*
29	Email	Lg.	*beständig*
31	Weichgummi	Lg.	*beständig*
32	Hartgummi	Lg.	*beständig*
33	Butadien-polymerisate	Lg.	*beständig*
51	Polymere Kohlen-wasserstoffe	Lg.	*beständig: 512 (gefüllt und ungefüllt)*
52	Polymere halo-genierte Kohlen-wasserstoffe	Lg.	*beständig: 521* *beständig 40°: 522*
8	Holz	Lg.	*beständig*
92	Säurekitte mit Wasserglas	Lg.	*beständig: 922*
93	Säurekitte mit Kunstharz	Lg.	*beständig: 931, 932, 933, 934*
95	Säurekitte mit Asbest und Phenolharz	Lg.	*beständig*

Natriumthiosulfat. $Na_2S_2O_3$

W. V. Nr.	Werkstoff	Zusammensetzung des angreifenden Stoffes	Verhalten gegen den angreifenden Stoff
1	Kohlenstoff	Lg.	*beständig*
21	Glas	Lg.	*beständig*
22	Quarz	Lg.	*beständig*
23	Natursteine	Lg.	*beständig*
25	Keramische Auskleidungen	Lg.	*beständig*
26	Steinzeug	Lg.	*beständig*
27	Porzellan	Lg.	*beständig*
29	Email	Lg.	*beständig*
31	Weichgummi	Lg.	*beständig*
32	Hartgummi	Lg.	*beständig*
33	Butadien-polymerisate	Lg.	*beständig*
36	Chloropren-polymerisate	verd.-konz. Lg.	*beständig 93°*
41	Phenolharze	fest	*beständig 25°: 411*
43	Furanharze	Lg.	*beständig: 431*
51	Polymere Kohlen-wasserstoffe	Fixierbad-Lg.	*beständig 40°: 512*

W. V. Nr.	Werkstoff	Zusammensetzung des angreifenden Stoffes	Verhalten gegen den angreifenden Stoff
52	Polymere halogenierte Kohlenwasserstoffe	Lg. Fixierbad-Lg.	*beständig:* 521 *beständig 40°:* 522
92	Säurekitte mit Wasserglas	Lg.	*beständig:* 922
93	Säurekitte mit Kunstharz	Lg.	*beständig:* 931, 932, 933, 934
95	Säurekitte mit Asbest und Phenolharz	20% Lg.	*beständig 60°*

Nickelchlorid. $NiCl_2$

W. V. Nr.	Werkstoff	Zusammensetzung des angreifenden Stoffes	Verhalten gegen den angreifenden Stoff
1	Kohlenstoff	verd.-konz. Lg.	*beständig bei Siedetemp.:* 14
21	Glas	10% Lg. verd.-konz. Lg.	*beständig 100°:* 218 *beständig 100°*
23	Natursteine	10—30%	*beständig 100°:* 239
26	Steinzeug	verd.-konz. Lg.	*beständig 100°*
27	Porzellan	verd.-konz. Lg.	*beständig 100°*
31	Weichgummi	10—20% Lg.	*beständig 25°*
32	Hartgummi	10—20% Lg.	*beständig 25°*
35	Isoprenmischpolymerisate	25—50% Lg.	*beständig 50°:* 351
36	Chloroprenpolymerisate	verd.-konz. Lg.	*beständig 93°*
41	Phenolharze	10—30% Lg.	*beständig 50°:* 411
43	Furanharze	Lg.	*beständig bei Siedetemp.*
44	Polyesterharze	10—25% Lg. fest	*beständig 95°:* 441 *beständig 120°:* 441
51	Polymere Kohlenwasserstoffe	25% Lg. konz. Lg. fest	*beständig 75°:* 514 *beständig 70°:* 511 *beständig 75°:* 514
52	Polymere halogenierte Kohlenwasserstoffe	verd.-konz. Lg.	*beständig 40°:* 522, 523
55	Polyacryl- und Polymethacrylverbindungen	Lg.	*beständig:* 553
77	Bitumenhaltige und asphalthaltige Stoffe	25% Lg. fest	*beständig 65°* *beständig 65°*
91	Silikatzemente	25% Lg. fest	*beständig:* 115 *beständig 520°*
96	Phenolzemente	25% Lg. fest	*beständig 100°* *beständig 120°*
97	Schwefelzemente	Lg. fest	*beständig 80°* *beständig 80°*
98	Furanzemente	25% Lg. fest	*beständig 100°* *beständig 120°*

Nickelnitrat. $Ni(NO_3)_2$

W. V. Nr.	Werkstoff	Zusammensetzung des angreifenden Stoffes	Verhalten gegen den angreifenden Stoff
1	Kohlenstoff	verd.-konz. Lg.	*beständig 100°:* 14
21	Glas	verd.-konz. Lg.	*beständig 100°*
23	Natursteine	verd.-konz. Lg.	*beständig 50°:* 239
26	Steinzeug	verd.-konz. Lg.	*beständig 100°*
27	Porzellan	verd.-konz. Lg.	*beständig 100°*

W. V. Nr.	Werkstoff	Zusammensetzung des angreifenden Stoffes	Verhalten gegen den angreifenden Stoff
36	Chloropren-polymerisate	verd.-konz. Lg.	*beständig 93°*
43	Furanharze	Lg.	*beständig bei Siedetemp.*
44	Polyesterharze	10—25% Lg. fest	*beständig 100°:* 441 *beständig 120°:* 441
51	Polymere Kohlen-wasserstoffe	25% Lg. fest	*beständig 70°:* 514 *beständig 70°:* 514
52	Polymere halo-genierte Kohlen-wasserstoffe	verd.-konz. Lg.	*beständig 40°:* 522, 523
55	Polyacryl- und Polymethacryl-verbindungen	Lg.	*beständig:* 553
77	Bitumenhaltige und asphalt-haltige Stoffe	25% Lg. fest	*beständig 65°* *beständig 65°*
91	Silikatzemente	25% Lg. fest	*beständig 120°* *beständig 260°*
96	Phenolzemente	25% Lg. fest	*beständig 100°* *beständig 120°*
97	Schwefelzemente	25% Lg. fest	*beständig 80°* *beständig 80°*
98	Furanzemente	25% Lg. fest	*beständig 100°* *beständig 120°*

Nickelsulfat. $NiSO_4$

W. V. Nr.	Werkstoff	Zusammensetzung des angreifenden Stoffes	Verhalten gegen den angreifenden Stoff
1	Kohlenstoff	verd.-konz. Lg. Ni-Pt-Sulfat-Lg. Ni-Pt-Chlorid-Lg.	*beständig 100°:* 14 *beständig bei Siedetemp.:* 14 *beständig bei Siedetemp.:* 14
21	Glas	Lg. und fest	*beständig*
26	Steinzeug	Lg. und fest	*beständig*
27	Porzellan	Lg. und fest	*beständig*
35	Isoprenmisch-polymerisate	25%-konz. Lg.	*beständig 100°:* 351
41	Phenolharze	10% Lg.	*beständig 75°:* 411
43	Furanharze	Lg.	*beständig bei Siedetemp.*
44	Polyesterharze	10—25% Lg. fest	*beständig 100°:* 441 *beständig 120°:* 441
51	Polymere Kohlen-wasserstoffe	25% Lg. kalt ges. Lg.	*beständig 60°:* 511; *70°:* 514 *beständig 60°:* 511; *80°:* 512; *100°:* 512 *(gefüllt);* *bedingt beständig 100°:* 512 *(ungefüllt)*
52	Polymere halo-genierte Kohlen-wasserstoffe	verd. Lg. kalt ges. Lg. verd.-konz. Lg.	*beständig 40°:* 521; *bedingt beständig 60°:* 521 *beständig 60°:* 521; *unbeständig 80°:* 521 *beständig 40°:* 522; *beständig 70°:* 523
55	Polyacryl- und Polymethacryl-verbindungen	Lg.	*beständig:* 553
77	Bitumenhaltige und asphalt-haltige Stoffe	25% Lg. fest	*beständig 65°* *beständig 65°*

W. V. Nr.	Werkstoff	Zusammensetzung des angreifenden Stoffes	Verhalten gegen den angreifenden Stoff
91	Silikatzemente	25% Lg. fest	*beständig 115°* *beständig 520°*
96	Phenolzemente	25% Lg. fest	*beständig 100°* *beständig 120°*
97	Schwefelzemente	Lg. fest	*beständig 80°* *beständig 80°*
98	Furanzemente	25% Lg. fest	*beständig 100°* *beständig 120°*

Nitrobenzol. $C_6H_5 \cdot NO_2$. *SP 210,9°*

1	Kohlenstoff	Handelsware	*beständig 100°: 14*
21	Glas	Handelsware	*beständig 100°*
22	Quarz	Handelsware	*beständig 100°*
23	Natursteine	Handelsware	*beständig*
24	Zementhaltige Baustoffe	Handelsware neutral, H_2O-frei	*beständig*
25	Keramische Auskleidungen	Handelsware	*beständig 100°*
26	Steinzeug	Handelsware	*beständig 100°*
27	Porzellan	Handelsware	*beständig 100°*
29	Email	Handelsware	*beständig*
31	Weichgummi	Handelsware	*unbeständig*
32	Hartgummi	Handelsware	*unbeständig*
33	Butadien-polymerisate	Handelsware	*unbeständig*
35	Isoprenmisch-polymerisate	Handelsware	*unbeständig 20°: 351*
36	Chloropren-polymerisate	Handelsware	*unbeständig*
44	Polyesterharze	Handelsware	*unbeständig 20°: 441*
51	Polymere Kohlen-wasserstoffe	Handelsware	*bedingt beständig 20°: 511;* *unbeständig 20°: 512, 514;* *unbeständig 60°: 511*
52	Polymere halo-genierte Kohlen-wasserstoffe	Handelsware	*beständig 25°: 5251;* *beständig bei Siedetemp.: 524;* *unbeständig 20°: 521*
55	Polyacryl- und Polymethacryl-verbindungen	Handelsware	*unbeständig 20°: 553*
77	Bitumenhaltige und asphalt-haltige Stoffe	Handelsware	*unbeständig 25°*
91	Silikatzemente	Handelsware	*beständig bei Siedetemp.*
92	Säurekitte mit Wasserglas	Handelsware	*beständig: 921, 922*
93	Säurekitte mit Kunstharz	Handelsware	*beständig: 932, 934*
96	Phenolzemente	Handelsware	*beständig bei Siedetemp.*
97	Schwefelzemente	Handelsware	*unbeständig 20°*
98	Furanzemente	Handelsware	*beständig 120°*

W. V. Nr.	Werkstoff	Zusammensetzung des angreifenden Stoffes	Verhalten gegen den angreifenden Stoff
Nitrocelluse.			
1	Kohlenstoff	Handelsware	*beständig*
21	Glas	Handelsware	*beständig*
22	Quarz	Handelsware	*beständig*
23	Natursteine	Handelsware	*beständig*
24	Zementhaltige Baustoffe	Handelsware neutral	*beständig*
25	Keramische Auskleidungen	Handelsware	*beständig*
26	Steinzeug	Handelsware	*beständig*
27	Porzellan	Handelsware	*beständig*
29	Email	Handelsware	*beständig*
31	Weichgummi		
32	Hartgummi		
33	Butadien-polymerisate		
52	Polymere halogenierte Kohlenwasserstoffe	Handelsware	*unbeständig 20°:* 521w
8	Holz	Handelsware	*beständig*
Nitroglycerin. $(O_2N \cdot O \cdot CH_2)_2 \cdot CH \cdot NO_2$. *FP 13,3°, SP 160° (15 mm)*			
21	Glas	rein	*beständig*
22	Quarz	rein	*beständig*
23	Natursteine	rein	*beständig*
24	Zementhaltige Baustoffe	rein	*unbeständig*
25	Keramische Auskleidungen	rein	*beständig*
26	Steinzeug	rein	*beständig*
27	Porzellan	rein	*beständig*
29	Email	rein	*beständig*
31	Weichgummi	rein	*beständig*
32	Hartgummi	rein	*beständig*
33	Butadien-polymerisate	rein	*beständig*
51	Polymere Kohlenwasserstoffe	Handelsware	*beständig:* 511; *unbeständig:* 512 (gefüllt und ungefüllt)
52	Polymere halogenierte Kohlenwasserstoffe	Handelsware	*beständig 20°:* 521
Nitrophenol. $O_2N \cdot C_6H_4 \cdot OH$. *FP (o, m, p) 45—113°*			
21	Glas	Handelsware	*beständig*
22	Quarz	Handelsware	*beständig*
23	Natursteine	Handelsware	*beständig*
24	Zementhaltige Baustoffe	Handelsware	*beständig*
25	Keramische Auskleidungen	Handelsware	*beständig*
26	Steinzeug	Handelsware	*beständig*
27	Porzellan	Handelsware	*beständig*

W. V. Nr.	Werkstoff	Zusammensetzung des angreifenden Stoffes	Verhalten gegen den angreifenden Stoff
29	Email	Handelsware	*beständig*
31	Weichgummi	Handelsware	*beständig*
32	Hartgummi	Handelsware	*beständig*
33	Butadien-polymerisate	Handelsware	*beständig*
51	Polymere Kohlen-wasserstoffe	Handelsware	*unbeständig:* 512 (gefüllt und ungefüllt)
52	Polymere halo-genierte Kohlen-wasserstoffe	Handelsware	*unbeständig:* 521
8	Holz	Handelsware	*beständig*
92	Säurekitte mit Wasserglas	Handelsware	*beständig:* 922
93	Säurekitte mit Kunstharz	Handelsware	*beständig:* 932, 934
95	Säurekitte mit Asbest und Phenolharz	Handelsware	*beständig*

Nitrose Gase.

W. V. Nr.	Werkstoff	Zusammensetzung des angreifenden Stoffes	Verhalten gegen den angreifenden Stoff
1	Kohlenstoff	trocken und feucht	*unbeständig*
21	Glas	trocken und feucht	*beständig*
22	Quarz	trocken und feucht	*beständig*
23	Natursteine		*bedingt beständig*
24	Zementhaltige Baustoffe		*unbeständig*
25	Keramische Auskleidungen	trocken und feucht	*beständig 100°*
26	Steinzeug	trocken und feucht	*beständig*
27	Porzellan	trocken und feucht	*beständig*
29	Email	trocken und feucht	*beständig*
31	Weichgummi	trocken und feucht	*unbeständig 20°*
32	Hartgummi	trocken und feucht	*unbeständig 20°*
33	Butadien-polymerisate	trocken und feucht	*unbeständig 20°*
44	Polyesterharze	trocken und feucht	*bedingt beständig 60°:* 511;
51	Polymere Kohlen-wasserstoffe	trocken und feucht	*unbeständig 20°:* 441 *beständig 70°:* 514; *bedingt beständig 120°:* 512
52	Polymere halo-genierte Kohlen-wasserstoffe	konz. 100% Gas, trocken, feucht	*bedingt beständig 20°; unbeständig 60°:* 521, 521w *beständig 40°:* 522
55	Polyacryl- und Polymethacryl-verbindungen	Gas, verdünnt	*beständig 100°*
77	Bitumenhaltige und asphalt-haltige Stoffe		*beständig 65°*
92	Säurekitte mit Wasserglas		*beständig:* 921
93	Säurekitte mit Kunstharz		*bedingt beständig:* 934

W. V. Nr.	Werkstoff	Zusammensetzung des angreifenden Stoffes	Verhalten gegen den angreifenden Stoff
Nitrosylchlorid. NOCl. *SP — 8°*			
21	Glas		*beständig 100°*
23	Natursteine	100%	*beständig 25°: 239*
26	Steinzeug		*beständig 100°*
27	Porzellan		*beständig 100°*
52	Polymere halogenierte Kohlenwasserstoffe	100%	*beständig 25°: 523, 524*
91	Silikatzemente		*beständig 20°*
96	Phenolzemente		*unbeständig 20°*
97	Schwefelzemente		*unbeständig 20°*
98	Furanzemente		*unbeständig 20°*
Nitrosylschwefelsäure. HSO$_3$ · ONO			
21	Glas	Lg.	*beständig*
22	Quarz	Lg.	*beständig*
23	Natursteine (Andesit)	Lg.	*beständig*, verwendet für Türme der H$_2$SO$_4$-Herstellung
24	Zementhaltige Baustoffe	Lg.	*unbeständig*
25	Keramische Auskleidungen	Lg.	*beständig*
26	Steinzeug	Lg.	*beständig*
27	Porzellan	Lg.	*beständig*
29	Email	Lg.	*beständig*
31	Weichgummi	Lg.	*unbeständig*
32	Hartgummi	Lg.	*unbeständig*
33	Butadienpolymerisate	Lg.	*unbeständig*
41	Phenolharze	Lg.	*unbeständig: 411*
42	Carbamidharze	Lg.	*unbeständig: 421, 423*
46	Polyamide	Lg.	*unbeständig*
51	Polymere Kohlenwasserstoffe	Lg.	*beständig: 514*
62	Nicht abgewandelter Zellstoff	Lg.	*unbeständig: 621*
63	Zelluloseester	Lg.	*unbeständig: 631, 632*
8	Holz	Lg.	*unbeständig*
92	Säurekitte mit Wasserglas	Lg.	*beständig: 922*
93	Säurekitte mit Kunstharz	Lg.	*beständig: 934*
95	Säurekitte mit Asbest und Phenolharz	Lg.	*unbeständig*
Nitrotoluol. CH$_3$ · C$_6$H$_4$ · NO$_2$			
1	Kohlenstoff	Handelsware	*beständig*
21	Glas	Handelsware	*beständig*
22	Quarz	Handelsware	*beständig*
23	Natursteine	Handelsware	*beständig*

W. V. Nr.	Werkstoff	Zusammensetzung des angreifenden Stoffes	Verhalten gegen den angreifenden Stoff
24	Zementhaltige Baustoffe	Handelsware, neutral	*beständig,* aber event. undicht
25	Keramische Auskleidungen	Handelsware	*beständig*
26	Steinzeug	Handelsware	*beständig*
27	Porzellan	Handelsware	*beständig*
29	Email	Handelsware	*beständig*
31	Weichgummi	Handelsware	*unbeständig*
32	Hartgummi	Handelsware	*unbeständig*
33	Butadien-polymerisate	Handelsware	*unbeständig*
51	Polymere Kohlen-wasserstoffe	Handelsware	*unbeständig:* 512 (gefüllt und ungefüllt)
52	Polymere halo-genierte Kohlen-wasserstoffe	Handelsware	*beständig:* 521
8	Holz	Handelsware	*beständig*

Octylalkohol. $CH_3(CH_2)_6CH_2 \cdot OH$. *SP 194°*

W. V. Nr.	Werkstoff	Zusammensetzung des angreifenden Stoffes	Verhalten gegen den angreifenden Stoff
1	Kohlenstoff	Handelsware	*beständig bei Siedetemp.:* 14
21	Glas	Handelsware	*beständig 100°*
26	Steinzeug	Handelsware	*beständig 100°*
27	Porzellan	Handelsware	*beständig 100°*
49	Äthoxylinharze	100%	*beständig 70°* (Sonder-qualitäten der Harze)
51	Polymere Kohlen-wasserstoffe	Handelsware	*bedingt beständig 20°:* 511; *unbeständig 60°:* 511

Öle.

W. V. Nr.	Werkstoff	Zusammensetzung des angreifenden Stoffes	Verhalten gegen den angreifenden Stoff
1	Kohlenstoff	Mineralöle und Pflanzenöle	*beständig 100°*
21	Glas	Mineralöle und Pflanzenöle	*beständig*
22	Quarz	Mineralöle und Pflanzenöle	*beständig*
23	Natursteine	Mineralöle und Pflanzenöle	*beständig*
24	Zementhaltige Baustoffe	Mineralöle, neutral; Pflanzenöle und tierische Öle	*beständig; unbeständig* (bes. saure Öle)
25	Keramische Auskleidungen	Mineralöle und Pflanzenöle	*beständig 100°*
26	Steinzeug	Mineralöle und Pflanzenöle	*beständig*
27	Porzellan	Mineralöle und Pflanzenöle	*beständig*
29	Email	Mineralöle und Pflanzenöle	*beständig*
36	Chloropren-polymerisate	Mineralöle und Pflanzenöle	*beständig 30°*
41	Phenolharze	Mineralöle, pflanzliche und tierische Öle	*beständig 20°:* 411
42	Carbamidharze	Mineralöle, pflanzliche und tierische Öle	*beständig:* 421, 423

W. V. Nr.	Werkstoff	Zusammensetzung des angreifenden Stoffes	Verhalten gegen den angreifenden Stoff
43	Furanharze	Mineralöle und Pflanzenöle	*beständig 20°*
46	Polyamide	Mineralöle, pflanzliche und tierische Öle	*beständig*
47	Polyurethane	Mineralöle	*beständig 100°*
51	Polymere Kohlenwasserstoffe	Pflanzliche und tierische Öle	*beständig 20°:* 511, meist auch 514; *unbeständig 60°:* 512
		Mineralöle	*beständig:* 514, aber nicht gegen Petroleum; *bedingt beständig 20°:* 511; *unbeständig 60°:* 511
52	Polymere halogenierte Kohlenwasserstoffe	Pflanzliche und tierische Öle	*beständig 20°:* 521w; *beständig 40°:* 522; *beständig 60°:* 521; *bedingt beständig 40°:* 521w
		Mineralöle	*beständig 25°:* 522, 5251
55	Polyacryl- und Polymethacrylverbindungen	Mineralöle und Pflanzenöle	*beständig:* 552, 553
62	Nicht abgewandelter Zellstoff	Mineralöle, pflanzliche und tierische Öle	*beständig:* 621
63	Zelluloseester	Mineralöle	*beständig:* 631, 632
		Pflanzliche und tierische Öle	*bedingt beständig:* 631, 632
8	Holz	Handelsware	*beständig*
91	Silikatzemente	Handelsware	*bedingt beständig 20°; unbeständig 400°*
92	Säurekitte mit Wasserglas	Handelsware	*beständig:* 921, 922
93	Säurekitte mit Kunstharz	Handelsware	*beständig:* 931, 932, 933, 934
95	Säurekitte mit Asbest und Phenolharz	Handelsware	*bedingt beständig*

Ölsäure. $CH_3(CH_2)_7 \cdot CH : CH(CH_2)_7 \cdot COOH.$ *FP 14°, SP 286° (100 mm)*

W. V. Nr.	Werkstoff	Zusammensetzung des angreifenden Stoffes	Verhalten gegen den angreifenden Stoff
1	Kohlenstoff	Handelsware, 100%	*beständig bei Siedetemp.:* 14
21	Glas	Handelsware	*beständig*
22	Quarz	Handelsware	*beständig*
23	Natursteine	Handelsware	*beständig*
24	Zementhaltige Baustoffe	Handelsware	*unbeständig*
25	Keramische Auskleidungen	Handelsware	*beständig*
26	Steinzeug	Handelsware	*beständig*
27	Porzellan	Handelsware	*beständig*
29	Email	Handelsware	*beständig*
31	Weichgummi	Handelsware	*unbeständig*
32	Hartgummi	Handelsware	*unbeständig*
33	Butadienpolymerisate	Handelsware	*unbeständig*
35	Isoprenmischpolymerisate	Handelsware	*beständig 50°:* 351

W. V. Nr.	Werkstoff	Zusammensetzung des angreifenden Stoffes	Verhalten gegen den angreifenden Stoff
36	Chloropren-polymerisate	Handelsware	*bedingt beständig 30°*
41	Phenolharze ♦	Handelsware	*bedingt beständig 25°: 411*
42	Carbamidharze	Handelsware	*bedingt beständig: 421, 423*
43	Furanharze	Handelsware	*beständig 120°*
44	Polyesterharze	Handelsware	*beständig 120°: 441*
46	Polyamide	Handelsware	*unbeständig*
47	Polyurethane	Handelsware	*beständig 60°*
51	Polymere Kohlen-wasserstoffe	Handelsware	*beständig 70°: 514; unbeständig 20°: 511; unbeständig 60°: 512*
52	Polymere halo-genierte Kohlen-wasserstoffe	Handelsware	*beständig 25°: 5251; beständig 60°: 521; unbeständig 25°: 523*
55	Polyacryl- und Polymethacryl-verbindungen	Handelsware	*beständig 20°: 553; unbeständig 100°: 553*
62	Nicht abgewan-delter Zellstoff	Handelsware	*beständig: 621*
63	Zelluloseester	Handelsware	*unbeständig: 631, 632*
77	Bitumenhaltige und asphalt-haltige Stoffe	Handelsware	*unbeständig 25°*
8	Holz	Handelsware	*beständig*
91	Silikatzemente	Handelsware	*beständig bei Siedetemp.*
92	Säurekitte mit Wasserglas	Handelsware	*beständig: 922*
93	Säurekitte mit Kunstharz	Handelsware	*beständig: 931, 932, 933, 934*
95	Säurekitte mit Asbest und Phenolharz	Handelsware	*unbeständig*
96	Phenolzemente	Handelsware	*beständig 120°*
97	Schwefelzemente	Handelsware	*unbeständig 20°*
98	Furanzemente	Handelsware	*beständig 120°*

Oleum. $H_2SO_4 + SO_3$

W. V. Nr.	Werkstoff	Zusammensetzung des angreifenden Stoffes	Verhalten gegen den angreifenden Stoff
1	Kohlenstoff	$H_2SO_4 + SO_3$	*unbeständig*
21	Glas	$H_2SO_4 + SO_3$	*beständig 200°* (SiO_2-reiche Gläser)
22	Quarz	$H_2SO_4 + SO_3$	*beständig*
23	Natursteine (Granit)	$H_2SO_4 + SO_3$	*beständig 100°* (Türme)
24	Zementhaltige Baustoffe	$H_2SO_4 + SO_3$	*unbeständig*
25	Keramische Auskleidungen	$H_2SO_4 + SO_3$	*beständig 70°*
26	Steinzeug	$H_2SO_4 + SO_3$	*beständig*
27	Porzellan	$H_2SO_4 + SO_3$	*beständig*
29	Email	$H_2SO_4 + SO_3$	*beständig 20°; unbeständig 100°*
31	Weichgummi	$H_2SO_4 + SO_3$	*unbeständig*
32	Hartgummi	$H_2SO_4 + SO_3$	*unbeständig*

W. V. Nr.	Werkstoff	Zusammensetzung des angreifenden Stoffes	Verhalten gegen den angreifenden Stoff
33	Butadien-polymerisate	$H_2SO_4 + SO_3$	*unbeständig*
41	Phenolharze	$H_2SO_4 + SO_3$	*unbeständig:* 411
42	Carbamidharze	$H_2SO_4 + SO_3$	*unbeständig:* 421, 423
43	Furanharze	$H_2SO_4 + SO_3$	*unbeständig 20°*
46	Polyamide	$H_2SO_4 + SO_3$	*unbeständig*
51	Polymere Kohlen-wasserstoffe	$H_2SO_4 + SO_3$ 10% SO_3	*beständig:* 514 *unbeständig 20°:* 512
52	Polymere halo-genierte Kohlen-wasserstoffe	8% SO_3 10% SO_3 20% SO_3	*bedingt beständig 20°:* 521 *unbeständig 20°:* 521 *beständig 80°:* 5251
8	Holz	$H_2SO_4 + SO_3$	*unbeständig*
91	Silikatzemente	$H_2SO_4 + SO_3$	*beständig bei Siedetemp.*
92	Säurekitte mit Wasserglas	$H_2SO_4 + SO_3$	*beständig:* 922
93	Säurekitte mit Kunstharz	$H_2SO_4 + SO_3$	*unbeständig*
95	Säurekitte mit Asbest und Phenolharz	$H_2SO_4 + SO_3$	*unbeständig 100°*
97	Schwefelzemente	$H_2SO_4 + SO_3$	*unbeständig 20°*

Oxalsäure.
$$\begin{array}{c} COOH \\ | \\ COOH, \end{array}\ FP\ 189{,}5°$$

W. V. Nr.	Werkstoff	Zusammensetzung des angreifenden Stoffes	Verhalten gegen den angreifenden Stoff
1	Kohlenstoff	verd.-konz. Lg.	*beständig bei Siedetemp.:* 14
21	Glas	Lg. 10% Lg.	*beständig* *beständig 100°:* 218
22	Quarz	Lg.	*beständig*
23	Natursteine	verd.-konz. Lg.	*beständig 25°:* 239
24	Zementhaltige Baustoffe	Lg.	*beständig*
25	Keramische Auskleidungen	10% Lg.	*beständig 100°*
26	Steinzeug	Lg.	*beständig 100°*
27	Porzellan	Lg.	*beständig 100°*
29	Email	Lg.	*beständig;* *unbeständig 240°*
31	Weichgummi	10—50% Lg. konz. Lg.	*beständig 50°* *beständig 25°*
32	Hartgummi	10—50% Lg. konz. Lg.	*beständig 50°* *beständig 25°*
33	Butadien-polymerisate		*beständig*
35	Isoprenmisch-polymerisate	25% Lg.	*beständig 50°:* 351
41	Phenolharze	verd.-konz. Lg.	*beständig 100°:* 411 + Asbest
42	Carbamidharze	Lg.	*bedingt beständig:* 421, 423
43	Furanharze	Lg.	*beständig bei Siedetemp.* *beständig:* 43 + Asbest
44	Polyesterharze	10% Lg. fest	*beständig 100°:* 441 *beständig 120°:* 441
46	Polyamide	Lg.	*unbeständig*

W. V. Nr.	Werkstoff	Zusammensetzung des angreifenden Stoffes	Verhalten gegen den angreifenden Stoff
51	Polymere Kohlenwasserstoffe	5% Lg. kalt ges. Lg.	*beständig 70°: 514* *beständig 60°: 511;* *beständig 80°: 512;* *beständig 100°: 512 (gefüllt);* *bedingt beständig 100°: 512* (ungefüllt)
52	Polymere halogenierte Kohlenwasserstoffe	fest verd. Lg. ges. Lg.	*beständig 70°: 514* *beständig 40°: 521, 522;* *beständig 100°: 523, 524;* *bedingt beständig 60°: 521* *beständig 40°: 522;* *beständig 60°: 521;* *beständig 100°: 523, 524;* *bedingt beständig 60°: 521;* *unbeständig 80°: 521*
55	Polyacryl- und Polymethacrylverbindungen	Lg.	*beständig: 553*
62	Nicht abgewandelter Zellstoff	Lg.	*beständig: 621*
63	Zelluloseester	Lg.	*unbeständig: 631, 632*
77	Bitumenhaltige und asphalthaltige Stoffe	10% Lg. fest	*beständig 65°* *beständig 20°*
8	Holz	Lg.	*beständig*
91	Silikatzemente	100% Lg.	*beständig 140°*
92	Säurekitte mit Wasserglas	Lg.	*beständig: 922*
93	Säurekitte mit Kunstharz	Lg.	*beständig: 931, 932, 933, 934*
95	Säurekitte mit Asbest und Phenolharz	Lg.	*beständig*
96	Phenolzemente	10% Lg. fest	*beständig 100°* *beständig 120°*
97	Schwefelzemente	Lg. fest	*beständig 80°* *beständig 80°*
98	Furanzemente	10% Lg. fest	*beständig 100°* *beständig 120°*

Oxydierende Gase.

W. V. Nr.	Werkstoff	Zusammensetzung des angreifenden Stoffes	Verhalten gegen den angreifenden Stoff
1	Kohlenstoff		*beständig 200°: 14;* *unbeständig 250°: 14*
21	Glas		*beständig*
22	Quarz		*beständig*
23	Natursteine		*beständig 570°: 239;* *unbeständig 650°: 239*
24	Zementhaltige Baustoffe		*beständig 100°*
26	Steinzeug		*beständig*
27	Porzellan		*beständig*
31	Weichgummi		*beständig 50°;* *unbeständig 100°*
32	Hartgummi		*beständig 50°;* *unbeständig 100°*
44	Polyesterharze		*unbeständig 20°: 441*

W. V. Nr.	Werkstoff	Zusammensetzung des angreifenden Stoffes	Verhalten gegen den angreifenden Stoff
51	Polymere Kohlenwasserstoffe		*beständig 20°: 514; 100°: 512; bedingt beständig 70°: 514*
52	Polymere halogenierte Kohlenwasserstoffe		*beständig 50°: 523; unbeständig 100°: 523*
55	Polyacryl- und Polymethacrylverbindungen		*bedingt beständig 20°: 553; unbeständig 100°: 553*
77	Bitumenhaltige und asphalthaltige Stoffe		*unbeständig 25°*
8	Holz		*bedingt beständig 50°*
91	Silikatzemente		*beständig 520°*
96	Phenolzemente		*unbeständig 20°*
97	Schwefelzemente		*unbeständig 20°*
98	Furanzemente		*unbeständig 20°*

Ozon. O_3

W. V. Nr.	Werkstoff	Zusammensetzung des angreifenden Stoffes	Verhalten gegen den angreifenden Stoff
1	Kohlenstoff	verd. Gas	*bedingt beständig 20°*
21	Glas	verd. Gas	*beständig* (Herstellung)
22	Quarz	verd. Gas	*beständig*
23	Natursteine	verd. Gas	*beständig*
24	Zementhaltige Baustoffe	verd. Gas	*beständig*
25	Keramische Auskleidungen	verd. Gas	*beständig*
26	Steinzeug	verd. Gas	*beständig*
27	Porzellan	verd. Gas	*beständig*
29	Email	verd. Gas	*beständig*
31	Weichgummi	verd. Gas	*unbeständig*
32	Hartgummi	verd. Gas	*unbeständig*
33	Butadienpolymerisate	verd. Gas	*unbeständig*
34	Butadienmischpolymerisate	verd. Gas	*beständig: 342*
51	Polymere Kohlenwasserstoffe	verd. Gas	*beständig 30°: 512*
52	Polymere halogenierte Kohlenwasserstoffe	10% Gas, 100%	*beständig 30°: 521 beständig 20°: 521, 522, 524*
55	Polyacryl- und Polymethacrylverbindungen	verd. Gas	*beständig: 553*
95	Säurekitte mit Asbest und Phenolharz	Gas	*unbeständig*

Paradimethylaminbenzophenon.

W. V. Nr.	Werkstoff	Zusammensetzung des angreifenden Stoffes	Verhalten gegen den angreifenden Stoff
92	Säurekitte mit Wasserglas	Handelsware	*beständig: 921, 922*
93	Säurekitte mit Kunstharz	Handelsware	*beständig: 931, 932, 933, 934*

W. V. Nr.	Werkstoff	Zusammensetzung des angreifenden Stoffes	Verhalten gegen den angreifenden Stoff
Paraffin.			
92	Säurekitte mit Wasserglas	Handelsware	*beständig:* 921, 922
93	Säurekitte mit Kunstharz	Handelsware	*beständig:* 931, 932, 933, 934

Paraformaldehyd. $CH_3 \cdot HC \Big\langle {O \cdot CH(CH_3) \atop O \cdot CH(CH_3)} \Big\rangle O.$ *SP 124°*

1	Kohlenstoff	Handelsware	*beständig bei Siedetemp.:* 14
21	Glas	Handelsware	*beständig*
22	Quarz	Handelsware	*beständig*
23	Natursteine	Handelsware	*beständig*
24	Zementhaltige Baustoffe	Handelsware, neutral	*beständig*
25	Keramische Auskleidungen	Handelsware	*beständig*
26	Steinzeug	Handelsware	*beständig*
27	Porzellan	Handelsware	*beständig*
29	Email	Handelsware	*beständig*
51	Polymere Kohlen- wasserstoffe	Handelsware	*beständig:* 512 (gefüllt und ungefüllt)
52	Polymere halo- genierte Kohlen- wasserstoffe	Handelsware	*beständig:* 521

Pentachloräthan. $CCl_3 \cdot CHCl_2.$ *SP 161,9°*

52	Polymere halo- genierte Kohlen- wasserstoffe	Handelsware	*beständig 25°:* 5251

Perchloräthylän. $CCl_2 : CCl_2.$ *SP 121°*

52	Polymere halo- genierte Kohlen- wasserstoffe	Handelsware	*beständig bei Siedetemp.:* 524
55	Polyacryl- und Polymethacryl- verbindungen	Handelsware	*unbeständig 20°:* 553

Perchlorsäure. $HClO_4$

1	Kohlenstoff	Lg.	*unbeständig*
21	Glas	Lg.	*beständig 100°*
22	Quarz	Lg.	*beständig* (verwendet für Konzentration)
23	Natursteine	Lg.	*unbeständig 25°:* 239
24	Zementhaltige Baustoffe	Lg.	*unbeständig*
25	Keramische Auskleidungen	Lg.	*beständig*
26	Steinzeug	Lg.	*beständig 100°* (verwendet für Konzentration)
27	Porzellan	Lg.	*beständig 100°*
29	Email	Lg.	*beständig*
36	Chlropren- polymerisate	10% Lg.	*beständig 38°*

W. V. Nr.	Werkstoff	Zusammensetzung des angreifenden Stoffes	Verhalten gegen den angreifenden Stoff
41	Phenolharze	Lg.	*unbeständig:* 411
42	Carbamidharze	Lg.	*unbeständig:* 421, 423
43	Furanharze	Lg.	*beständig bei Siedetemp.*
44	Polyesterharze	10—25% Lg.	*beständig 20°:* 441
46	Polyamide	Lg.	*unbeständig*
51	Polymere Kohlen- wasserstoffe	25% Lg. konz. Lg.	*beständig 70°:* 514 *beständig 60°:* 512; *bedingt beständig 80°:* 512; *unbeständig 100°:* 512
52	Polymere halo- genierte Kohlen- wasserstoffe	10% Lg. kalt ges. Lg.	*beständig 40°:* 521; *bedingt beständig 60°:* 521 *beständig 25°:* 524; *beständig 60°:* 521
55	Polyacryl- und Polymethacryl- verbindungen	Lg.	*beständig 20°:* 553; *unbeständig 100°:* 553
62	Nicht abgewan- delter Zellstoff	Lg.	*unbeständig:* 621
63	Zelluloseester	Lg.	*unbeständig:* 631, 632
77	Bitumenhaltige und asphalt- haltige Stoffe	25% Lg.	*unbeständig 25°*
8	Holz	Lg.	*unbeständig 25°*
91	Silikatzemente	25% Lg.	*beständig 95°*
96	Phenolzemente	25% Lg.	*beständig 20°*
97	Schwefelzemente	25% Lg.	*beständig 20°*
98	Furanzemente	20% Lg.	*beständig 20°*

Phenol. C_6H_5OH. *FP 41°, SP 181,4°*

1	Kohlenstoff	verd.-konz. Lg. und Handelsware	*beständig 100°:* 14
21	Glas	Handelsware Handelsware	*beständig 150°* *beständig 60°:* 218
22	Quarz	Handelsware	*beständig*
23	Natursteine	Handelsware	*beständig 25°:* 239
24	Zementhaltige Baustoffe	Handelsware	*unbeständig*
25	Keramische Auskleidungen	Handelsware	*beständig*
26	Steinzeug	Handelsware	*beständig 150°*
27	Porzellan	Handelsware	*beständig 150°*
29	Email	Handelsware	*beständig 300°* (verwendet für Kondensation von C_6H_5OH + HCHO)
31	Weichgummi	verd. Lg. konz. Lg.	*beständig 50°* *unbeständig 20°*
32	Hartgummi	verd. Lg. konz. Lg.	*beständig 50°* *unbeständig 20°*
33	Butadien- polymerisate	Lg.	*unbeständig*
36	Chl-oropren- polymerisate	Handelsware	*unbeständig*
41	Phenolharze	Handelsware	*unbeständig 25°:* 411
43	Furanharze	5% Lg.	*beständig 120°*

W. V. Nr.	Werkstoff	Zusammensetzung des angreifenden Stoffes	Verhalten gegen den angreifenden Stoff
44	Polyesterharze	10% Lg.	*beständig 20°: 441;* *bedingt beständig 65°: 441;* *unbeständig 90°: 441*
		25% Lg.	*bedingt beständig 20°: 441;* *unbeständig 65°: 441*
		50% Lg.	*unbeständig 20°: 441*
46	Polyamide	Handelsware	*unbeständig*
47	Polyurethane	Handelsware, wasserhaltig	*unbeständig*
51	Polymere Kohlenwasserstoffe	1% Lg.	*beständig 20°: 512;* *80°: 512 (gefüllt);* *bedingt beständig 80°: 512 (ungefüllt)*
		7,5% Lg.	*beständig 20°: 514;* *bedingt beständig 70°: 514*
		25% Lg.	*bedingt beständig 20°: 514;* *unbeständig 70°: 514*
		über 50% Lg. bis 90% Lg.	*unbeständig 20°: 514* *bedingt beständig 45°: 512;* *unbeständig 100°: 512;* *beständig 45°: 511*
52	Polymere halogenierte Kohlenwasserstoffe	1% Lg.	*beständig 20°: 521, 522;* *unbeständig 80°: 521*
		5% Lg.	*beständig 60°: 521*
		90% Lg.	*bedingt beständig 45°: 521;* *unbeständig 70°: 521*
		Handelsware	*beständig bei Siedetemp.: 524;* *unbeständig 40°: 522, 523*
55	Polyacryl- und Polymethacrylverbindungen	Handelsware	*unbeständig: 553*
77	Bitumenhaltige und asphalthaltige Stoffe	5% Lg. 50% Lg.	*bedingt beständig 25°;* *unbeständig 25°*
91	Silikatzemente	5% Lg. 100%	*beständig bei Siedetemp.* *beständig bei Siedetemp.*
92	Säurekitte mit Wasserglas	Handelsware	*beständig: 922*
93	Säurekitte mit Kunstharz	Handelsware	*beständig: 932, 934*
96	Phenolzemente	50% Lg. Handelsware	*beständig 100°* *beständig 120°*
97	Schwefelzemente	Handelsware	*unbeständig 20°*
98	Furanzemente	50% Lg. Handelsware	*beständig 100°* *beständig 100°*

Phenolsulfonsäure. $HO \cdot C_6H_4 \cdot SO_3H$

W. V. Nr.	Werkstoff	Zusammensetzung des angreifenden Stoffes	Verhalten gegen den angreifenden Stoff
1	Kohlenstoff	Lg.	*beständig 100°: 14*
21	Glas	30% Lg.	*beständig 100°*
22	Quarz	Lg.	*beständig*
23	Natursteine	Lg.	*beständig*
24	Zementhaltige Baustoffe	Lg.	*unbeständig*
25	Keramische Auskleidungen	Lg.	*beständig*

W. V. Nr.	Werkstoff	Zusammensetzung des angreifenden Stoffes	Verhalten gegen den angreifenden Stoff
26	Steinzeug	30% Lg.	*beständig 100°*
27	Porzellan	30% Lg.	*beständig 100°*
29	Email	Lg.	*beständig 150°*

Phenylhydrazin. $C_6H_5 \cdot NH \cdot NH_2$. *FP 19,6°,. SP 243,5°*

W. V. Nr.	Werkstoff	Zusammensetzung des angreifenden Stoffes	Verhalten gegen den angreifenden Stoff
21	Glas	Phenylhydrazin-chlorhydrat	*beständig*
22	Quarz	Phenylhydrazin-chlorhydrat	*beständig*
23	Natursteine	Phenylhydrazin-chlorhydrat	*beständig*
24	Zementhaltige Baustoffe	Phenylhydrazin-chlorhydrat	*unbeständig*
25	Keramische Auskleidungen	Phenylhydrazin-chlorhydrat	*beständig 100°* (Fe- mit Pb-Auskleidung, darauf keramische Steine)
26	Steinzeug	Phenylhydrazin-chlorhydrat	*beständig*
27	Porzellan	Phenylhydrazin-chlorhydrat	*beständig*
29	Email	Phenylhydrazin-chlorhydrat	*beständig*
31	Weichgummi	Phenylhydrazin-chlorhydrat	*beständig*
32	Hartgummi	Phenylhydrazin-chlorhydrat	*beständig*
33	Butadien-polymerisate	Phenylhydrazin-chlorhydrat	*beständig*
51	Polymere Kohlen-wasserstoffe	100%	*bedingt beständig 20°: 512* (gefüllt); *unbeständig 20°: 512* (ungefüllt); *unbeständig 60°: 512*
		Phenylhydrazin-chlorhydrat, ges. Lg.	*beständig 60°: 512* (gefüllt); *bedingt beständig 60°: 512* (ungefüllt); *80°: 512* (gefüllt); *unbeständig 80°: 512* (ungefüllt); *100°: 512* (gefüllt)
52	Polymere halo-genierte Kohlen-wasserstoffe	Phenylhydrazin, 100% Phenylhydrazin-chlorhydrat, kalt ges. Lg.	*unbeständig 20°: 521* *bedingt beständig 20°: 521;* *unbeständig 60°: 521*

Phosgen. $COCl_2$. *SP 8°*

W. V. Nr.	Werkstoff	Zusammensetzung des angreifenden Stoffes	Verhalten gegen den angreifenden Stoff
1	Kohlenstoff	Gas	*beständig 25°: 14*
21	Glas	Gas	*beständig*
22	Quarz	Gas	*beständig*
23	Natursteine	Gas	*beständig*
25	Keramische Auskleidungen	Gas	*beständig*
26	Steinzeug	Gas	*beständig*
27	Porzellan	Gas	*beständig*
29	Email	Gas	*beständig*

W. V. Nr.	Werkstoff	Zusammensetzung des angreifenden Stoffes	Verhalten gegen den angreifenden Stoff
31	Weichgummi	Gas	*unbeständig*
32	Hartgummi	Gas	*unbeständig*
33	Butadien-polymerisate	Gas	*unbeständig*
51	Polymere Kohlen-wasserstoffe	flüssig Gas	*unbeständig 20°: 512* *beständig 20°: 512;* *bedingt beständig 60°: 512*
52	Polymere halo-genierte Kohlen-wasserstoffe	flüssig, 100% Gas	*unbeständig 20°: 521, 521 w* *beständig 20°: 521;* *bedingt beständig 60°: 521*
92	Säurekitte mit Wasserglas	Gas	*beständig: 921*
93	Säurekitte mit Kunstharz	Gas	*beständig: 931, 932, 933, 934*

Phosphorchloride. PCl₃ · PCl₅. *SP(PCl₃) 76,6°, SP(PCl₅) 162°*

W. V. Nr.	Werkstoff	Zusammensetzung des angreifenden Stoffes	Verhalten gegen den angreifenden Stoff
1	Kohlenstoff	100% PCl₃ PCl₃	*beständig bei Siedetemp.: 14* *beständig (auch für Herstel-lung von PCl₃)*
21	Glas	PCl₃ POCl₃	*beständig 100°: 218* *beständig 100°: 218*
22	Quarz	PCl₃	*beständig*
23	Natursteine	PCl₃	*beständig*
24	Zementhaltige Baustoffe	PCl₃	*unbeständig*
25	Keramische Auskleidungen	PCl₃	*beständig*
26	Steinzeug	PCl₃	
27	Porzellan	PCl₃	*beständig*
29	Email	PCl₃	*beständig*
31	Weichgummi	PCl₃	*beständig 25°*
32	Hartgummi	PCl₃	*beständig 25°*
33	Butadien-polymerisate	PCl₃	*beständig*
41	Phenolharze	PCl₅	*beständig 25°: 411*
51	Polymere Kohlen-wasserstoffe	PCl₃ POCl₃	*beständig 20°: 511;* *unbeständig 20°: 512* *unbeständig 20°: 511*
52	Polymere halo-genierte Kohlen-wasserstoffe	PCl₃ PCl₅ POCl₃	*beständig 100°: 524* *unbeständig 20°: 521* *beständig 25°: 524*
8	Holz	PCl₃, PCl₅	*unbeständig*
92	Säurekitte mit Wasserglas	PCl₃, PCl₅	*beständig: 921, 922*
93	Säurekitte mit Kunstharz	PCl₃, PCl₅	*beständig: 931, 932, 933, 934*
95	Säurekitte mit Asbest und Phenolharz	PCl₃, PCl₅	*beständig*

Phosphorige Säure. H₃PO₃

W. V. Nr.	Werkstoff	Zusammensetzung des angreifenden Stoffes	Verhalten gegen den angreifenden Stoff
21	Glas	25% Lg.	*beständig 100°: 218*
26	Steinzeug	Lg.	*beständig*
27	Porzellan	Lg.	*beständig*

W. V. Nr.	Werkstoff	Zusammensetzung des angreifenden Stoffes	Verhalten gegen den angreifenden Stoff
Phosphorpentoxyd. P₂O₅			
51	Polymere Kohlenwasserstoffe	100%	*beständig 20°: 512; 60°: 511*
52	Polymere halogenierte Kohlenwasserstoffe	100%	*beständig 20°: 521, 521 w*
Phosphorsäure. H₃PO₄			
1	Kohlenstoff	5—50% Lg. ⟨80% Lg.	*beständig 20—100°* *beständig bei Siedetemp.: 14*
21	Glas	konz. Lg.	*beständig 250°;* *beständig 150°: 218;* *unbeständig 200°: 218*
22	Quarz	Herstellung	*beständig;* *unbeständig 300°*
23	Natursteine	5—50% Lg. Lg.	*beständig 20°;* *unbeständig 150°* *unbeständig 25°: 239*
24	Zementhaltige Baustoffe	Lg.	*unbeständig*
25	Keramische Auskleidungen	verd.-konz. Lg. konz. Lg.	*beständig höhere Temp.* *unbeständig 300°*
26	Steinzeug	5—50% Lg. konz. Lg.	*beständig 20—100°* *unbeständig 300°*
27	Porzellan	5—50% Lg. konz. Lg.	*beständig 20—100°* *unbeständig 300°*
29	Email	Lg.	*beständig 20°;* *unbeständig heiße Lösungen*
31	Weichgummi	10—60% Lg. ⟩70% Lg.	*beständig 70°* *unbeständig 25°*
32	Hartgummi	10—60% Lg. ⟩70% Lg.	*beständig 70°* *unbeständig 25°*
33	Butadienpolymerisate	Lg.	*beständig*
35	Isoprenmischpolymerisate	25—50% Lg.	*beständig 60°: 351*
36	Chloroprenpolymerisate	85% Lg.	*bedingt beständig 93°*
41	Phenolharze	verd.-konz. Lg.	*beständig 100°: 411 + Asbest*
42	Carbamidharze	Lg.	*unbeständig: 421, 423*
43	Furanharze	Lg.	*beständig 120°;* *bedingt beständig: 43 + Asbest*
44	Polyesterharze	25% Lg. 50% Lg. 85% Lg.	*beständig 95°: 441* *beständig 115°: 441* *beständig 125°: 441*
46	Polyamide	10% Lg.	*bedingt beständig*
51	Polymere Kohlenwasserstoffe	30% Lg. 80% Lg. 89% Lg.	*beständig 60°: 511, 512* *beständig 70°: 514;* *beständig 100°: 512 (gefüllt);* *bedingt beständig 80°: 512 (ungefüllt)* *beständig 20°: 511;* *bedingt beständig 60°: 511;* *bedingt beständig 100°: 512;* *unbeständig 60°: 511*

W. V. Nr.	Werkstoff	Zusammensetzung des angreifenden Stoffes	Verhalten gegen den angreifenden Stoff
52	Polymere halogenierte Kohlenwasserstoffe	5% Lg.	*beständig 60°: 521;* *beständig 100°: 523*
		30% Lg.	*beständig 40°: 521, 522;* *beständig 100°: 523;* *bedingt beständig 60°: 521*
		50% Lg.	*beständig 60°: 521;* *beständig 100°: 523*
		80% Lg.	*beständig 60°: 521, 523;* *unbeständig 80°: 521*
55	Polyacryl- und Polymethacrylverbindungen	20% Lg.	*beständig: 553*
62	Nicht abgewandelter Zellstoff	Lg.	*unbeständig: 621*
63	Zelluloseester	Lg.	*unbeständig: 631, 632*
77	Bitumenhaltige und asphalthaltige Stoffe	85% Lg.	*beständig 65°*
8	Holz	Lg.	*beständig* (mit Paraffin oder Phenolharz überziehen)
91	Silikatzemente	85% Lg.	*beständig bei hoher Temp.*
92	Säurekitte mit Wasserglas	Lg.	*beständig: 922*
93	Säurekitte mit Kunstharz	Lg.	*beständig: 931, 932, 933, 934*
95	Säurekitte mit Asbest und Phenolharz	Lg.	*beständig*
96	Phenolzemente	konz. Lg.	*beständig 100°*
97	Schwefelzemente	Lg.	*beständig 80°*
98	Furanzemente	konz. Lg.	*beständig 100°*

Phthalsäure. $C_6H_4(COOH)_2$

W. V. Nr.	Werkstoff	Zusammensetzung des angreifenden Stoffes	Verhalten gegen den angreifenden Stoff
1	Kohlenstoff	Lg.	*beständig*
21	Glas	Lg.	*beständig*
22	Quarz	Lg.	*beständig*
23	Natursteine	Lg.	*beständig*
24	Zementhaltige Baustoffe	Lg.	
25	Keramische Auskleidungen	Lg.	*beständig*
26	Steinzeug	Lg.	*beständig*
27	Porzellan	Lg.	*beständig*
29	Email	Lg.	*beständig 200°*
31	Weichgummi	Lg.	*bedingt beständig 25°*
32	Hartgummi	Lg.	*bedingt beständig 25°*
33	Butadienpolymerisate	Lg.	*bedingt beständig 25°*
41	Phenolharze	Lg.	*bedingt beständig 25°*
51	Polymere Kohlenwasserstoffe	Lg.	*unbeständig: 512* (gefüllt und ungefüllt)
52	Polymere halogenierte Kohlenwasserstoffe	Lg.	*unbeständig: 521*

W. V. Nr.	Werkstoff	Zusammensetzung des angreifenden Stoffes	Verhalten gegen den angreifenden Stoff
8	Holz	Lg.	*beständig*
95	Säurekitte mit Asbest und Phenolharz	Lg.	*beständig*

Phthalsäureanhydrid. $C_6H_4\diagup\!\!\!\diagdown\substack{CO\\CO}\!\!\diagdown\!\!\!\diagup O$

1	Kohlenstoff	100%	*beständig 25°: 14*
21	Glas	100%	*beständig*
26	Steinzeug	100%	*beständig*
27	Porzellan	100%	*beständig*
44	Polyesterharze	100%	*beständig 120°: 441*
51	Polymere Kohlen-wasserstoffe	100%	*beständig 70°: 514*
77	Bitumenhaltige und asphalt-haltige Stoffe	100%	*beständig 25°; bedingt beständig 65°*
91	Silikatzemente	100%	*beständig bei Siedetemp.*
96	Phenolzemente	100%	*beständig 100°*
97	Schwefelzemente	100%	*beständig 80°*
98	Furanzemente	100%	*beständig 100°; bedingt beständig 120°*

Pikrinsäure. $\substack{OH\\O_2N\diagdown\!\diagup NO_2\\\diagup\,\diagdown\\NO_2}$. *FP 122, 5°*

1	Kohlenstoff	10% Lg.	*beständig 100°: 14*
21	Glas	Lg.	*beständig 100°*
22	Quarz	Lg.	*beständig*
23	Natursteine	Lg.	*beständig*
24	Zementhaltige Baustoffe	Lg.	*unbeständig*
25	Keramische Auskleidungen	Lg.	*beständig*
26	Steinzeug	Lg.	*beständig 100°*
27	Porzellan	Lg.	*beständig 100°*
29	Email	Lg.	*beständig*
31	Weichgummi	10—30% Lg.	*beständig 25°*
32	Hartgummi	10—30% Lg.	*beständig 25°*
33	Butadien-polymerisate	Lg.	*beständig 25°*
41	Phenolharze	verd.-konz. Lg.	*beständig 25°: 411*
43	Furanharze	Lg.	*beständig 120° (Explosions-gefahr)*
44	Polyesterharze	Lg. in C_2H_5OH	*beständig 50°: 441*
51	Polymere Kohlen-wasserstoffe	1% Lg. / Lg. in C_2H_5OH	*unbeständig 20°: 512 / beständig 70°: 514; unbeständig 20°: 511*
52	Polymere halo-genierte Kohlen-wasserstoffe	1% Lg.	*beständig 20°: 521*

W. V. Nr.	Werkstoff	Zusammensetzung des angreifenden Stoffes	Verhalten gegen den angreifenden Stoff
55	Polyacryl- und Polymethacryl- verbindungen	10% Lg. in C_2H_5OH	*unbeständig 20°: 553*
77	Bitumenhaltige und asphalt- haltige Stoffe	15% Lg. in C_2H_5OH ·	*unbeständig 25°*
91	Silikatzemente	5% Lg. in C_2H_5OH	*beständig 65°*
92	Säurekitte mit Wasserglas	50% Lg. in H_2O	*beständig: 921, 922*
93	Säurekitte mit Kunstharz	50% Lg. in H_2O	*beständig: 931, 932, 933, 934*
95	Säurekitte mit Asbest und Phenolharz	Lg.	*beständig*
96	Phenolzemente	10% Lg. in C_2H_5OH	*beständig 50°*
97	Schwefelzemente	Lg. 5% Lg. in C_2H_5OH	*beständig 80°* *bedingt beständig 20°*
98	Furanzemente	10% Lg. in C_2H_5OH	*beständig 50°*

$$H_2C-CH_2-CH_2$$

Piperidin. $H_2C-NH-CH_2$. *SP 106°*

52	Polymere halo- genierte Kohlen- wasserstoffe	Handelsware	*beständig bei Siedetemp.: 524;* *bedingt beständig 25°: 5251*

Propan. $CH_3 \cdot CH_2 \cdot CH_3$. *SP −44,5°*

43	Furanharze	Gas	*beständig 20°: 431*
51	Polymere Kohlen- wasserstoffe	Gas flüssig	*beständig 20°: 512* *unbeständig 20°: 512*
52	Polymere halo- genierte Kohlen- wasserstoffe	Gas flüssig	*beständig 20°: 521* *beständig 20°: 521*

Propargylalkohol. $CH : C \cdot CH_2OH$. *SP 114°*

1	Kohlenstoff	Handelsware	*beständig bei Siedetemp.: 14*
51	Polymere Kohlen- wasserstoffe	7% Lg.	*beständig 60°: 512;* *beständig 100°: 512 (ungefüllt);* *bedingt beständig 100°: 512 (gefüllt)*
52	Polymere halo- genierte Kohlen- wasserstoffe	7% Lg.	*beständig 60°: 521;* *unbeständig 100°: 521*
91	Silikatzemente	Handelsware	*beständig bei Siedetemp.*

Propionsäure. $C_2H_5 \cdot COOH$. *SP 140,7°*

1	Kohlenstoff	Lg.	*beständig*
21	Glas	Lg.	*beständig 100°*
22	Quarz	Lg.	*beständig*
23	Natursteine	Lg.	*beständig*
24	Zementhaltige Baustoffe	Lg.	*unbeständig*
25	Keramische Auskleidungen	Lg.	*beständig*

W. V. Nr.	Werkstoff	Zusammensetzung des angreifenden Stoffes	Verhalten gegen den angreifenden Stoff
26	Steinzeug	Lg.	*beständig 100°*
27	Porzellan	Lg.	*beständig 100°*
29	Email	Lg.	*beständig*
31	Weichgummi	Lg.	*unbeständig*
32	Hartgummi	Lg.	*beständig*
33	Butadien- polymerisate	Lg.	
51	Polymere Kohlen- wasserstoffe	100%	*bedingt beständig 20°:* 512 (gefüllt und ungefüllt)
52	Polymere halo- genierte Kohlen- wasserstoffe	25% Lg. 25—60% Lg. 80% Lg.	*beständig 40°:* 521; *bedingt beständig 60°:* 521 *beständig 60°:* 521, 524 *bedingt beständig 40°:* 521; *unbeständig 80°:* 521
8	Holz	$<$80% Lg. 100%	*beständig 20°* *unbeständig 20°*
95	Säurekitte mit Asbest und Phenolharz	80% Lg. 100%	*beständig 100°* *unbeständig*

Propylacetat. $CH_3COO \cdot C_3H_7$

52	Polymere halo- genierte Kohlen- wasserstoffe	Handelsware	*unbeständig 25°:* 5251

Propyläther. $(C_3H_7)_2O$

52	Polymere halo- genierte Kohlen- wasserstoffe	Handelsware	*bedingt beständig 25°:* 5251

Propylendichlorid. $CH_3 \cdot CHCl \cdot CH_2Cl$

52	Polymere halo- genierte Kohlen- wasserstoffe	Handelsware	*bedingt beständig 25°:* 5251
55	Polyacryl- und Polymethacryl- verbindungen	Handelsware	*unbeständig 20°:* 553
96	Phenolzemente	Handelsware	*beständig 50°*
97	Schwefelzemente	Handelsware	*unbeständig 20°*
98	Furanzemente	Handelsware	*beständig 50°*

Propylenglykol. $CH_3 \cdot CHOH \cdot CH_2OH$. *SP 188°*

35	Isoprenmisch- polymerisate	Handelsware	*beständig 80°:* 351
51	Polymere Kohlen- wasserstoffe	Handelsware	*beständig 60°:* 511

Propylpropionat. $C_2H_5COO \cdot C_3H_7$

52	Polymere halo- genierte Kohlen- wasserstoffe	Handelsware	*unbeständig 25°:* 5251

Pyridin. *SP 115°*

1	Kohlenstoff	rein und Lg.	*beständig 100°:* 14
21	Glas	Handelsware	*beständig*

W. V. Nr.	Werkstoff	Zusammensetzung des angreifenden Stoffes	Verhalten gegen den angreifenden Stoff
22	Quarz	Handelsware	*beständig auch bei höherer Temp.*
23	Natursteine	Handelsware	*beständig 25°: 239*
24	Zementhaltige Baustoffe	Handelsware	*beständig (aber eventuell undicht)*
25	Keramische Auskleidungen	rein und Lg.	*beständig 100°*
26	Steinzeug	rein und Lg.	*beständig 100°*
27	Porzellan	Handelsware	*beständig*
29	Email	Handelsware	*beständig*
31	Weichgummi	Handelsware	*unbeständig*
32	Hartgummi	Handelsware	*unbeständig*
33	Butadien- polymerisate	Handelsware	*unbeständig*
41	Phenolharze	Handelsware	*unbeständig 20°: 411*
52	Polymere halo- genierte Kohlen- wasserstoffe	Handelsware	*beständig bei Siedet emp.: 524 bedingt beständig 25°: 5251*
55	Polyacryl- und Polymethacryl- verbindungen	Handelsware	*unbeständig: 552*
8	Holz	Handelsware	*beständig 20°*
92	Säurekitte mit Wasserglas	Handelsware	*beständig: 921, 922*
93	Säurekitte mit Kunstharz	Handelsware	*beständig: 932, 934*

Pyrogallol. FP 133°

W. V. Nr.	Werkstoff	Zusammensetzung des angreifenden Stoffes	Verhalten gegen den angreifenden Stoff
1	Kohlenstoff	Lg.	*beständig 25°: 14*
21	Glas	Lg.	*beständig 100°: 218*
23	Natursteine	Lg.	*beständig 25°: 239*
26	Steinzeug	Lg.	*beständig 100°*
27	Porzellan	Lg.	*beständig 100°*

Quecksilber. Hg. FP −38,8°, SP 357°

W. V. Nr.	Werkstoff	Zusammensetzung des angreifenden Stoffes	Verhalten gegen den angreifenden Stoff
1	Kohlenstoff	flüssig	*beständig*
21	Glas	flüssig	*beständig*
22	Quarz	flüssig	*beständig*
23	Natursteine	flüssig	*beständig 25°: 239*
24	Zementhaltige Baustoffe	flüssig	*beständig*
25	Keramische Auskleidungen	flüssig	*beständig*
26	Steinzeug	flüssig	*beständig*
27	Porzellan	flüssig	*beständig*
29	Email	flüssig	*beständig*
31	Weichgummi	flüssig	*beständig 70°*
32	Hartgummi	flüssig	*beständig 70°*
33	Butadien- polymerisate	flüssig	*beständig 70°*

W. V. Nr.	Werkstoff	Zusammensetzung des angreifenden Stoffes	Verhalten gegen den angreifenden Stoff
41	Phenolharze	flüssig	*beständig 25°*
44	Polyesterharze	flüssig	*beständig 120°: 441*
51	Polymere Kohlen-wasserstoffe	flüssig	*beständig 70°: 514*
52	Polymere halogenierte Kohlenwasserstoffe	flüssig	*beständig: 521, 523*
77	Bitumenhaltige und asphalthaltige Stoffe	flüssig	*beständig 65°*
8	Holz	flüssig	*beständig*
91	Silikatzemente	flüssig	*beständig bei Siedetemp.*
92	Säurekitte mit Wasserglas	flüssig	*beständig: 921, 922*
93	Säurekitte mit Kunstharz	flüssig	*beständig: 931, 932, 933, 934*
95	Säurekitte mit Asbest und Phenolharz	flüssig	*beständig*
96	Phenolzemente	flüssig	*beständig 120°*
97	Schwefelzemente	flüssig	*beständig 80°*
98	Furanzemente	flüssig	*beständig 120°*

Quecksilberchlorid. Hg_2Cl_2, $HgCl_2$

W. V. Nr.	Werkstoff	Zusammensetzung des angreifenden Stoffes	Verhalten gegen den angreifenden Stoff
1	Kohlenstoff	verd.-konz. Lg.	*beständig 100°: 14*
21	Glas	Lg.	*beständig*
22	Quarz	Lg.	*beständig*
23	Natursteine	Lg.	*beständig 25°: 239*
24	Zementhaltige Baustoffe	6% Lg. 0,4% $HgCl_2$ + 1,26% NaF + H_2O (kyanisieren)	*unbeständig* *beständig*
25	Keramische Auskleidungen	0,4% $HgCl_2$ + 1,26% NaF + H_2O (kyanisieren)	*beständig*
26	Steinzeug	0,4% $HgCl_2$ + 1,26% NaF + H_2O (kyanisieren)	*beständig*
27	Porzellan	0,4% $HgCl_2$ + 1,26% NaF + H_2O (kyanisieren)	*beständig*
29	Email	0,4% $HgCl_2$ + 1,26% NaF + H_2O (kyanisieren)	*beständig*
31	Weichgummi	Lg.	*beständig 50°*
32	Hartgummi	Lg.	*beständig 50°*
33	Butadienpolymerisate	Lg.	*beständig 50°*
36	Chloroprenpolymerisate	10% Lg.	*bedingt beständig 38°*
41	Phenolharze	10% Lg.	*beständig 50°: 411*
44	Polyesterharze	Hg_2Cl_2, 5% Lg. $HgCl_2$, Hg_2Cl_2, fest	*beständig 95°: 441* *beständig 120°: 441*
51	Polymere Kohlenwasserstoffe	$HgCl_2$, 5% Lg. $HgCl_2$, Hg_2Cl_2, fest	*beständig 70°: 514* *beständig 70°: 514*

W. V. Nr.	Werkstoff	Zusammensetzung des angreifenden Stoffes	Verhalten gegen den angreifenden Stoff
52	Polymere halogenierte Kohlenwasserstoffe	$HgCl_2$, Hg_2Cl_2, fest	*beständig: 521, 523*
77	Bitumenhaltige und asphalthaltige Stoffe	$HgCl_2$ \ 5% Lg. Hg_2Cl_2 / fest	*beständig 65°* *beständig 65°*
8	Holz	Lg.	*beständig* (Holzkonservierung)
91	Silikatzemente	25% Lg. fest	*beständig 110°* *beständig 150°*
92	Säurekitte mit Wasserglas	Lg.	*beständig: 921*
93	Säurekitte mit Kunstharz	Lg.	*beständig: 931, 932, 933, 934*
95	Säurekitte mit Asbest und Phenolharz	Lg.	*beständig*
96	Phenolzemente	verd. Lg. fest	*beständig 100°* *beständig 120°*
97	Schwefelzemente	10% Lg. fest	*beständig 80°* *beständig 80°*
98	Furanzemente	verd. Lg. fest	*beständig 100°* *beständig 120°*

Quecksilberverbindungen, andere.

W. V. Nr.	Werkstoff	Zusammensetzung des angreifenden Stoffes	Verhalten gegen den angreifenden Stoff
52	Polymere halogenierte Kohlenwasserstoffe	$Hg(CN)_2$, $Hg(NO_3)_2$, $Hg_2(NO_3)_2$	*beständig 25°: 523*
91	Silikatzemente	$Hg(CN)_2$, 25% Lg. fest $HgNO_3$, 25% Lg. fest	*beständig 110°* *beständig 110°* *beständig 115°* *beständig 115°*
96	Phenolzemente	$Hg(CN)_2$ \ Lg. $HgNO_3$ / fest	*beständig 100°* *beständig 120°*
97	Schwefelzemente	$Hg(CN)_2$ \ 3% Lg. $HgNO_3$ / fest	*beständig 80°* *beständig 80°*
98	Furanzemente	$Hg(CN)_2$, 25% Lg. fest $HgNO_3$, 3% Lg. fest	*beständig 100°;* *bedingt beständig 120°* *beständig 120°* *beständig 100°* *beständig 120°*

Resorcin. $FP\ 110,7°$

HO⟨⟩OH.

W. V. Nr.	Werkstoff	Zusammensetzung des angreifenden Stoffes	Verhalten gegen den angreifenden Stoff
21	Glas	Handelsware	*beständig*
26	Steinzeug	Handelsware	*beständig*
27	Porzellan	Handelsware	*beständig*

Rizinusöl.

W. V. Nr.	Werkstoff	Zusammensetzung des angreifenden Stoffes	Verhalten gegen den angreifenden Stoff
21	Glas	Handelsware	*beständig*
26	Steinzeug	Handelsware	*beständig*
27	Porzellan	Handelsware	*beständig*
41	Phenolharze	Handelsware	*beständig: 411*
42	Carbamidharze	Handelsware	*beständig: 421, 423*

W. V. Nr.	Weréstoff	Zusammensetzung des angreifenden Stoffes	Verhalten gegen den angreifenden Stoff
46	Polyamide	Handelsware	*beständig*
62	Nicht abgewandelter Zellstoff	Handelsware	*beständig: 621*
63	Zelluloseester	Handelsware	*bedingt beständig: 631, 632*

Rongalit.

W. V. Nr.	Weréstoff	Zusammensetzung des angreifenden Stoffes	Verhalten gegen den angreifenden Stoff
1	Kohlenstoff	Lg.	*beständig 75°: 14*
21	Glas	Lg.	*beständig*
22	Quarz	Lg.	*beständig*
23	Natursteine	Lg.	*beständig*
24	Zementhaltige Baustoffe	Lg.	*unbeständig 25°*
25	Keramische Auskleidungen	Lg.	*beständig*
26	Steinzeug	Lg.	*beständig*
27	Porzellan	Lg.	*beständig*
29	Email	Lg.	*beständig*
31	Weichgummi	Lg.	*beständig*
32	Hartgummi	Lg.	*beständig*
33	Butadienpolymerisate	Lg.	*beständig*
51	Polymere Kohlenwasserstoffe	10% Lg.	*beständig 60°: 512* (gefüllt und ungefüllt)
52	Polymere halogenierte Kohlenwasserstoffe	10% Lg.	*beständig 60°: 521;* *bedingt beständig 60°: 521*
8	Holz	Lg.	*beständig*

Saccharin. $C_6H_4\!\!<\!\!\genfrac{}{}{0pt}{}{CO}{SO_2}\!\!>\!\!NH.$ *FP 228°*

W. V. Nr.	Weréstoff	Zusammensetzung des angreifenden Stoffes	Verhalten gegen den angreifenden Stoff
1	Kohlenstoff	Lg.	*beständig*
21	Glas	Lg.	*beständig*
22	Quarz	Lg.	*beständig*
23	Natursteine	Lg.	*beständig*
24	Zementhaltige Baustoffe	neutrale, SO_4-freie Lg.	*beständig*
25	Keramische Auskleidungen	Lg.	*beständig*
26	Steinzeug	Lg.	*beständig*
27	Porzellan	Lg.	*beständig*
29	Email	Lg.	*beständig*
31	Weichgummi	Lg.	*beständig*
32	Hartgummi	Lg.	*beständig*
33	Butadienpolymerisate	Lg.	*beständig*
51	Polymere Kohlenwasserstoffe	Lg.	*beständig: 512* (gefüllt und ungefüllt)
52	Polymere halogenierte Kohlenwasserstoffe	Lg.	*beständig: 521*
8	Holz	Lg.	*beständig*

W. V. Nr.	Werkstoff	Zusammensetzung des angreifenden Stoffes	Verhalten gegen den angreifenden Stoff
92	Säurekitte mit Wasserglas	Lg.	*beständig:* 921, 922
93	Säurekitte mit Kunstharz	Lg.	*beständig:* 931, 932, 933, 934

Salicylsäure. $HO \cdot C_6H_4 \cdot COOH$. *FP 155°*

W. V. Nr.	Werkstoff	Zusammensetzung des angreifenden Stoffes	Verhalten gegen den angreifenden Stoff
1	Kohlenstoff	Lg.	*beständig 100°:* 14
21	Glas	Lg.	*beständig*
22	Quarz	Lg.	*beständig*
23	Natursteine	Lg.	*beständig 25°:* 239
24	Zementhaltige Baustoffe	Lg.	*unbeständig*
25	Keramische Auskleidungen	Lg.	*beständig*
26	Steinzeug	Lg.	*beständig*
27	Porzellan	Lg.	*beständig*
29	Email	Lg.	*beständig*
31	Weichgummi	Lg.	*beständig*
32	Hartgummi	Lg.	*beständig*
33	Butadienpolymerisate	Lg.	*beständig*
41	Phenolharze	fest	*beständig 25°:* 411
52	Polymere halogenierte Kohlenwasserstoffe	Lg.	*beständig:* 521
8	Holz	Lg. Lg. mit H_2SO_4	*beständig* *unbeständig 100°*
92	Säurekitte mit Wasserglas	Lg.	*beständig:* 922
93	Säurekitte mit Kunstharz	Lg.	*beständig:* 931, 932, 933, 934
95	Säurekitte mit Asbest und Phenolharz	Lg.	*beständig*

Salpetersäure. HNO_3. *SP (100%) 86°*

W. V. Nr.	Werkstoff	Zusammensetzung des angreifenden Stoffes	Verhalten gegen den angreifenden Stoff
1	Kohlenstoff	1—10% Lg. 10—20% Lg. >20% Lg. höher konz. Lg. 15% HNO_3 + 5% H_2F_2-Lg.	*beständig 85°:* 14 *beständig 60°:* 14 *beständig 20°:* 14 *unbeständig* *beständig 60°:* 14
21	Glas	Lg. 10—70% Lg.	*beständig* *beständig 100°:* 218
22	Quarz	65% Lg.	*beständig 20°* (Abtragung 0,01 g/m²/Tag); *beständig 90°* (Abtragung 0,52 g/m²/Tag)
23	Natursteine (Granit, Diabas)	Lg. 65% Lg.	*bedingt beständig* (verwendet für Beiztröge) *bedingt beständig* (Abtragung bei 20°: 2—8 g/m²/Tag; Abtragung bei 90°: 12—25 g/m²/Tag für Granit)
24	Zementhaltige Baustoffe	Lg.	*unbeständig*

W. V. Nr.	Werkstoff	Zusammensetzung des angreifenden Stoffes	Verhalten gegen den angreifenden Stoff
25	Keramische Auskleidungen	jede Konzentration	*beständig bei höherer Temp.*
26	Steinzeug	Lg.	*beständig*
27	Porzellan	Lg.	*beständig*
29	Email	Lg.	*beständig*
31	Weichgummi	bis 5% Lg.	*beständig 20°*
		konz. Lg.	*unbeständig*
32	Hartgummi	20% Lg.	*beständig 20°*
		konz. Lg.	*unbeständig*
33	Butadien-polymerisate	konz. Lg.	*unbeständig*
.35	Isoprenmisch-polymerisate	5% Lg.	*beständig 80°:* 351
		30% Lg.	*beständig 50°:* 351
		40% Lg.	*bedingt beständig 40°:* 351
36	Chloropren-polymerisate	10% Lg.	*unbeständig 26°*
41	Phenolharze	Lg.	*unbeständig:* 411
42	Carbamidharze	Lg.	*unbeständig:* 421, 423
43	Furanharze	5% Lg.	*bedingt beständig 20°; unbeständig bei Siedetemp.*
		30% Lg.	*unbeständig 20°*
44	Polyesterharze	5% Lg.	*beständig 55°:* 441; *bedingt beständig 75°:* 441; *unbeständig 95°:* 441
		10% Lg.	*bedingt beständig 55°:* 441
		25% Lg.	*beständig 20°:* 441; *unbeständig 55°:* 441
		35% Lg.	*bedingt beständig 20°:* 441
		50% Lg.	*unbeständig 20°:* 441
		HNO_3-Dampf	*unbeständig 20°:* 441
46	Polyamide	10% Lg.	*unbeständig*
51	Polymere Kohlen-wasserstoffe	10% Lg.	*beständig 20°:* 511, 514; *bedingt beständig 60°:* 511, 514
		15% Lg.	*beständig 20°:* 514
		20% Lg.	*unbeständig 70°:* 514
		25% Lg.	*beständig 20°:* 511; *bedingt beständig 20°:* 514
		bis 30% Lg.	*beständig 50°:* 511, 512; *unbeständig 60°:* 511
		30—50% Lg.	*beständig 50°:* 511, 512: (gefüllt); *bedingt beständig 50°:* 512 (ungefüllt)
		40% Lg.	*bedingt beständig 70°:* 512 (gefüllt); *unbeständig 70°:* 511, 512 (ungefüllt), 514
		>40% Lg.	*unbeständig 70°:* 511, 512, 514
		50—65% Lg.	*beständig 20°:* 511; *unbeständig 40°:* 511
		70% Lg.	*bedingt beständig 20°:* 512 (gefüllt); *unbeständig 20°:* 512 (ungefüllt)
		98% Lg.	*unbeständig 20°:* 511, 512, 514

W. V. Nr.	Werkstoff	Zusammensetzung des angreifenden Stoffes	Verhalten gegen den angreifenden Stoff
		HNO₃-Dampf	*unbeständig 20°: 514*
52	Polymere halogenierte Kohlenwasserstoffe	10% Lg.	*beständig: 5251*
		⟨30% Lg.	*beständig 50°: 521;* *bedingt beständig 40°: 521 w*
		30% Lg.	*beständig bei Siedetemp.: 5251;* *bedingt beständig 40°: 522*
		30—50% Lg.	*beständig 50°: 521;* *unbeständig 50°: 521 w*
		40% Lg.	*unbeständig 70°: 521*
		50—60% Lg.	*unbeständig 20°: 522*
		konz. Lg.	*beständig 25°: 5251;* *beständig 85°: 524;* *unbeständig 20°: 521*
		rauch. HNO₃	*beständig 60°: 524*
55	Polyacryl und- Polymethacryl- verbindungen	bis 20% Lg.	*beständig: 553*
		bis 25% Lg.	*beständig: 552*
		konz. Lg.	*unbeständig: 553*
		Dämpfe	*unbeständig 20°: 553*
62	Nicht abgewandelter Zellstoff	Lg.	*unbeständig: 621*
63	Zelluloseester	Lg.	*unbeständig: 631, 632*
77	Bitumenhaltige und asphalthaltige Stoffe	25% Lg.	*bedingt beständig 25°;* *unbeständig 65°*
8	Holz	Lg.	*unbeständig*
91	Silikatzemente	40% Lg.	*beständig bei Siedetemp.*
		70% Lg.	*beständig 85°*
		Dampf	*beständig 270°*
92	Säurekitte mit Wasserglas	Lg.	*beständig: 921*
93	Säurekitte mit Kunstharz	Lg.	*bedingt beständig: 934*
95	Säurekitte mit Asbest- und Phenolharz	Lg.	*unbeständig*
96	Phenolzemente	Lg.	*unbeständig 20°*
		Dämpfe	*unbeständig 20°*
97	Schwefelzemente	5% Lg.	*beständig 80°*
		20% Lg.	*beständig 20°;* *bedingt beständig 80°*
		40% Lg.	*bedingt beständig 20°;* *unbeständig 80°*
		70% Lg.	*unbeständig 20°*
		Dämpfe	*unbeständig 20°*
98	Furanzemente	5% Lg.	*bedingt beständig 30°;* *unbeständig 50°*
		15% Lg.	*unbeständig 30°*
		Dämpfe	*unbeständig 20°*

Salpetrige Säure. HNO₂

W. V. Nr.	Werkstoff	Zusammensetzung des angreifenden Stoffes	Verhalten gegen den angreifenden Stoff
21	Glas	Lg.	*beständig 100°*
23	Natursteine	Lg.	*unbeständig 25°: 239*
26	Steinzeug	Lg.	*beständig 100°*
27	Porzellan	Lg.	*beständig 100°*
35	Isoprenmisch- polymerisate	30% Lg.	*beständig 50°: 351*

W. V. Nr.	Werkstoff	Zusammensetzung des angreifenden Stoffes	Verhalten gegen den angreifenden Stoff
44	Polyesterharze	10% Lg.	*beständig 20°: 441*
51	Polymere Kohlen- wasserstoffe	5% Lg.	*beständig 20°: 514*
77	Bitumenhaltige und asphalt- haltige Stoffe	25% Lg.	*bedingt beständig 25°;* *unbeständig 65°*
91	Silikatzemente	20% Lg.	*beständig 95°*
96	Phenolzemente	10% Lg.	*unbeständig 20°*
97	Schwefelzemente	5% Lg.	*unbeständig 20°*
98	Furanzemente	10% Lg.	*unbeständig 20°*

Salzsäure. HCl

W. V. Nr.	Werkstoff	Zusammensetzung des angreifenden Stoffes	Verhalten gegen den angreifenden Stoff
1	Kohlenstoff	verd.-konz. Lg.	*beständig 100°: 14;*
		konz. Lg.	*beständig 20°*
		$>20\%$ Lg. $+ Cl_2$, ges.	*beständig 100°: 14*
21	Glas	Lg.	*beständig*
		verd.-konz. Lg.	*beständig 100°: 218*
22	Quarz	konz. Lg.	*beständig bei Siedetemp.* *(0,70 g/m²/Tag) bei 90°*
23	Natursteine (Granit)	33% Lg.	*bedingt beständig (Abtragung* *6,5—15 g/m²/Tag) bei 20°* *bedingt beständig (Abtragung* *30—55 g/m²/Tag) bei 90°*
24	Zementhaltige Baustoffe	Lg.	*unbeständig*
25	Keramische Auskleidungen	5% Lg. konz. Lg.	*beständig 100°* *beständig 20°*
26	Steinzeug	Lg.	*beständig 20°*
27	Porzellan	Lg.	*beständig*
29	Email	Lg.	*beständig*
31	Weichgummi	verd.-konz. Lg.	*beständig 50°;* *unbeständig 75°*
32	Hartgummi	verd.-konz. Lg.	*beständig 50°;* *unbeständig 75°*
35	Isoprenmisch- polymerisate	5% Lg. 30% Lg.	*beständig 50°: 351* *bedingt beständig 30°: 351*
36	Chloropren- polymerisate	20% Lg. 30—35% Lg.	*beständig 65°* *bedingt beständig 26°*
41	Phenolharze	10—30% Lg.	*beständig: 411;* *beständig: 411 + Asbest;* *unbeständig 100°: 411*
42	Carbamidharze	Lg.	*unbeständig: 421, 423*
43	Furanharze	Lg.	*beständig bei Siedetemp.* *431;* *bedingt beständig: 43 + Asbest*
44	Polyesterharze	10%-konz. Lg.	*beständig 120°: 441*
46	Polyamide	10% Lg.	*unbeständig*
47	Polyurethane	Lg.	*beständig 20°*
51	Polymere Kohlen- wasserstoffe	verd. Lg. konz. Lg.	*beständig 40°: 511, 512, 514* *beständig 60°: 511, 514;* *bedingt beständig 40°: 512*
		verd. Lg. $+ 32\%\ H_2SO_4$	*beständig 60°: 511;* *unbeständig 60°: 512*

W. V. Nr.	Werkstoff	Zusammensetzung des angreifenden Stoffes	Verhalten gegen den angreifenden Stoff
52	Polymere halogenierte Kohlenwasserstoffe	verd. Lg.	*beständig 40°: 522, 523; unbeständig 100°: 523*
		$\langle 30\%$ Lg.	*beständig 40°: 521, 521 w, 523; beständig 60°: 523; bedingt beständig 60°: 521; unbeständig 100°: 521, 523*
		$\rangle 30\%$ Lg.	*beständig 60°: 521, 523; unbeständig 80°: 521*
		konz. Lg.	*beständig 40°: 521, 522, 523; beständig 100°: 524; beständig bei Siedetemp.: 5251*
		verd. Lg. $+ 32\%$ H_2SO_4	*beständig 60°: 521, 521 w*
55	Polyacryl- und Polymethacrylverbindungen	bis 35% Lg.	*beständig: 552*
		bis 20% Lg.	*beständig: 553*
		konz. Lg.	*unbeständig: 553*
62	Nicht abgewandelter Zellstoff	Lg.	*unbeständig: 621*
63	Zelluloseester	Lg.	*unbeständig: 631, 632*
77	Bitumenhaltige und asphalthaltige Stoffe	7% Lg.	*beständig 65°*
		38% Lg.	*beständig 20°; bedingt beständig 65°*
8	Holz	20% Lg.	*bedingt beständig 20° unbeständig bei höherer Temp.*
91	Silikatzemente	37% Lg.	*beständig bei Siedetemp.*
92	Säurekitte mit Wasserglas	Lg.	*beständig: 921*
93	Säurekitte mit Kunstharz	Lg.	*beständig: 931, 932, 933, 934*
96	Phenolzemente	konz. Lg.	*beständig 100°*
97	Schwefelzemente	Lg.	*beständig 80°*
98	Furanzemente	35% Lg.	*beständig 100°*

Sauerstoff. O_2

W. V. Nr.	Werkstoff	Zusammensetzung des angreifenden Stoffes	Verhalten gegen den angreifenden Stoff
1	Kohlenstoff	Gas	*beständig 200°; unbeständig 400°*
21	Glas	Gas	*beständig*
22	Quarz	Gas	*beständig*
23	Natursteine	Gas	*beständig 570°: 239; unbeständig 650°: 239*
24	Zementhaltige Baustoffe	Gas	*beständig*
25	Keramische Auskleidungen	Gas	*beständig 200°*
26	Steinzeug	Gas	*beständig*
27	Porzellan	Gas	*beständig*
29	Email	Gas	*beständig*
31	Weichgummi	Gas	*beständig 50°; unbeständig 100°*
32	Hartgummi	Gas	*beständig 50°; unbeständig 100°*
33	Butadienpolymerisate	Gas	*beständig*

W. V. Nr.	Werkstoff	Zusammensetzung des angreifenden Stoffes	Verhalten gegen den angreifenden Stoff
51	Polymere Kohlenwasserstoffe	Gas	*beständig 60°: 512*
52	Polymere halogenierte Kohlenwasserstoffe	Gas	*beständig 40°: 522, 523; unbeständig 100°: 523*
55	Polyacryl- und Polymethacrylverbindungen	Gas	*beständig: 553*
8	Holz		*bedingt beständig 50°*
92	Säurekitte mit Wasserglas	Gas	*beständig: 921, 922*
93	Säurekitte mit Kunstharz	Gas	*beständig: 931, 932, 933, 934*
96	Phenolzemente	Gas	*unbeständig 20°*

Schwefel. S. *FP rhombisch 112,8°, FP monoklin 119°*

W. V. Nr.	Werkstoff	Zusammensetzung des angreifenden Stoffes	Verhalten gegen den angreifenden Stoff
1	Kohlenstoff	geschmolzen	*beständig*
21	Glas	geschmolzen	*beständig*
22	Quarz	geschmolzen	*beständig*
23	Natursteine	Handelsware geschmolzen	*beständig* *beständig*
24	Zementhaltige Baustoffe	Handelsware	*beständig*
25	Keramische Auskleidungen	Handelsware	*beständig*
26	Steinzeug	geschmolzen	*beständig*
27	Porzellan	geschmolzen	*beständig*
29	Email	Handelsware	*beständig*
31	Weichgummi	Handelsware	*unbeständig 25°*
32	Hartgummi	Handelsware	*unbeständig 25°*
41	Phenolharze	Handelsware	*beständig 25°: 411*
51	Polymere Kohlenwasserstoffe	Handelsware	*unbeständig: 512 (gefüllt und ungefüllt)*
52	Polymere halogenierte Kohlenwasserstoffe	Handelsware	*beständig: 521, 523*
8	Holz	Handelsware	*beständig*
91	Silikatzemente	Handelsware	*beständig bei Siedetemp.*
92	Säurekitte mit Wasserglas	Handelsware	*beständig: 922*
93	Säurekitte mit Kunstharz	Handelsware	*beständig: 931, 932, 933, 934*
95	Säurekitte mit Asbest und Phenolharz	Handelsware	*beständig*
96	Phenolzemente	Handelsware	*beständig 120°*
97	Schwefelzemente	Handelsware	*beständig 100°*
98	Furanzemente	Handelsware	*beständig 120°*

Schwefelchlorid. S_2Cl_2. *SP 138°*

W. V. Nr.	Werkstoff	Zusammensetzung des angreifenden Stoffes	Verhalten gegen den angreifenden Stoff
1	Kohlenstoff	Handelsware	*beständig*
21	Glas	Handelsware	*beständig*
22	Quarz	Handelsware	*beständig*

W. V. Nr.	Werkstoff	Zusammensetzung des angreifenden Stoffes	Verhalten gegen den angreifenden Stoff
23	Natursteine	Handelsware	*beständig*
25	Keramische Auskleidungen	Handelsware	*beständig*
26	Steinzeug	Handelsware	*beständig*
27	Porzellan	Handelsware	*beständig*
29	Email	Handelsware	*beständig*
31	Weichgummi	Handelsware	*unbeständig*
32	Hartgummi	Handelsware	*unbeständig*
33	Butadien-polymerisate	Handelsware	*unbeständig*
8	Holz	Lg.	*unbeständig*
91	Silikatzemente	Handelsware	*beständig 125°*
92	Säurekitte mit Wasserglas	Lg.	*beständig: 921, 922, 923*
93	Säurekitte mit Kunstharz	Lg.	*beständig: 931, 932, 933, 934*
95	Säurekitte mit Asbest und Phenolharz	Lg.	*beständig*
96	Phenolzemente	Handelsware	*unbeständig 20°*
97	Schwefelzemente	Handelsware	*unbeständig 20°*
98	Furanzemente	Handelsware	*unbeständig 20°*

Schwefeldioxyd. SO_2. *SP* $-10°$

W. V. Nr.	Werkstoff	Zusammensetzung des angreifenden Stoffes	Verhalten gegen den angreifenden Stoff
1	Kohlenstoff	trocken und feucht	*beständig 100°: 14*
21	Glas	trocken und feucht	*beständig*
22	Quarz	trocken und feucht	*beständig bei hoher Temp.*
23	Natursteine	trocken und feucht	*beständig 25°: 239*
24	Zementhaltige Baustoffe	feucht	*unbeständig*
25	Keramische Auskleidungen	trocken und feucht	*beständig*
26	Steinzeug	trocken und feucht	*beständig (Ventile)*
27	Porzellan	trocken und feucht	*beständig*
29	Email	trocken und feucht	*beständig*
31	Weichgummi		*bedingt beständig 80°*
32	Hartgummi	feucht	*bedingt beständig*
33	Butadien-polymerisate	trocken und feucht	*bedingt beständig 20—100°*
36	Chloropren-polymerisate	1% Gas 100% Gas	*beständig 38°* *unbeständig 26°*
41	Phenolharze	trocken	*beständig 25°: 411*
43	Furanharze	trocken und feucht	*beständig 120°*
44	Polyesterharze	trocken und feucht	*beständig 120°: 441*
51	Polymere Kohlen-wasserstoffe	trocken und feucht flüssig	*beständig 70°: 514; 80°: 512* *bedingt beständig —10°: 512 (gefüllt);* *unbeständig 20°: 512*
52	Polymere halo-genierte Kohlen-wasserstoffe	trocken, jede Konzentr.	*beständig 40°: 522, 523;* *beständig 60°: 521, 521w;* *bedingt beständig 25°: 5251;* *unbeständig 80°: 521*

W. V. Nr.	Werkstoff	Zusammensetzung des angreifenden Stoffes	Verhalten gegen den angreifenden Stoff
		feucht, jede Konzentr.	*beständig 40°: 521, 521 w;* *bedingt beständig 60°: 521*
		SO$_2$, verflüssigt, 100%	*bedingt beständig −10 bis −20°: 521;* *unbeständig 20°: 521 w;* *unbeständig 60°: 521*
55	Polyacryl- und Polymethacryl- verbindungen	Gas flüssig	*beständig 100°: 553* *unbeständig: 553*
77	Bitumenhaltige und asphalt- haltige Stoffe	Gas	*beständig 65°*
8	Holz	Gas 1%	*beständig 20°* *beständig 40−60°;* *unbeständig 180°*
91	Silikatzemente	trocken und feucht	*beständig 520°*
92	Säurekitte mit Wasserglas	Gas	*beständig: 922*
93	Säurekitte mit Kunstharz	Gas	*beständig: 931, 932, 933, 934*
95	Säurekitte mit Asbest und Phenolharz	Gas 6% bei 3 atü	*beständig* *unbeständig*
96	Phenolzemente	Gas	*beständig 100°*
97	Schwefelzemente	Gas, trocken und feucht	*beständig 80°*
98	Furanzemente	Gas	*beständig 50°*

Schwefelkohlenstoff. CS$_2$. *SP 46,2°*

W. V. Nr.	Werkstoff	Zusammensetzung des angreifenden Stoffes	Verhalten gegen den angreifenden Stoff
1	Kohlenstoff	Handelsware	*beständig: 14*
21	Glas	Handelsware	*beständig*
22	Quarz	Handelsware	*beständig 25°: 239*
23	Natursteine	Handelsware	*beständig*
24	Zementhaltige Baustoffe	Handelsware Dampf	*beständig* *unbeständig*
25	Keramische Auskleidungen	Handelsware	*beständig*
26	Steinzeug	Handelsware	*beständig*
27	Porzellan	Handelsware	*beständig*
29	Email	Handelsware	*beständig*
31	Weichgummi	Handelsware	*unbeständig*
32	Hartgummi	Handelsware	*unbeständig*
33	Butadien- polymerisate	Handelsware	*unbeständig*
35	Isoprenmisch- polymerisate	Handelsware	*unbeständig 20°: 351*
41	Phenolharze	Handelsware	*unbeständig 25°*
44	Polyesterharze	Handelsware	*unbeständig 20°: 441*
47	Polyurethane	Handelsware	*beständig 20°*
51	Polymere Kohlen- wasserstoffe	Handelsware	*unbeständig 20°: 511, 512, 514*
52	Polymere halo- genierte Kohlen- wasserstoffe	Handelsware Handelsware	*bedingt beständig 25°: 5251* *unbeständig 20°: 521, 521 w, 522*

W. V. Nr.	Werkstoff	Zusammensetzung des angreifenden Stoffes	Verhalten gegen den angreifenden Stoff
55	Polyacryl- und Polymethacryl-verbindungen	Handelsware	*unbeständig:* 553
77	Bitumenhaltige und asphalt-haltige Stoffe	Handelsware	*unbeständig 25°*
8	Holz	Handelsware	*beständig*
92	Säurekitte mit Wasserglas	Handelsware	*beständig:* 921, 922
93	Säurekitte mit Kunstharz	Handelsware	*beständig:* 931, 932, 933, 934
96	Phenolzemente	Handelsware	*beständig 20°*
97	Schwefelzemente	Handelsware	*unbeständig 20°*
98	Furanzemente	Handelsware	*beständig 20°*

Schwefelsäure. H_2SO_4. *SP 100% 338°*

W. V. Nr.	Werkstoff	Zusammensetzung des angreifenden Stoffes	Verhalten gegen den angreifenden Stoff
1	Kohlenstoff	$<75\%$ Lg.	*beständig bei Siedetemp.:* 14
		75—96% Lg.	*beständig 170°:* 14
		$>96\%$ Lg.	*beständig 20°:* 14; *bedingt beständig 70°:* 14
		rauchende H_2SO_4	*unbeständig*
21	Glas	verd.-konz. Lg.	*beständig bei höherer Temp.; beständig 100°:* 218
22	Quarz	verd.-konz. Lg.	*beständig bei höherer Temp.*
		konz. Lg.	Abtragung 0,001 g/m²/Tag bei *20°;* Abtragung 0,188 g/m²/Tag bei *90°*
		+ $KHSO_4$	*unbeständig 800°*
23	Natursteine	Lg.	*beständig* (Andesit, Diabas, geschmolzener Basalt)
		Beizlösungen	*beständig* (Diabas, ge-schmolzener Basalt)
		98% Lg.	*beständig* (Granit), Abtra-gung weißer Granit bei *20°* 0,065 g/m²/Tag; bei *90°* 0,16 g/m²/Tag; Abtragung roter Granit bei *20°* 2,97 g/m²/Tag; bei *90°* 2,53 g/m²/Tag
		Oleum	*beständig 100°* (Granit)
		alle Konzentrationen	*unbeständig 25°:* 239
24	Zementhaltige Baustoffe	Lg.	*unbeständig*
25	Keramische Auskleidungen	verd.-konz. Lg.	*beständig bei höherer Temp.* (Lagerung)
		1% Lg.	*beständig 180°* (Holzver-zuckerung: Pb-Schicht—keram. Schicht—C-Steine)
26	Steinzeug	verd.-konz. Lg.	*beständig bei höherer Temp.* (empfohlen für Kocher, Ventile, Rohre, Beiztröge usw., ausgenommen Fälle, in denen mechanische Fe-stigkeit oder Wärmeleitung nicht hinreichen)

W. V. Nr.	Werkstoff	Zusammensetzung des angreifenden Stoffes	Verhalten gegen den angreifenden Stoff
27	Porzellan	verd.-konz. Lg.	*beständig bei höherer Temp.* (Rührer, Rohre, Ventile, Zentrifugen, Wärmeaustauscher, Filterelemente, Kocher usw.)
29	Email	Verzuckerung von Stärke 3 atü	*beständig* (Email auf Gußeisen) *120°*
		15% Lg.	*bedingt beständig 100°*
		rauchende H_2SO_4	*unbeständig 100°*
31	Weichgummi	10—50% Lg.	*beständig 70°;* *unbeständig 100°*
		konz. Lg.	*unbeständig*
32	Hartgummi	10—50% Lg.	*beständig 70°;* *unbeständig 100°*
		konz. Lg.	*unbeständig*
35	Isoprenmischpolymerisate	25% Lg.	*beständig 100°: 351*
		50% Lg.	*beständig 80°: 351*
		75% Lg.	*beständig 70°: 351;* *bedingt beständig 80°: 351*
36	Chloroprenpolymerisate	20% Lg.	*beständig 93°*
		50% Lg.	*bedingt beständig 65°*
		75% Lg.	*unbeständig 65°*
		97% Lg.	*unbeständig 25°*
41	Phenolharze	10—50% Lg.	*beständig 60°: 411;* *beständig 60°: 411 + Asbest;* *unbeständig 100°: 411*
42	Carbamidharze	Lg.	*unbeständig: 421, 423*
43	Furanharze	50% Lg.	*beständig 120°;* *beständig: 43 + Asbest*
		80% Lg.	*beständig 20°;* *unbeständig 120°*
44	Polyesterharze	25% Lg.	*beständig 120°: 441*
		50% Lg.	*beständig 95°: 441;* *bedingt beständig 120°: 441*
		60% Lg.	*bedingt beständig 95°: 441;* *unbeständig 120°: 441*
		70% Lg.	*beständig 60°: 441;* *unbeständig 95°: 441*
		75% Lg.	*beständig 40°: 441*
		80% Lg.	*bedingt beständig 60°: 441*
		85% Lg.	*bedingt beständig 40°: 441*
		90% Lg.	*unbeständig 40°: 441*
46	Polyamide	10% Lg.	*unbeständig*
47	Polyurethane	konz. Lg.	*unbeständig*
51	Polymere Kohlenwasserstoffe	10% Lg.	*beständig 60°: 511*
		50% Lg.	*beständig 60°: 511;* *beständig 70°: 514*
		70% Lg.	*beständig 20°: 511;* *bedingt beständig 70°: 511*
		75% Lg.	*beständig 20°: 514;* *bedingt beständig 70°: 514*
		80% Lg.	*bedingt beständig 60°: 512;* *bedingt beständig 20°: 514*
		85% Lg.	*unbeständig 70°: 514*
		80—90% Lg.	*bedingt beständig 40°: 512*
		96% Lg.	*beständig 20°: 511;* *bedingt beständig 20°: 512;* *unbeständig 100°: 511, 512*
		Oleum, 10% SO_3	*unbeständig 20°: 512*

W. V. Nr.	Werkstoff	Zusammensetzung des angreifenden Stoffes	Verhalten gegen den angreifenden Stoff
52	Polymere halogenierte Kohlenwasserstoffe	30% Lg.	*beständig 70°: 5251*
		<40% Lg.	*beständig 40°: 521, 521w, 522;*
			bedingt beständig 60°: 521, 521w
		40—80% Lg.	*beständig 60°: 521*
		80% Lg.	*unbeständig 40°: 522*
		80—90% Lg.	*beständig 40°: 521*
		96% Lg.	*beständig 20°: 521;*
			beständig 300°: 524;
			bedingt beständig 60°: 521;
			unbeständig 20°: 521w, 522
		rauchende H_2SO_4	*beständig 80°: 524*
55	Polyacryl- und Polymethacrylverbindungen	bis 40% Lg.	*bedingt beständig: 552, 553*
		konz. Lg.	*unbeständig: 552, 553*
62	Nicht abgewandelter Zellstoff	Lg.	*unbeständig: 621*
63	Zelluloseester	Lg.	*unbeständig: 631, 632*
77	Bitumenhaltige und asphalthaltige Stoffe	10% Lg.	*beständig 65°*
		25% Lg.	*bedingt beständig 65°*
		50% Lg.	*beständig 25°;*
			unbeständig 65°
8	Holz	15% Lg.	*beständig 20°*
		>15% Lg.	*unbeständig*
91	Silikatzemente	98% Lg.	*beständig 300°*
		93% Lg.	*beständig bei Siedetemp.*
92	Säurekitte mit Wasserglas	Lg.	*beständig: 922*
93	Säurekitte mit Kunstharz	bis 70% Lg.	*beständig: 931, 932, 933, 934*
95	Säurekitte mit Asbest und Phenolharz	<50% Lg.	*beständig 90°*
		>50% Lg.	*unbeständig*
96	Phenolzemente	konz. Lg.	*beständig 50°;*
			bedingt beständig 90°;
			unbeständig 120°
		rauchende H_2SO_4	*unbeständig 20°*
97	Schwefelzemente	50% Lg.	*beständig 80°*
		70% Lg.	*beständig 20°;*
			bedingt beständig 80°
		93% Lg.	*unbeständig 20°*
		rauchend	*unbeständig 20°*
98	Furanzemente	40% Lg.	*beständig 100°*
		50% Lg.	*bedingt beständig 100°*
		60% Lg.	*bedingt beständig 50°*
		70% Lg.	*unbeständig 100°*
		80% Lg.	*bedingt beständig 20°*
		konz. Säure	*unbeständig 20°*
		rauchend	*unbeständig 20°*

Schwefeltrioxyd. SO_3

W. V. Nr.	Werkstoff	Zusammensetzung des angreifenden Stoffes	Verhalten gegen den angreifenden Stoff
1	Kohlenstoff	90—100%	*beständig 120°: 14*
21	Glas	90—100%	*beständig 100°*
22	Quarz	90—100%	*beständig 100°*
23	Natursteine	wasserfrei	*beständig: 239*
26	Steinzeug	90—100%	*beständig 100°*

W. V. Nr.	Werkstoff	Zusammensetzung des angreifenden Stoffes	Verhalten gegen den angreifenden Stoff
27	Porzellan	90—100%	*beständig 100°*
31	Weichgummi	100%	*unbeständig 25°*
32	Hartgummi	100%	*unbeständig 25°*
41	Phenolharze	wasserfrei, 100%	*beständig 25°: 411*
44	Polyesterharze	wasserfrei, 100%	*beständig 20°: 441;* *bedingt beständig 65°: 441;* *unbeständig 90°: 441*
51	Polymere Kohlenwasserstoffe	100%	*unbeständig 20°: 514*
52	Polymere halogenierte Kohlenwasserstoffe	wasserfrei, 100%	*beständig 25°: 523*
77	Bitumenhaltige und asphalthaltige Stoffe	flüssig	*unbeständig 25°*
91	Silikatzemente		*beständig 520°*
96	Phenolzemente		*unbeständig 20°*
97	Schwefelzemente		*unbeständig 20°*
98	Furanzemente		*unbeständig 20°*

Schwefelwasserstoff. H_2S

W. V. Nr.	Werkstoff	Zusammensetzung des angreifenden Stoffes	Verhalten gegen den angreifenden Stoff
1	Kohlenstoff	verd.-konz. Lg.	*beständig bei Siedetemp.: 14*
21	Glas	Gas und Lg.	*beständig*
22	Quarz	Gas und Lg.	*beständig*
23	Natursteine	Gas und Lg.	*beständig 25°: 239*
24	Zementhaltige Baustoffe	Gas in Gegenwart von H_2O	*bedingt beständig* (Eisenportlandzement und Hochofenzement günstiger, gute Lüftung empfohlen bei dichtem Beton)
25	Keramische Auskleidungen	Gas und Lg.	*beständig*
26	Steinzeug	Gas und Lg.	*beständig*
27	Porzellan	Gas und Lg.	*beständig*
29	Email	Gas und Lg.	*beständig*
31	Weichgummi	Gas, trocken	*beständig*
32	Hartgummi	Gas, trocken	*beständig*
33	Butadienpolymerisate	Gas, trocken	*beständig*
41	Phenolharze	Gas, trocken	*beständig 25°: 411*
44	Polyesterharze	10% Lg. Gas	*beständig 40°: 441* *beständig 120°: 441*
51	Polymere Kohlenwasserstoffe	5% Lg. ges. Lg. Gas	*beständig 70°: 514* *beständig 60°: 512* *beständig 70°: 514*
52	Polymere halogenierte Kohlenwasserstoffe	ges. Lg. Gas, trocken, 100%	*beständig 40°: 521, 521 w, 522;* *bedingt beständig 60°: 521* *beständig 40°: 522, 523;* *beständig 60°: 521, 521 w*
77	Bitumenhaltige und asphalthaltige Stoffe	6% Lg. Gas	*beständig 65°* *beständig 65°*
8	Holz	Gas	*beständig*

W. V. Nr.	Werkstoff	Zusammensetzung des angreifenden Stoffes	Verhalten gegen den angreifenden Stoff
91	Silikatzemente	Gas 5% Lg.	*beständig 530°;* *beständig 40°*
92	Säurekitte mit Wasserglas	Gas	*beständig:* 922
93	Säurekitte mit Kunstharz	Gas	*beständig:* 931, 932, 933, 934
95	Säurekitte mit Asbest und Phenolharz	Gas	*beständig*
96	Phenolzemente	Gas und Lg.	*beständig 50°*
97	Schwefelzemente	Gas 5% Lg.	*beständig 80°* *beständig 50°*
98	Furanzemente	Gas	*beständig 50°*

Schweflige Säure. H_2SO_3

W. V. Nr.	Werkstoff	Zusammensetzung des angreifenden Stoffes	Verhalten gegen den angreifenden Stoff
1	Kohlenstoff	konz. Lg.	*beständig 100°*
21	Glas	konz. Lg.	*beständig*
23	Natursteine	verd.-konz. Lg.	*unbeständig 20°:* 239
24	Zementhaltige Baustoffe	Lg.	*unbeständig 20°*
26	Steinzeug	konz. Lg.	*beständig*
27	Porzellan	konz. Lg.	*beständig*
31	Weichgummi	10—20% Lg.	*beständig 25°*
32	Hartgummi	10—20% Lg.	*beständig 25°*
35	Isoprenmisch-polymerisate	50% Lg. 75% Lg.	*beständig 80°:* 351 *beständig 50°:* 351
41	Phenolharze	Lg.	*beständig:* 411
42	Carbamidharze	Lg.	*bedingt beständig:* 421, 423
44	Polyesterharze	10% Lg.	*beständig 20°:* 441
46	Polyamide	Lg.	*unbeständig*
51	Polymere Kohlen-wasserstoffe	Lg. 10% Lg. kalt ges. Lg. (8 atü)	*beständig 60°:* 511 *beständig 60°:* 512, 514 *unbeständig 20°:* 512
52	Polymere halo-genierte Kohlen-wasserstoffe	verd.-konz. Lg. kalt ges. Lg. (8 atü)	*beständig 25°:* 521, 522, 523 *beständig 20°:* 521
55	Polyacryl- und Polymethacryl-verbindungen	1% Lg.	*beständig:* 553
62	Nicht abgewan-delter Zellstoff	Lg.	*beständig:* 621
63	Zelluloseester	Lg.	*unbeständig:* 631, 632
77	Bitumenhaltige und asphalt-haltige Stoffe	10% Lg.	*beständig 25°*
91	Silikatzemente	5% Lg.	*beständig 110°*
95	Säurekitte mit Asbest und Phenolharz		
96	Phenolzemente	Lg.	*beständig 20°*
97	Schwefelzemente	5% Lg.	*beständig 20°*
98	Furanzemente	5% Lg.	*beständig 20°*

W. V. Nr.	Werkstoff	Zusammensetzung des angreifenden Stoffes	Verhalten gegen den angreifenden Stoff
Sebacinsäure. HOOC · (CH$_2$)$_8$ · COOH. *SP 295° (100 mm)*			
21	Glas	100%	*beständig*
26	Steinzeug	100%	*beständig*
27	Porzellan	100%	*beständig*
Seewasser.			
21	Glas	natürl. Seewasser	*beständig*
22	Quarz	natürl. Seewasser	*beständig*
23	Natursteine	natürl. Seewasser	*beständig*
25	Keramische Auskleidungen	natürl. Seewasser	*beständig*
26	Steinzeug	natürl. Seewasser	*beständig*
27	Porzellan	natürl. Seewasser	*beständig*
46	Polyamide	natürl. Seewasser	*beständig*
47	Polyurethane	natürl. Seewasser	*beständig*
51	Polymere Kohlenwasserstoffe	natürl. Seewasser	*beständig 60°: 511; beständig 100°: 512*
52	Polymere halogenierte Kohlenwasserstoffe	natürl. Seewasser	*beständig 20°: 521 w; beständig 40°: 521, 522; bedingt beständig 40°: 521 w; bedingt beständig 60°: 521; unbeständig 100°: 521*
55	Polyacryl- und Polymethacrylverbindungen	natürl. Seewasser	*beständig: 553*
Seife.			
1	Kohlenstoff	Lg.	*beständig*
21	Glas	Lg.	*beständig*
22	Quarz	Lg.	*beständig*
23	Natursteine	Lg.	*beständig*
24	Zementhaltige Baustoffe	Lg.	*bedingt beständig*
25	Keramische Auskleidungen	Lg.	*beständig*
26	Steinzeug	Lg.	*beständig*
27	Porzellan	Lg.	*beständig*
29	Email	Lg.	*beständig*
31	Weichgummi	Lg.	*beständig*
32	Hartgummi	Lg.	*beständig*
33	Butadienpolymerisate	Lg.	*beständig*
43	Furanharze	Lg.	*beständig 120°*
51	Polymere Kohlenwasserstoffe	konz. Lg.	*unbeständig 20°: 512*
52	Polymere halogenierte Kohlenwasserstoffe	konz. Lg.	*beständig 20°: 521; bedingt beständig 60°: 521*
8	Holz	konz. Lg.	*beständig*
91	Silikatzemente	Lg.	*bedingt beständig 20°; unbeständig bei Siedetemp.*
95	Säurekitte mit Asbest und Phenolharz	konz. Lg.	*beständig*

W. V. Nr.	Werkstoff	Zusammensetzung des angreifenden Stoffes	Verhalten gegen den angreifenden Stoff
97	Schwefelzemente	Lg.	*bedingt beständig 20°; unbeständig bei Siedetemp.*

Selenige Säure. H_2SeO_3

W. V. Nr.	Werkstoff	Zusammensetzung des angreifenden Stoffes	Verhalten gegen den angreifenden Stoff
21	Glas	10—30% Lg.	*beständig 100°*
26	Steinzeug	10—30% Lg.	*beständig 100°*
27	Porzellan	10—30% Lg.	*beständig 100°*

Silbernitrat. $AgNO_3$

W. V. Nr.	Werkstoff	Zusammensetzung des angreifenden Stoffes	Verhalten gegen den angreifenden Stoff
1	Kohlenstoff	verd.-konz. Lg.	*beständig 100°: 14*
21	Glas	verd.-konz. Lg.	*beständig 100°*
23	Natursteine	10—60% Lg.	*beständig 25°: 239*
26	Steinzeug	verd.-konz. Lg.	*beständig 100°*
27	Porzellan	verd.-konz. Lg.	*beständig 100°*
31	Weichgummi	10—60% Lg.	*beständig 50°*
32	Hartgummi	10—60% Lg.	*beständig 50°*
35	Isoprenmisch-polymerisate	25—75% Lg.	*beständig 70°: 351*
43	Furanharze	Lg.	*beständig bei Siedetemp.*
44	Polyesterharze	10—25% Lg. fest	*beständig 95°: 441* *beständig 65°: 441*
51	Polymere Kohlen-wasserstoffe	8% Lg. 10% Lg. 50% Lg. fest	*beständig 70°: 514* *beständig 60°: 511* *beständig 60°: 511* *beständig 60°: 511;* *beständig 70°: 514*
52	Polymere halo-genierte Kohlen-wasserstoffe	8% Lg. 10% Lg. 50% Lg.	*beständig 40°: 521, 522, 523;* *bedingt beständig 60°: 521;* *unbeständig 80°: 521* *beständig 50°: 523* *beständig 40°: 522;* *beständig 50°: 523*
55	Polyacryl- und Polymethacryl-verbindungen	Lg.	*beständig 100°: 553*
77	Bitumenhaltige und asphalt-haltige Stoffe	25% Lg. fest	*beständig 65°* *beständig 20°*
91	Silikatzemente	25% Lg. fest	*beständig 110°* *bedingt beständig 260°*
96	Phenolzemente	10% Lg.	*beständig 100°*
97	Schwefelzemente	5% Lg. konz. Lg. fest	*beständig 80°* *bedingt beständig* *beständig 20°*
98	Furanzemente	10% Lg.	*beständig 100°*

Siliciumtetrachlorid. $SiCl_4$. *SP 57°*

W. V. Nr.	Werkstoff	Zusammensetzung des angreifenden Stoffes	Verhalten gegen den angreifenden Stoff
21	Glas	verd.-konz. Lg.	*beständig 100°*
26	Steinzeug	verd.-konz. Lg.	*beständig 100°*
27	Porzellan	verd.-konz. Lg.	*beständig 100°*
31	Weichgummi	100%	*beständig 25°*
32	Hartgummi	100%	*beständig 25°*

W. V. Nr.	Werkstoff	Zusammensetzung des angreifenden Stoffes	Verhalten gegen den angreifenden Stoff

Spinnbäder.

W. V. Nr.	Werkstoff	Zusammensetzung des angreifenden Stoffes	Verhalten gegen den angreifenden Stoff
1	Kohlenstoff	verd.-konz. Lg. $12-16\%$ H_2SO_4; $30-32\%$ Na_2SO_4; $0,5-1,5\%$ $ZnSO_4$; $0,1\%$ CS_2; $0,3\%$ H_2SO_4 (event. $MgSO_4$)	*beständig bei Siedetemp.: 14* *beständig*
21	Glas	$12-16\%$ H_2SO_4; $30-32\%$ Na_2SO_4; $0,5-1,5\%$ $ZnSO_4$; $0,1\%$ CS_2; $0,3\%$ H_2SO_4 (event. $MgSO_4$)	*beständig*
22	Quarz	$12-16\%$ H_2SO_4; $30-32\%$ Na_2SO_4; $0,5-1,5\%$ $ZnSO_4$; $0,1\%$ CS_2; $0,3\%$ H_2SO_4 (event. $MgSO_4$)	*beständig*
23	Natursteine	$12-16\%$ H_2SO_4; $30-32\%$ Na_2SO_4; $0,5-1,5\%$ $ZnSO_4$; $0,1\%$ CS_2; $0,3\%$ H_2SO_4 (event. $MgSO_4$)	*beständig*
24	Zementhaltige Baustoffe	$12-16\%$ H_2SO_4; $30-32\%$ Na_2SO_4; $0,5-1,5\%$ $ZnSO_4$; $0,1\%$ CS_2; $0,3\%$ H_2SO_4 (event. $MgSO_4$)	*unbeständig*
25	Keramische Auskleidungen	$12-16\%$ H_2SO_4; $30-32\%$ Na_2SO_4; $0,5-1,5\%$ $ZnSO_4$; $0,1\%$ CS_2; $0,3\%$ H_2SO_4 (event. $MgSO_4$)	*beständig*
26	Steinzeug	$12-16\%$ H_2SO_4; $30-32\%$ Na_2SO_4; $0,5-1,5\%$ $ZnSO_4$; $0,1\%$ CS_2; $0,3\%$ H_2SO_4 (event. $MgSO_4$)	*beständig*
27	Porzellan	$12-16\%$ H_2SO_4; $30-32\%$ Na_2SO_4; $0,5-1,5\%$ $ZnSO_4$; $0,1\%$ CS_2; $0,3\%$ H_2SO_4 (event. $MgSO_4$)	*beständig*
29	Email	$12-16\%$ H_2SO_4; $30-32\%$ Na_2SO_4; $0,5-1,5\%$ $ZnSO_4$; $0,1\%$ CS_2; $0,3\%$ H_2SO_4 (event. $MgSO_4$)	*beständig*
51	Polymere Kohlenwasserstoffe	bis 100 mg/l CS_2 200 mg/l CS_2 700 mg/l CS_2	*beständig 50°: 512 (gefüllt)* *bedingt beständig 50°: 512 (gefüllt)* *unbeständig 50°: 512 (gefüllt)*
52	Polymere halogenierte Kohlenwasserstoffe	bis 100 mg/l CS_2 200 mg/l CS_2 700 mg/l CS_2	*beständig 50°: 521* *bedingt beständig 50°: 521* *unbeständig 50°: 521*
95	Säurekitte mit Asbest und Phenolharz	Lg.	*beständig*

W. V. Nr.	Werkstoff	Zusammensetzung des angreifenden Stoffes	Verhalten gegen den angreifenden Stoff
Standöl.			
1	Kohlenstoff	Handelsware	*beständig*
21	Glas	Handelsware	*beständig*
22	Quarz	Handelsware	*beständig*
23	Natursteine	Handelsware	*beständig*
24	Zementhaltige Baustoffe	Handelsware	*beständig,* nur bei dichtem Beton (Schutz mit Wasserglas oder Silicofluoriden empfohlen)
25	Keramische Auskleidungen	Handelsware	*beständig*
26	Steinzeug	Handelsware	*beständig*
27	Porzellan	Handelsware	*beständig*
29	Email	Handelsware	*beständig* (Kessel)
51	Polymere Kohlenwasserstoffe	Handelsware	*unbeständig:* 512 (gefüllt und ungefüllt)
52	Polymere halogenierte Kohlenwasserstoffe	Handelsware	*beständig:* 521
8	Holz	Handelsware	*beständig*
95	Säurekitte mit Bitumen	Handelsware	*beständig*
Stärke. $(C_6H_{10}O_5)x$			
51	Polymere Kohlenwasserstoffe	Lg. Stärkesirup, übliche Konzentration	*beständig* 60°: 511 *beständig* 100°: 512
52	Polymere halogenierte Kohlenwasserstoffe	Stärkesirup, übliche Konzentration	*beständig* 60°: 521; *unbeständig* 100°: 521
Stearinsäure. $CH_3 \cdot (CH_2)_{16} \cdot COOH.$ *SP 291° (100 mm)*			
1	Kohlenstoff	Handelsware	*beständig bei Siedetemp.:* 14
21	Glas	Handelsware	*beständig* *beständig* 100°: 218
22	Quarz	Handelsware	*beständig*
23	Natursteine	Handelsware	*beständig* 25°: 239
24	Zementhaltige Baustoffe	Handelsware	*unbeständig*
25	Keramische Auskleidungen	Handelsware	*beständig*
26	Steinzeug	Handelsware	*beständig*
27	Porzellan	Handelsware	*beständig*
29	Email	Handelsware	*beständig*
31	Weichgummi	Handelsware	*unbeständig*
32	Hartgummi	Handelsware	*unbeständig*
33	Butadienpolymerisate	Handelsware	*unbeständig*
36	Chloroprenpolymerisate	Handelsware	*bedingt beständig 70°*
41	Phenolharze	Handelsware	*beständig* 25°: 411
43	Furanharze	Handelsware	*beständig 120°*
44	Polyesterharze	Handelsware	*beständig* 120°: 441
47	Polyurethane	Handelsware	*beständig 20°*

W. V Nr.	Werkstoff	Zusammensetzung des angreifenden Stoffes	Verhalten gegen den angreifenden Stoff
51	Polymere Kohlenwasserstoffe	Handelsware	*beständig 60°: 511; 70°: 514; unbeständig 60°: 512*
52	Polymere halogenierte Kohlenwasserstoffe	Handelsware;	*beständig 25°: 523; beständig 60°: 521*
55	Polyacryl- und Polymethacrylverbindungen	Lg.	*beständig 100°: 553*
77	Bitumenhaltige und asphalthaltige Stoffe	Handelsware	*unbeständig 25°*
8	Holz	Handelsware	*bedingt beständig*
91	Silikatzemente	Handelsware	*beständig bei Siedetemp.*
95	Säurekitte mit Asbest und Phenolharz	Handelsware	*beständig*
97	Schwefelzemente	Handelsware	*beständig 80°*

Stickstoffoxyde.

W. V Nr.	Werkstoff	Zusammensetzung des angreifenden Stoffes	Verhalten gegen den angreifenden Stoff
51	Polymere Kohlenwasserstoffe	Gas, verdünnt, feucht, trocken	*bedingt beständig 60°: 511*
52	Polymere halogenierte Kohlenwasserstoffe	Gas, verdünnt, feucht, trocken	*bedingt beständig 60°: 521*
		Gas, konz., feucht	*unbeständig 20°: 521, 521 w*

Strontiumnitrat. $Sr(NO_3)_2$

W. V Nr.	Werkstoff	Zusammensetzung des angreifenden Stoffes	Verhalten gegen den angreifenden Stoff
21	Glas	Lg.	*beständig*
24	Zementhaltige Baustoffe	10% Lg. / fest	*beständig 25° / beständig 25°*
26	Steinzeug	Lg.	*beständig*
27	Porzellan	Lg.	*beständig*
31	Weichgummi	fest	*beständig 25°*
32	Hartgummi	fest	*beständig 25°*
41	Phenolharze	10% Lg.	*beständig 50°: 411*

Sulfurylchlorid. SO_2Cl_2. *SP 69,1°*

W. V Nr.	Werkstoff	Zusammensetzung des angreifenden Stoffes	Verhalten gegen den angreifenden Stoff
1	Kohlenstoff	Handelsware	*beständig*
21	Glas	Handelsware	*beständig (Rohre)*
22	Quarz	Handelsware	*beständig*
23	Natursteine	Handelsware	*beständig*
24	Zementhaltige Baustoffe	Handelsware	*unbeständig*
25	Keramische Auskleidungen	Handelsware	*beständig*
26	Steinzeug	Handelsware	*beständig*
27	Porzellan	Handelsware	*beständig*
29	Email	Handelsware	*beständig (aber nicht geeignet für Chlorierungsapparate aus thermischen Gründen)*
51	Polymere Kohlenwasserstoffe	Handelsware	*unbeständig 20°: 511*

W. V. Nr.	Werkstoff	Zusammensetzung des angreifenden Stoffes	Verhalten gegen den angreifenden Stoff
52	Polymere halogenierte Kohlenwasserstoffe	Handelsware	*unbeständig 20°: 521*
92	Säurekitte mit Wasserglas	Handelsware	*beständig: 922*
93	Säurekitte mit Kunstharz	Handelsware	*unbeständig: 931, 932, 933, 934*

Synthetische Harze.

21	Glas	Herstellung	*beständig*
26	Steinzeug	Herstellung	*beständig* (geeignet für Harnstoff-Formaldehydharze)
27	Porzellan	Herstellung	*beständig*
29	Email	Herstellung	*bedingt beständig* (für Mischungen von Phenol + Formaldehyd, eventuell verwendbar)

Tallöl.

1	Kohlenstoff	Handelsware	*beständig*
21	Glas	Handelsware	*beständig*
22	Quarz	Handelsware	*beständig*
23	Natursteine	Handelsware	*beständig*
24	Zementhaltige Baustoffe	Handelsware	*bedingt beständig* (alter Beton); *unbeständig* (neuer Beton)
25	Keramische Auskleidungen	Handelsware	*beständig*
26	Steinzeug	Handelsware	*beständig*
27	Porzellan	Handelsware	*beständig*
29	Email	Handelsware	*beständig*
51	Polymere Kohlenwasserstoffe	Handelsware	*unbeständig: 512* (gefüllt und ungefüllt)
52	Polymere halogenierte Kohlenwasserstoffe	Handelsware	*beständig: 521*

Tannin.

21	Glas	10% Lg.	*beständig 20°: 218*
23	Natursteine	10—40% Lg.	*beständig 25°*
26	Steinzeug	verd.-konz. Lg.	*beständig 100°*
27	Porzellan	verd.-konz. Lg.	*beständig 100°*
31	Weichgummi	10—50% Lg.	*beständig 50°*
32	Hartgummi	10—50% Lg.	*beständig 50°*
41	Phenolharze	fest	*beständig 25°: 411*
44	Furanharze	Handelsware	*beständig 100°: 441*
51	Polymere Kohlenwasserstoffe	10% Lg.	*beständig 60°: 511; 70°: 514*
		fest	*beständig 70°: 514*
52	Polymere halogenierte Kohlenwasserstoffe	Lg.	*beständig 60°: 521*
		fest	*beständig 25°: 523*
8	Holz	Lg.	*beständig*

W. V. Nr.	Werkstoff	Zusammensetzung des angreifenden Stoffes	Verhalten gegen den angreifenden Stoff
95	Säurekitte mit Asbest und Phenolharz	Lg.	*beständig 20°*
96	Phenolzemente	25% Lg. fest	*beständig 100°* *beständig 120°*
97	Schwefelzemente	25% Lg. fest	*beständig 100°* *beständig 100°*
98	Furanzemente	25% Lg. fest	*beständig 100°* *beständig 120°*

Teer.

W. V. Nr.	Werkstoff	Zusammensetzung des angreifenden Stoffes	Verhalten gegen den angreifenden Stoff
21	Glas	Handelsware	*beständig*
22	Quarz	Handelsware	*beständig*
23	Natursteine	Handelsware	*beständig*
24	Zementhaltige Baustoffe	säurefrei und bituminöse Rückstände	*beständig* (Lagerung)
25	Keramische Auskleidungen	saurer Teer	*beständig* (Behälter)
26	Steinzeug	Handelsware	*beständig*
27	Porzellan	Handelsware	*beständig*
33	Butadienpolymerisate	Handelsware	*unbeständig*
51	Polymere Kohlenwasserstoffe	Handelsware	*unbeständig:* 512 (gefüllt und ungefüllt)
52	Polymere halogenierte Kohlenwasserstoffe	Handelsware	*beständig 20°;* *unbeständig 70°:* 521
92	Säurekitte mit Wasserglas	Handelsware	*beständig:* 921, 922
93	Säurekitte mit Kunstharz	Handelsware	*beständig:* 931, 932, 933, 934

Teeröl.

W. V. Nr.	Werkstoff	Zusammensetzung des angreifenden Stoffes	Verhalten gegen den angreifenden Stoff
21	Glas	Handelsware	*beständig*
22	Quarz	Handelsware	*beständig*
23	Natursteine	Handelsware	*beständig*
24	Zementhaltige Baustoffe	säurefrei und bituminöse Rückstände von Teerdestillation	*beständig*
25	Keramische Auskleidungen	saure Teeröle	*beständig*
26	Steinzeug	Handelsware	*beständig*
27	Porzellan	Handelsware	*beständig*
33	Butadienpolymerisate	Handelsware	*unbeständig*
51	Polymere Kohlenwasserstoffe	Handelsware	*unbeständig:* 512 (gefüllt und ungefüllt)
52	Polymere halogenierte Kohlenstoffe	Handelsware	*beständig 20°:* 521; *unbeständig 70°:* 521
92	Säurekitte mit Wasserglas	Handelsware	*beständig:* 921, 922
93	Säurekitte mit Kunstharz	Handelsware	*beständig:* 932, 933, 934

W. V. Nr.	Werkstoff	Zusammensetzung des angreifenden Stoffes	Verhalten gegen den angreifenden Stoff

Terpentin, Terpentinöl.

W. V. Nr.	Werkstoff	Zusammensetzung des angreifenden Stoffes	Verhalten gegen den angreifenden Stoff
1	Kohlenstoff	Handelsware	*beständig*
21	Glas	Handelsware	*beständig*
22	Quarz	Handelsware	*beständig*
23	Natursteine	Handelsware	*beständig*
24	Zementhaltige Baustoffe	Handelsware	*beständig* (aber eventuell undicht)
25	Keramische Auskleidungen	Handelsware	*beständig*
26	Steinzeug	Handelsware	*beständig*
27	Porzellan	Handelsware	*beständig*
29	Email	Handelsware	*beständig*
31	Weichgummi	Handelsware	*unbeständig*
32	Hartgummi	Handelsware	*unbeständig*
33	Butadien-polymerisate	Handelsware	*unbeständig*
36	Chloropren-polymerisate	Handelsware	*unbeständig*
41	Phenolharze	Handelsware	*beständig:* 411
42	Carbamidharze	Handelsware	*beständig:* 421, 423
46	Polyamide	Handelsware	*beständig*
51	Polymere Kohlen-wasserstoffe	Handelsware	*bedingt beständig 20°:* 511; *unbeständig:* 512, 514; *unbeständig 60°:* 511
52	Polymere halogenierte Kohlen-wasserstoffe	Handelsware	*unbeständig:* 521
55	Polyacryl- und Polymethacryl-verbindungen	Handelsware	*beständig:* 552, 553
62	Nicht abgewandelter Zellstoff	Handelsware	*beständig:* 621
63	Zelluloseester	Handelsware	*beständig:* 631, 632
8	Holz	Handelsware	*beständig*
92	Säurekitte mit Wasserglas	Handelsware	*beständig:* 921, 922
93	Säurekitte mit Kunstharz	Handelsware	*beständig:* 931, 932, 933, 934
95	Säurekitte mit Asbest und Phenolharz	Handelsware	*unbeständig*

Tetrachloräthan. $CH_2Cl \cdot CCl_3$. *SP 130,5°.* $CHCl_2 \cdot CHCl_2$. *SP 146,2°*

W. V. Nr.	Werkstoff	Zusammensetzung des angreifenden Stoffes	Verhalten gegen den angreifenden Stoff
1	Kohlenstoff	Handelsware	*beständig 100°:* 14
21	Glas	Handelsware	*beständig*
26	Steinzeug	Handelsware	*beständig*
27	Porzellan	Handelsware	*beständig*
52	Polymere halogenierte Kohlen-wasserstoffe	Handelsware	*beständig 25°:* 5251
55	Polyacryl- und Polymethacryl-verbindungen	Handelsware	*unbeständig:* 552, 553

W. V. Nr.	Werkstoff	Zusammensetzung des angreifenden Stoffes	Verhalten gegen den angreifenden Stoff
92	Säurekitte mit Wasserglas	Handelsware	*beständig:* 921, 922
93	Säurekitte mit Kunstharz	Handelsware	*beständig:* 931, 932, 933, 934

Tetrachloräthylen. $CCl_2 = CCl_2$. *SP 120,8°*

W. V. Nr.	Werkstoff	Zusammensetzung des angreifenden Stoffes	Verhalten gegen den angreifenden Stoff
1	Kohlenstoff	Handelsware	*beständig bei Siedetemp.:* 14
21	Glas	Handelsware	*beständig 75°*
26	Steinzeug	Handelsware	*beständig 75°*
27	Porzellan	Handelsware	*beständig 75°*
52	Polymere halogenierte Kohlenwasserstoffe	Handelsware	*unbeständig 25°:* 5251
55	Polyacryl- und Polymethacrylverbindungen	Handelsware	*unbeständig:* 552, 553

Tetrachlorkohlenstoff. CCl_4. *SP 76,7°*

W. V. Nr.	Werkstoff	Zusammensetzung des angreifenden Stoffes	Verhalten gegen den angreifenden Stoff
1	Kohlenstoff	Handelsware	*beständig bei Siedetemp.:* 14
21	Glas	Handelsware	*beständig*
		Handelsware	*beständig bei Siedetemp.:* 218
22	Quarz	Handelsware	*beständig*
23	Natursteine	Handelsware	*beständig*
24	Zementhaltige Baustoffe	Handelsware	*beständig* (aber eventuell undicht)
25	Keramische Auskleidungen	Handelsware	*beständig*
26	Steinzeug	Handelsware	*beständig*
27	Porzellan	Handelsware	*beständig*
29	Email	Handelsware	*beständig*
31	Weichgummi	Handelsware	*unbeständig 25°*
32	Hartgummi	Handelsware	*unbeständig 25°*
35	Isoprenmischpolymerisate	Handelsware	*unbeständig 20°:* 351
36	Chloroprenpolymerisate	Handelsware	*unbeständig*
41	Phenolharze	Handelsware	*beständig:* 411 + Asbest
43	Furanharze	Handelsware	*beständig bei Siedetemp.;* *beständig:* 43 + Asbest
51	Polymere Kohlenwasserstoffe	Handelsware	*unbeständig 20°:* 511, 512, 514
52	Polymere halogenierte Kohlenwasserstoffe	Handelsware	*bedingt beständig 20°:* 521, 522, 523; *unbeständig 60°:* 521
54	Polyvinylester und Derivate	Handelsware	*unbeständig:* 541
55	Polyacryl- und Polymethacrylverbindungen	Handelsware	*unbeständig:* 553
77	Bitumenhaltige und asphalthaltige Stoffe	Handelsware	*unbeständig 25°*
8	Holz	Handelsware	*beständig*
91	Silikatzemente	Handelsware	*beständig bei Siedetemp.*

W. V. Nr.	Werkstoff	Zusammensetzung des angreifenden Stoffes	Verhalten gegen den angreifenden Stoff
92	Säurekitte mit Wasserglas	Handelsware	*beständig:* 921, 922
93	Säurekitte mit Kunstharz	Handelsware	*beständig:* 931, 932, 933, 934
95	Säurekitte mit Asbest und Phenolharz	Handelsware	*beständig*
97	Schwefelzemente	Handelsware	*unbeständig 20°*
98	Furanzemente	Handelsware	*beständig 70°*

Tetralin. $C_6H_4\begin{smallmatrix}CH_2 \cdot CH_2\\ \\ CH_2 \cdot CH_2\end{smallmatrix}$. *SP 206°*

21	Glas	Handelsware	*beständig 25°*
26	Steinzeug	Handelsware	*beständig 25°*
27	Porzellan	Handelsware	*beständig 25°*
36	Chloropren-polymerisate	Handelsware	*unbeständig*
52	Polymere halo-genierte Kohlen-wasserstoffe	Handelsware	*unbeständig 20°:* 522

Thionylchlorid. $SOCl_2$. *SP 78,8°*

1	Kohlenstoff	Handelsware	*beständig*
21	Glas	Handelsware	*beständig*
22	Quarz	Handelsware	*beständig*
23	Natursteine	Handelsware	*beständig*
24	Zementhaltige Baustoffe	Handelsware	*unbeständig*
25	Keramische Auskleidungen	Handelsware	*beständig*
26	Steinzeug	Handelsware	*beständig*
27	Porzellan	Handelsware	*beständig*
29	Email	Handelsware	*beständig*
31	Weichgummi	Handelsware	*unbeständig*
32	Hartgummi	Handelsware	*unbeständig*
33	Butadien-polymerisate	Handelsware	*unbeständig*
51	Polymere Kohlen-wasserstoffe	Handelsware	*unbeständig 20°:* 512
52	Polymere halo-genierte Kohlen-wasserstoffe	Handelsware	*unbeständig 20°:* 521

Toluol. $C_6H_5 \cdot CH_3$. *SP 110,8°*

1	Kohlenstoff	Handelsware	*beständig bei Siedetemp.:* 14
21	Glas	Handelsware	*beständig*
22	Quarz	Handelsware	*beständig*
23	Natursteine	Handelsware	*beständig bei Siedetemp.:* 239
24	Zementhaltige Baustoffe	Handelsware	*beständig*
25	Keramische Auskleidungen	Handelsware	*beständig* (aber eventuell undicht)
26	Steinzeug	Handelsware	*beständig*

W. V. Nr.	Werkstoff	Zusammensetzung des angreifenden Stoffes	Verhalten gegen den angreifenden Stoff
27	Porzellan	Handelsware	*beständig*
29	Email	Handelsware	*beständig*
31	Weichgummi	Handelsware	*unbeständig*
32	Hartgummi	Handelsware	*unbeständig*
33	Butadien-polymerisate	Handelsware	*unbeständig*
36	Chloropren-polymerisate	Handelsware	*unbeständig*
41	Phenolharze	Handelsware	*bedingt beständig bei Siedetemp.:* 411 + Asbest
43	Furanharze	Handelsware	*beständig 20°; beständig:* 43 + Asbest
46	Polyamide	Handelsware	*beständig*
51	Polymere Kohlen-wasserstoffe	Handelsware	*unbeständig 20°:* 511, 512
52	Polymere halo-genierte Kohlen-wasserstoffe	Handelsware	*beständig bei Siedetemp.:* 524; *unbeständig 20°:* 521, 521 w, 5251
54	Polyvinylester und Derivate	Handelsware	*unbeständig:* 541
55	Polyacryl- und Polymethacryl-verbindungen	Handelsware	*unbeständig:* 553
92	Säurekitte mit Wasserglas	Handelsware	*beständig:* 921, 922
93	Säurekitte mit Kunstharz	Handelsware	*beständig:* 931, 932, 933, 934
95	Säurekitte mit Asbest und Phenolharz	Handelsware	*beständig*

Toluolsulfochlorid. $CH_3 \cdot C_6H_4 \cdot SO_2Cl.$ *SP 126—146°*

1	Kohlenstoff	Handelsware	*beständig 25°:* 14
21	Glas	Handelsware	*beständig*
22	Quarz	Handelsware	*beständig* (Reaktionskessel)
23	Natursteine	Handelsware	*beständig*
24	Zementhaltige Baustoffe	Handelsware	*unbeständig*
25	Keramische Auskleidungen	Handelsware	*beständig*
26	Steinzeug	Handelsware	*beständig*
27	Porzellan	Handelsware	*beständig*
29	Email	Handelsware	*beständig*
31	Weichgummi	Handelsware	*unbeständig*
32	Hartgummi	Handelsware	*unbeständig*
33	Butadien-polymerisate	Handelsware	*unbeständig*
51	Polymere Kohlen-wasserstoffe	Handelsware	*unbeständig:* 512 (gefüllt und ungefüllt)
52	Polymere halo-genierte Kohlen-wasserstoffe	Handelsware	*unbeständig:* 521
8	Holz	Handelsware	*beständig*

W. V. Nr.	Werkstoff	Zusammensetzung des angreifenden Stoffes	Verhalten gegen den angreifenden Stoff
Transformatorenöle.			
52	Polymere halogenierte Kohlenwasserstoffe	Handelsware	*beständig 20°: 522*
Traubenzucker. $C_6H_{12}O_6$			
51	Polymere Kohlenwasserstoffe	kalt ges. Lg.	*beständig 20°: 512; 60°: 512 (ungefüllt); bedingt beständig 60°: 512 (gefüllt); 80°: 512 (ungefüllt); unbeständig 80°: 512 (gefüllt)*
52	Polymere halogenierte Kohlenwasserstoffe	kalt ges. Lg.	*beständig 20°: 521; bedingt beständig 60°: 521; unbeständig 80°: 521*
Triäthanolamin.			
1	Kohlenstoff	Handelsware	*beständig 25°: 14*
21	Glas	Handelsware	*beständig 250°: 218*
23	Natursteine	Handelsware	*beständig 25°: 239*
24	Zementhaltige Baustoffe	Handelsware	*beständig 25°*
31	Weichgummi	10—30% Lg.	*beständig 25°*
32	Hartgummi	10—30% Lg.	*beständig 25°*
51	Polymere Kohlenwasserstoffe	Handelsware	*beständig 20°: 512; bedingt beständig 20°: 511; unbeständig 60°: 511*
52	Polymere halogenierte Kohlenwasserstoffe	Handelsware	*beständig 20°: 522, 523*
Triäthylamin. $(C_2H_5)_3N$. *SP 89,4°*			
52	Polymere halogenierte Kohlenwasserstoffe	Handelsware	*bedingt beständig 25°: 5251*
Trichloräthan. $CH_2Cl \cdot CHCl_2$. *SP 113,5°*			
52	Polymere halogenierte Kohlenwasserstoffe	Handelsware	*bedingt beständig 25°: 5251*
Trichloräthylen. $CHCl=CCl_2$. *SP 87,2°*			
1	Kohlenstoff	Handelsware	*beständig bei Siedetemp.: 14*
21	Glas	Handelsware	*beständig bei Siedetemp.: 218*
23	Natursteine	Handelsware	*beständig 25°: 239*
26	Steinzeug	Handelsware	*beständig bei Siedetemp.*
27	Porzellan	Handelsware	*beständig bei Siedetemp.*
31	Weichgummi	Handelsware	*unbeständig 25°*
32	Hartgummi	Handelsware	*unbeständig 25°*
35	Isoprenmischpolymerisate	Handelsware	*unbeständig 20°: 351*
41	Phenolharze	Handelsware	*beständig 25°: 411*
43	Furanharze	Handelsware	*beständig bei Siedetemp.*
44	Polyesterharze	Handelsware	*unbeständig 20°: 441*

W. V. Nr.	Werkstoff	Zusammensetzung des angreifenden Stoffes	Verhalten gegen den angreifenden Stoff
51	Polymere Kohlenwasserstoffe	Handelsware	*unbeständig 20°:* 511, 512 514
52	Polymere halogenierte Kohlenwasserstoffe	Handelsware	*beständig bei Siedetemp.:* 524; *unbeständig 20°:* 521, 5251
55	Polyacryl- und Polymethacrylverbindungen	Handelsware	*unbeständig 20°:* 553
77	Bitumenhaltige und asphalthaltige Stoffe	Handelsware	*unbeständig 25°*
91	Silikatzemente	Handelsware	*beständig bei Siedetemp.*
92	Säurekitte mit Wasserglas	Handelsware	*beständig:* 921
93	Säurekitte mit Kunstharz	Handelsware	*beständig:* 931, 932, 933, 934
96	Phenolzemente	Handelsware	*beständig 50°*
97	Schwefelzemente	Handelsware	*unbeständig 20°*
98	Furanzemente	Handelsware	*beständig 50°*

Trichlorbenzol. $C_6H_3Cl_3$. *SP (o, m, p) 208—219°*

W. V. Nr.	Werkstoff	Zusammensetzung des angreifenden Stoffes	Verhalten gegen den angreifenden Stoff
51	Polymere Kohlenwasserstoffe	Handelsware	*unbeständig 20°:* 511

Trichloressigsäure. $CCl_3 \cdot COOH$. *SP 196,5°*

W. V. Nr.	Werkstoff	Zusammensetzung des angreifenden Stoffes	Verhalten gegen den angreifenden Stoff
1	Kohlenstoff	10—30% Lg.	*beständig 100°:* 14
21	Glas	10% Lg. konz. Säure	*beständig 20°:* 218 *beständig 120°:* 218
23	Natursteine	10—40% Lg.	*beständig 25°:* 239
26	Steinzeug	verd.-konz. Lg.	*beständig 100°*
27	Porzellan	verd.-konz. Lg.	*beständig 100°*
31	Weichgummi	10—30% Lg.	*beständig 25°*
32	Hartgummi	10—30% Lg.	*beständig 25°*
36	Chloroprenpolymerisate	10% Lg.	*bedingt beständig 30°*
44	Polyesterharze	10—50% Lg. 75% Lg. 100%	*beständig 95°:* 441 *bedingt beständig 95°:* 441 *bedingt beständig 20°:* 441; *unbeständig 95°:* 441
51	Polymere Kohlenwasserstoffe	10% Lg. rein	*beständig 70°:* 514 *beständig 70°:* 514
52	Polymere halogenierte Kohlenwasserstoffe	Lg.	*beständig bei Siedetemp.:* 524
55	Polyacryl- und Polymethacrylverbindungen	Handelsware	*unbeständig:* 553
77	Bitumenhaltige und asphalthaltige Stoffe	5% Lg. 100%	*bedingt beständig 25°; unbeständig 65° unbeständig 25°*
92	Säurekitte mit Wasserglas	Handelsware	*beständig:* 922
93	Säurekitte mit Kunstharz	Handelsware	*beständig:* 934

W. V. Nr.	Werkstoff	Zusammensetzung des angreifenden Stoffes	Verhalten gegen den angreifenden Stoff
Trichlorpropan. $CH_2Cl \cdot CHCl \cdot CH_2Cl.$ *SP 157°*			
52	Polymere halogenierte Kohlenwasserstoffe	Handelsware	*beständig 25°: 5251*
Trifluoressigsäure. $CF_3 \cdot COOH$			
31	Weichgummi	wasserfrei	*unbeständig 25°*
32	Hartgummi	wasserfrei	*unbeständig 25°*
Trikresylphosphat.			
1	Kohlenstoff	10% Lg.	*beständig 100°: 14*
23	Natursteine	Handelsware	*beständig 25°: 239*
38	Silikongummi	Handelsware	*beständig 20°*
Unterchlorige Säure. HClO			
23	Natursteine	Lg.	*beständig 20°*
31	Weichgummi	Lg.	*beständig 20°*
32	Hartgummi	Lg.	*beständig 20°*
43	Furanharze	Lg.	*unbeständig 20°*
51	Polymere Kohlenwasserstoffe	15% Lg.	*beständig 70°: 514; unbeständig 20°: 512*
52	Polymere halogenierte Kohlenwasserstoffe	bis 10% Lg.	*beständig 40°: 521, 523; bedingt beständig 60°: 521; unbeständig 100°: 521*
		kalt ges. Lg.	*beständig 60°: 521; unbeständig 80°: 521*
55	Polyacral- und Polymethacrylverbindungen	Lg.	*beständig 20°: 553; unbeständig 100°: 553*
77	Bitumenhaltige und asphalthaltige Stoffe	10% Lg.	*beständig 20°; bedingt beständig 65°*
91	Silikatzemente	10% Lg.	*beständig 40°*
96	Phenolzemente	Lg.	*unbeständig 20°*
97	Schwefelzemente	Lg.	*unbeständig 20°*
98	Furanzemente	Lg.	*unbeständig 20°*
Valeriansäure. $CH_3 \cdot CH_2 \cdot CH_2 \cdot COOH.$ *SP 187°*			
21	Glas	10—50% Lg.	*beständig 25°*
26	Steinzeug	10—50% Lg.	*beständig 25°*
27	Porzellan	10—50% Lg.	*beständig 25°*
Vinylacetat. $CH_3COO \cdot CH{=}CH_2$			
51	Polymere Kohlenwasserstoffe	Handelsware	*unbeständig 20°: 512*
52	Polymere halogenierte Kohlenwasserstoffe	Handelsware	*unbeständig 20°: 521*
Vinylchlorid. $CH_2 : CHCl.$ *SP −13,9°*			
1	Kohlenstoff	Handelsware	*beständig 70°: 14*
21	Glas	Handelsware	*beständig 25°*
23	Natursteine	Handelsware	*beständig 25°: 239*
26	Steinzeug	Handelsware	*beständig 25°*
27	Porzellan	Handelsware	*beständig 25°*

W. V. Nr.	Werkstoff	Zusammensetzung des angreifenden Stoffes	Verhalten gegen den angreifenden Stoff
31	Weichgummi	Handelsware	*unbeständig 25°*
32	Hartgummi	Handelsware	*unbeständig 25°*
52	Polymere halogenierte Kohlenwasserstoffe	Handelsware	*beständig 25°: 523*

Viskose.

W. V. Nr.	Werkstoff	Zusammensetzung des angreifenden Stoffes	Verhalten gegen den angreifenden Stoff
1	Kohlenstoff	Viskose-Lg.	*beständig 70°*
21	Glas	Viskose-Lg.	*beständig*
22	Quarz	Viskose-Lg.	*beständig*
23	Natursteine	Viskose-Lg.	*beständig*
24	Zementhaltige Baustoffe	Viskose-Lg.	
25	Keramische Auskleidungen	Viskose-Lg.	*beständig 70°*
26	Steinzeug	Viskose-Lg.	*beständig*
27	Porzellan	Viskose-Lg.	*beständig*
32	Hartgummi	Viskose-Lg.	*beständig*
51	Polymere Kohlenwasserstoffe	Viskose-Lg.	*unbeständig: 512*
52	Polymere halogenierte Kohlenwasserstoffe	Viskose-Lg.	*beständig 60°: 521, 522*
8	Holz	Viskose-Lg.	*beständig*
95	Säurekitte mit Asbest und Phenolharz	Viskose-Lg.	*beständig*

Wachs.

W. V. Nr.	Werkstoff	Zusammensetzung des angreifenden Stoffes	Verhalten gegen den angreifenden Stoff
51	Polymere Kohlenwasserstoffe	Wachsalkohol, 100%	*unbeständig 60°: 512*
52	Polymere halogenierte Kohlenwasserstoffe	Wachsalkohol, 100%	*beständig 60°: 521*

Wasser. H_2O. *SP 100°*

W. V. Nr.	Werkstoff	Zusammensetzung des angreifenden Stoffes	Verhalten gegen den angreifenden Stoff
1	Kohlenstoff	flüssig	*beständig: 14*
		Dampf	*beständig 170°: 14*
21	Glas	flüssig, Dampf	*beständig; unbeständig bei Hochdruck*
		flüssig	*beständig 70°: 218*
		Dampf	*unbeständig: 218*
22	Quarz	flüssig, Dampf	*beständig*
23	Natursteine	flüssig, Dampf	*beständig*
24	Zementhaltige Baustoffe	normales Wasser	*beständig*
		destilliertes und saures Wasser	*unbeständig*
		Dampf	*beständig*
25	Keramische Auskleidungen	flüssig, Dampf	*beständig*
26	Steinzeug	flüssig, Dampf	*beständig*
27	Porzellan	flüssig, Dampf	*beständig*
29	Email	flüssig, Dampf aber in Dampfturbinen	*beständig; unbeständig*

W. V. Nr.	Werkstoff	Zusammensetzung des angreifenden Stoffes	Verhalten gegen den angreifenden Stoff
31	Weichgummi	flüssig Dampf	*beständig* *unbeständig*
32	Hartgummi	flüssig Dampf	*beständig* *unbeständig*
33	Butadien- polymerisate	flüssig Dampf	*beständig* *unbeständig*
46	Polyamide	flüssig	*beständig*
51	Polymere Kohlen- wasserstoffe	flüssig Dampf	*beständig 60°: 511;* *beständig 100°: 512* *unbeständig: 512*
52	Polymere halo- genierte Kohlen- wasserstoffe	flüssig Kondensate von saurem und alkalischem Dampf Dampf	*beständig 20°: 521 w;* *beständig 40°: 521, 522, 5251;* *beständig 100°: 524;* *bedingt beständig 40°: 521 w;* *bedingt beständig 60°: 521;* *unbeständig 100°: 521* *beständig 40°: 522* *beständig 100°: 524;* *unbeständig: 521*
55	Polyacryl- und Polymethacryl-verbindungen	Leitungswasser	*beständig: 553*
8	Holz	flüssig	*bedingt beständig*
92	Säurekitte mit Wasserglas	Dampf nicht unter Druck	*beständig: 921, 922*
93	Säurekitte mit Kunstharz	Dampf nicht unter Druck	*beständig: 931, 932, 933, 934*
95	Säurekitte mit Asbest und Phenolharz	flüssig	*beständig*

Wasserstoff. H_2

1	Kohlenstoff	Gas	*beständig*
21	Glas	Gas	*beständig 500° (undurch-lässig bei 1 mm Stärke)*
22	Quarz	Gas	*beständig bei hoher Temp.*
23	Natursteine	Gas	*beständig*
24	Zementhaltige Baustoffe	Gas	*beständig*
25	Keramische Auskleidungen	Gas	*beständig*
26	Steinzeug	Gas	*beständig*
27	Porzellan	Gas	*beständig*
29	Email	Gas	*beständig;* *bedingt beständig bei höherer Temp.*
31	Weichgummi	Gas	*beständig*
32	Hartgummi	Gas	*beständig*
33	Butadien-polymerisate	Gas	*beständig*
41	Phenolharze	Gas	*beständig 25°*
44	Polyesterharze	Gas	*beständig 120°: 441*

W. V. Nr.	Werkstoff	Zusammensetzung des angreifenden Stoffes	Verhalten gegen den angreifenden Stoff
51	Polymere Kohlenwasserstoffe	Gas	*beständig 70°: 514; 100°: 512*
52	Polymere halogenierte Kohlenwasserstoffe	Gas	*beständig 40°: 522; beständig 60°: 521, 521 w; unbeständig 100°: 521*
77	Bitumenhaltige und asphalthaltige Stoffe	Gas	*beständig 65°*
8	Holz	Gas	*beständig*
91	Silikatzemente	Gas	*beständig*
92	Säurekitte mit Wasserglas	Gas	*beständig:* 921, 922
93	Säurekitte mit Kunstharz	Gas	*beständig:* 931, 932, 933, 934
95	Säurekitte mit Asbest und Phenolharz	Gas	*beständig*
96	Phenolzemente	Gas	*beständig 60°*
97	Schwefelzemente	Gas	*beständig 100°*
98	Furanzemente	Gas	*beständig 50°*

Wasserstoffperoxyd. H_2O_2

W. V. Nr.	Werkstoff	Zusammensetzung des angreifenden Stoffes	Verhalten gegen den angreifenden Stoff
1	Kohlenstoff	10% Lg.	*beständig 100°*
		20% Lg.	*beständig 50°:* 14
		40% Lg.	*bedingt beständig 20°*
21	Glas	Lg.	*beständig*
22	Quarz	Lg.	*beständig, bei Siedetemp.*
23	Natursteine	Lg.	*beständig 25°:* 239
25	Keramische Auskleidungen	10% Lg.	*beständig 100°*
26	Steinzeug	Lg.	*beständig*
27	Porzellan	Lg.	*beständig, bei Siedetemp.*
29	Email	Lg.	*beständig, bei Siedetemp.*
31	Weichgummi	Lg.	*unbeständig*
32	Hartgummi	Lg.	*unbeständig*
36	Chloroprenpolymerisate	verd. Lg.	*unbeständig 26°*
41	Phenolharze	10% Lg.	*beständig 50°:* 411
44	Polyesterharze	10% Lg.	*beständig 40°:* 441; *bedingt beständig 70°:* 441
		30% Lg.	*beständig 20°:* 441; *bedingt beständig 40°:* 441; *unbeständig 70°:* 441
		90% Lg.	*unbeständig 20°:* 441
51	Polymere Kohlenwasserstoffe	5% Lg.	*beständig 20°:* 514; *bedingt beständig 70°:* 514
		10% Lg.	*beständig 60°:* 511
		20% Lg.	*bedingt beständig 50°:* 512
		30% Lg.	*beständig 20°:* 511, 512 (gefüllt); *bedingt beständig 20°:* 512 (ungefüllt); *40°:* 511; *unbeständig 60°:* 511
		33% Lg.	*unbeständig 20°:* 514
		90% Lg.	*beständig 20°:* 511; *unbeständig 60°:* 511

W. V. Nr.	Werkstoff	Zusammensetzung des angreifenden Stoffes	Verhalten gegen den angreifenden Stoff
52	Polymere halogenierte Kohlenwasserstoffe	20% Lg. 30% Lg.	*beständig 50°: 521, 521w, 522, 523* *beständig 25°: 521, 522, 5251;* *beständig 50°: 523;* *beständig 100°: 524*
55	Polyacryl und- Polymethacrylverbindungen	30% Lg.	*bedingt beständig: 553*
77	Bitumenhaltige und asphalthaltige Stoffe	7% Lg.	*bedingt beständig 25°;* *unbeständig 65°*
8	Holz	Lg.	*unbeständig*
91	Silikatzemente	30% Lg.	*beständig 70°*
92	Säurekitte mit Wasserglas	Lg.	*beständig: 921, 922*
93	Säurekitte mit Kunstharz	Lg.	*bedingt beständig: 934*
95	Säurekitte mit Asbest und Phenolharz	Lg.	*beständig*
96	Phenolzemente	3% Lg. 10% Lg. 30% Lg.	*beständig 20°* *bedingt beständig 20°* *unbeständig 20°*
97	Schwefelzemente	30% Lg.	*beständig 20°*
98	Furanzemente	5% Lg. 30% Lg.	*bedingt beständig 20°* *unbeständig 20°*

Wein.

51	Polymere Kohlenwasserstoffe	rot und weiß	*beständig 20°: 511, 512 (gefüllt);* *unbeständig 60°: 511;* *ungeeignet: 512 (ungefüllt)*
52	Polymere halogenierte Kohlenwasserstoffe	rot und weiß	*beständig 20°: 521*
55	Polyacryl- und Polymethacrylverbindungen	Handelsware	*beständig: 553*
8	Holz	rot und weiß	*beständig: 82 (besonders empfohlen)*

Weinessig.

51	Polymere Kohlenwasserstoffe	Handelsware	*beständig 60°: 512;* *beständig 100°: 512 (gefüllt);* *bedingt beständig 100°: 512 (ungefüllt)*
52	Polymere halogenierte Kohlenwasserstoffe	Handelsware	*beständig 50°: 521;* *unbeständig 100°: 521*
8	Holz		*beständig*

Weinsäure. HOOC · CH(OH) · CH(OH) · COOH

1	Kohlenstoff	verd.-konz. Lg.	*beständig bei Siedetemp.: 14*
21	Glas	Lg.	*beständig*
22	Quarz	verd.-ges. Lg.	*beständig, bei Siedetemp.*

W. V. Nr.	Werkstoff	Zusammensetzung des angreifenden Stoffes	Verhalten gegen den angreifenden Stoff
23	Natursteine	30% Lg.	*beständig 25°: 239*
24	Zementhaltige Baustoffe	25% Lg.	*beständig* (Verwendung zur Abdichtung von Lagerbehältern für Wein)
25	Keramische Auskleidungen	Lg.	*beständig*
26	Steinzeug	Lg.	*beständig*
27	Porzellan	Lg.	*beständig*
29	Email	Lg.	*bedingt beständig*
31	Weichgummi	10—60% Lg. 75% Lg.	*beständig 70°* *unbeständig 25°*
32	Hartgummi	10—60% Lg. 75% Lg.	*beständig 70°* *unbeständig 25°*
35	Isoprenmischpolymerisate	25—50% Lg.	*beständig 70°: 351*
41	Phenolharze	Lg.	*beständig 25°: 411* + Asbest
43	Furanharze	Lg.	*beständig: 43* + Asbest
44	Polyesterharze	10—25% Lg. fest	*beständig 95°: 441* *beständig 120°: 441*
51	Polymere Kohlenwasserstoffe	25% Lg. kalt ges. Lg. fest	*beständig 60°: 511;* *beständig 70°: 514* *beständig 60°: 512* *beständig 70°: 514*
52	Polymere halogenierte Kohlenwasserstoffe	bis 10% Lg. kalt ges. Lg.	*beständig 40°: 521, 523;* *bedingt beständig 60°: 521* *beständig 60°: 521;* *beständig 25°: 523*
55	Polyacryl- und Polymethacrylverbindungen	bis 20% Lg.	*beständig: 552, 553*
77	Bitumenhaltige und asphalthaltige Stoffe	25% Lg. fest	*beständig 65°* *beständig 25°*
8	Holz	Lg.	*beständig*
91	Silikatzemente	25% Lg. 100%	*beständig 110°* *beständig 260°*
92	Säurekitte mit Wasserglas	Lg.	*beständig: 922*
93	Säurekitte mit Kunstharz	Lg.	*beständig: 931, 932, 933, 934*
95	Säurekitte mit Asbest und Phenolharz	Lg.	*beständig*
96	Phenolzemente	20% Lg. fest	*beständig 100°* *beständig 120°*
97	Schwefelzemente	25% Lg. fest	*beständig 80°* *beständig 80°*
98	Furanzemente	15% Lg. fest	*beständig 100°* *beständig 120°*

Wismutverbindungen.

W. V. Nr.	Werkstoff	Zusammensetzung des angreifenden Stoffes	Verhalten gegen den angreifenden Stoff
1	Kohlenstoff	$BiCl_3$, 20% Lg. $Bi_2(CO_3)_3$, fest	*beständig 25°: 14* *beständig 25°: 14*
21	Glas	$BiCl_3$, 20% Lg. $Bi_2(CO_3)_3$, fest $Bi_2(SO_4)_3$-Lg.	*beständig 25°* *beständig 75°* *beständig 75°*

W. V. Nr.	Werkstoff	Zusammensetzung des angreifenden Stoffes	Verhalten gegen den angreifenden Stoff
23	Natursteine	$Bi_2(CO_3)_3$, fest	*beständig 25°: 239*
31	Weichgummi	$Bi_2(CO_3)_3$, 10% Lg.	*beständig 70°*
32	Hartgummi Polymere Kohlenwasserstoffe	$Bi_2(CO_3)_3$, 10% Lg.	*beständig 70°*
52	Polymere halogenierte Kohlenwasserstoffe	$Bi_2(CO_3)_3$, fest	*beständig 25°: 523*
91	Silikatzemente	$Bi_2(CO_3)_3$, fest	*beständig 95°*
97	Phenolzemente	$Bi_2(CO_3)_3$, fest	*beständig 95°*
98	Schwefelzemente	$Bi_2(CO_3)_3$, fest	*beständig 95°*

Wollfett.

1	Kohlenstoff	Handelsware	*beständig*
21	Glas	Handelsware	*beständig*
22	Quarz	Handelsware	*beständig*
24	Zementhaltige Baustoffe	säurefrei	*beständig*
25	Keramische Auskleidungen	Handelsware	*beständig*
26	Steinzeug	Handelsware	*beständig*
27	Porzellan	Handelsware	*beständig*
29	Email	Handelsware	*beständig*
51	Polymere Kohlenwasserstoffe	Handelsware	*unbeständig: 512 (gefüllt und ungefüllt)*
52	Polymere halogenierte Kohlenwasserstoffe	Handelsware	*beständig: 521*
8	Holz	Handelsware	*beständig*

Xylol. $C_6H_4(CH_3)_2$. *SP (o, m, p) 138—144°*

36	Chloroprenpolymerisate	Handelsware	*unbeständig*
43	Furanharze	Handelsware	*beständig 20°*
51	Polymere Kohlenwasserstoffe	Handelsware	*bedingt beständig 20°: 511; unbeständig 60°: 511*
52	Polymere halogenierte Kohlenwasserstoffe	Handelsware	*beständig bei Siedetemp.: 524; unbeständig 20°: 522, 5251*
54	Polyvinylester und Derivate	Handelsware	*unbeständig: 541*
55	Polyacryl- und Polymethacrylverbindungen	Handelsware	*unbeständig: 553*

Zinkcarbonat. $ZnCO_3$

1	Kohlenstoff	fest und Aufschlämmung in H_2O	*beständig*
21	Glas	fest und Aufschlämmung in H_2O	*beständig*
22	Quarz	fest und Aufschlämmung in H_2O	*beständig*
23	Natursteine	fest und trocken	*unbeständig beim Glühen*
24	Zementhaltige Baustoffe	fest und Aufschlämmung in H_2O	*beständig*

W. V. Nr.	Werkstoff	Zusammensetzung des angreifenden Stoffes	Verhalten gegen den angreifenden Stoff
25	Keramische Auskleidungen	fest und Auf- schlämmung in H_2O	*beständig*
26	Steinzeug	fest und Auf- schlämmung in H_2O	*beständig*
27	Porzellan	fest und Auf- schlämmung in H_2O	*beständig*
29	Email	fest und Auf- schlämmung in H_2O	*beständig*
31	Weichgummi	fest und Auf- schlämmung in H_2O	*beständig*
32	Hartgummi	fest und Auf- schlämmung in H_2O	*beständig*
33	Butadien- polymerisate	fest und Auf- schlämmung in H_2O	*beständig*
41	Phenolharze	Lg.	*beständig:* **411** + Asbest
43	Furanharze	Lg. fest	*beständig:* **431** + Asbest *beständig:* **431**
51	Polymere Kohlen- wasserstoffe	fest und Auf- schlämmung in H_2O	*beständig:* **512**
52	Polymere halo- genierte Kohlen- wasserstoffe	fest und Auf- schlämmung in H_2O verd.-konz. Lg.	*beständig:* **521** *beständig 40°:* **522**
8	Holz	fest und Auf- schlämmung in H_2O	*beständig*
95	Säurekitte mit Asbest und Phenolharz	fest und Auf- schlämmung in H_2O	*beständig*

Zinkchlorid. $ZnCl_2$

W. V. Nr.	Werkstoff	Zusammensetzung des angreifenden Stoffes	Verhalten gegen den angreifenden Stoff
1	Kohlenstoff	verd.-konz. Lg.	*beständig bei Siedetemp.:* **14**
21	Glas	verd.-konz. Lg.	*beständig*
22	Quarz	Lg. 95—98% Lg.	*beständig* *bedingt beständig 350°* (Abtragung 10,4 g/m²/Tag)
23	Natursteine	Lg.	*beständig 25°:* **239**
25	Keramische Auskleidungen	Lg.	*beständig*
26	Steinzeug	Lg.	*beständig*
27	Porzellan	konz. Lg.	*beständig bei höherer Temp.*
29	Email	Lg. geschmolzen	*beständig* *unbeständig*
31	Weichgummi	bis 50% Lg.	*beständig*
32	Hartgummi	bis 50% Lg.	*beständig*
33	Butadien- polymerisate	bis 50% Lg.	*beständig*
35	Isoprenmisch- polymerisate	25—75% Lg.	*beständig 100°:* **351**
36	Chloropren- polymerisate	10% Lg.	*beständig 65°*
41	Phenolharze	Lg.	*beständig:* **411** + Asbest
43	Furanharze	Lg.	*beständig bei Siedetemp.* *beständig:* **43** + Asbest
44	Polyesterharze	10—25% Lg. fest	*beständig 100°:* **441** *beständig 100°:* **441**

W. V. Nr.	Werkstoff	Zusammensetzung des angreifenden Stoffes	Verhalten gegen den angreifenden Stoff
51	Polymere Kohlenwasserstoffe	25% Lg.	*beständig 60°: 511 beständig 70°: 514;*
		kalt ges. Lg.	*beständig 60°: 512; beständig 100°: 512* (gefüllt); *bedingt beständig 80°: 512* (ungefüllt)
		fest	*beständig 70°: 511, 514*
52	Polymere halogenierte Kohlenwasserstoffe	verd. Lg.	*beständig 40°: 521, 522, 523; bedingt beständig 60°: 521*
		kalt ges. Lg.	*beständig 40°: 522, 523; beständig 60°: 521; unbeständig 80°: 521*
77	Bitumenhaltige und asphalthaltige Stoffe	25% Lg.	*beständig 65°*
		fest	*beständig 65°*
8	Holz	Lg.	*beständig* (Holzkonservierung)
91	Silikatzemente	25% Lg.	*beständig 120°*
		fest	*beständig 520°*
92	Säurekitte mit Wasserglas	Lg.	*beständig: 921*
93	Säurekitte mit Kunstharz	Lg.	*beständig: 931, 932, 933, 934*
96	Phenolzemente	25% Lg.	*beständig 100°*
		fest	*beständig 120°*
97	Schwefelzemente	Lg.	*beständig 80°*
		fest	*beständig 80°*
98	Furanzemente	25% Lg.	*beständig 100°*
		fest	*beständig 120°*

Zinksulfat. $ZnSO_4$

W. V. Nr.	Werkstoff	Zusammensetzung des angreifenden Stoffes	Verhalten gegen den angreifenden Stoff
1	Kohlenstoff	verd.-konz. Lg.	*beständig bei Siedetemp.: 14*
21	Glas	verd.-konz. Lg.	*beständig*
22	Quarz	Lg.	*beständig*
		$ZnSO_4$ geglüht	*beständig 400—600°*
23	Natursteine	10—30% Lg.	*beständig 25°: 239*
24	Zementhaltige Baustoffe	Lg.	*unbeständig*
25	Keramische Auskleidungen	Lg.	*beständig*
26	Steinzeug	Lg.	*beständig*
27	Porzellan	Lg.	*beständig*
29	Email	Lg.	*beständig*
31	Weichgummi	10—20% Lg.	*beständig 75°*
32	Hartgummi	10—20% Lg.	*beständig 75°*
33	Butadienpolymerisate	Lg.	*beständig*
35	Isoprenmischpolymerisate	25—50% Lg.	*beständig 100°: 351*
41	Phenolharze	Lg.	*beständig: 411* + Asbest
43	Furanharze	Lg.	*beständig bei Siedetemp.* *beständig: 43* + Asbest
44	Polyesterharze	10—25% Lg.	*beständig 100°: 441*
		fest	*beständig 120°: 441*

W. V. Nr.	Werkstoff	Zusammensetzung des angreifenden Stoffes	Verhalten gegen den angreifenden Stoff
51	Polymere Kohlenwasserstoffe	25% Lg. / kalt ges. Lg. / fest	*beständig 70°: 514* / *beständig 60°: 511* / *beständig 100°: 512;* / *beständig 60°: 511;* / *beständig 70°: 514*
52	Polymere halogenierte Kohlenwasserstoffe	verd. Lg. / kalt ges. Lg.	*beständig 40°: 521, 522, 523;* / *bedingt beständig 60°: 521* / *beständig 40°: 522;* / *beständig 60°: 521;* / *unbeständig 100°: 521*
77	Bitumenhaltige und asphalthaltige Stoffe	25% Lg. / fest	*beständig 65°* / *beständig 65°*
8	Holz	verd. Lg.	*beständig 25°*
91	Silikatzemente	25% Lg. / fest	*beständig 120°* / *beständig 520°*
95	Säurekitte mit Asbest und Phenolharz	Lg.	*beständig*
96	Phenolzemente	25% Lg. / fest	*beständig 100°* / *beständig 120°*
97	Schwefelzemente	25% Lg. / fest	*beständig 80°* / *beständig 80°*
98	Furanzemente	25% Lg. / fest	*beständig 100°* / *beständig 120°*

Zinknitrat. $Zn(NO_3)_2$

W. V. Nr.	Werkstoff	Zusammensetzung des angreifenden Stoffes	Verhalten gegen den angreifenden Stoff
41	Phenolharze	Lg.	*beständig 20°: 411 + Asbest*
43	Furanharze	Lg.	*beständig bei Siedetemp.:* / *43 + Asbest*

Zinnammoniumchlorid (Pinksalz). $(NH_4)_2[SnCl_6]$

W. V. Nr.	Werkstoff	Zusammensetzung des angreifenden Stoffes	Verhalten gegen den angreifenden Stoff
1	Kohlenstoff	Lg.	*beständig*
21	Glas	Lg.	*beständig*
22	Quarz	Lg.	*beständig*
23	Natursteine	Lg.	*beständig*
24	Zementhaltige Baustoffe	Lg.	*unbeständig*
25	Keramische Auskleidungen	Lg.	*beständig*
26	Steinzeug	Lg.	*beständig*
27	Porzellan	Lg.	*beständig*
29	Email	Lg.	*beständig*
31	Weichgummi	10% Lg.	*beständig 50°*
32	Hartgummi	10% Lg.	*beständig 50°*
33	Butadienpolymerisate	Lg.	*beständig*
41	Phenolharze	10% Lg.	*beständig 50°: 411*
43	Furanharze	Lg.	*beständig: 431*
51	Polymere Kohlenwasserstoffe	Lg.	*beständig: 512 (gefüllt und ungefüllt)*
52	Polymere halogenierte Kohlenwasserstoffe	Lg. / verd.-konz. Lg.	*beständig: 521* / *beständig 40°: 522*

W. V. Nr.	Werkstoff	Zusammensetzung des angreifenden Stoffes	Verhalten gegen den angreifenden Stoff
95	Säurekitte mit Asbest und Phenolharz	Lg.	*beständig*

Zinn(IV)-chlorid (Zinntetrachlorid). $SnCl_4$. *SP 113°*

W. V. Nr.	Werkstoff	Zusammensetzung des angreifenden Stoffes	Verhalten gegen den angreifenden Stoff
1	Kohlenstoff	verd.-konz. Lg.	*beständig bei Siedetemp.: 14*
21	Glas	Lg.	*beständig*
22	Quarz	Lg.	*beständig* (Destillation)
23	Natursteine	10—30% Lg.	*beständig 25°: 239*
24	Zementhaltige Baustoffe	Lg.	*unbeständig*
25	Keramische Auskleidungen	Lg.	*beständig*
26	Steinzeug	Lg.	*beständig*
27	Porzellan	Lg.	*beständig*
29	Email	Lg.	*beständig*
31	Weichgummi	verd. Lg.	*beständig 70°*
		konz. Lg.	*beständig 25°*
32	Hartgummi	verd. Lg.	*beständig 70°*
		konz. Lg.	*beständig 25°*
33	Butadien-polymerisate	Lg.	*beständig*
36	Chloropren-polymerisate	10% Lg.	*bedingt beständig 65°*
41	Phenolharze	Lg.	*beständig 25°: 411* + Asbest
43	Furanharze	Lg.	*beständig bei Siedetemp.* *beständig: 43* + Asbest
44	Polyesterharze	fest	*beständig 20°: 441;* *bedingt beständig 65°: 441;* *unbeständig 95°: 441*
51	Polymere Kohlen-wasserstoffe	fest und feucht	*beständig 20°: 514;* *bedingt beständig 70°: 514*
52	Polymere halogenierte Kohlen-wasserstoffe	verd. Lg.	*beständig 25°: 523;* *beständig 40°: 521, 522;* *bedingt beständig 60°: 521*
		kalt ges. Lg.	*beständig 25°: 523;* *beständig 40°: 521, 522;* *unbeständig 80°: 521*
77	Bitumenhaltige und asphalthaltige Stoffe	Lg.	*unbeständig 25°*
91	Silikatzemente	Lg.	*beständig 120°*
92	Säurekitte mit Wasserglas	Lg.	*beständig: 921*
93	Säurekitte mit Kunstharz	Lg.	*beständig: 931, 932, 933, 934*
95	Säurekitte mit Asbest und Phenolharz	Lg.	*beständig*
96	Phenolzemente	fest	*beständig 50°*
97	Schwefelzemente	Lg.	*beständig 20°;* *bedingt beständig 80°*
98	Furanzemente	fest	*beständig 50°*

W. V. Nr.	Werkstoff	Zusammensetzung des angreifenden Stoffes	Verhalten gegen den angreifenden Stoff

Zinn(II)-chlorid (Zinnchlorür). $SnCl_2$

W. V. Nr.	Werkstoff	Zusammensetzung des angreifenden Stoffes	Verhalten gegen den angreifenden Stoff
1	Kohlenstoff	verd.-konz. Lg.	*beständig 100°: 14*
21	Glas	verd.-konz. Lg.	*beständig 100°*
23	Natursteine	10—50% Lg.	*beständig 25°: 239*
26	Steinzeug	verd.-konz. Lg.	*beständig 100°*
27	Porzellan	verd.-konz. Lg.	*beständig 100°*
31	Weichgummi	10—30% Lg.	*beständig 75°*
32	Hartgummi	10—30% Lg.	*beständig 75°*
41	Phenolharze	10—40% Lg.	*beständig 50°: 411*
43	Furanharze	Lg.	
44	Polyesterharze	10% Lg. fest	*beständig 95°: 441* *beständig 120°: 441*
51	Polymere Kohlenwasserstoffe	10% Lg. kalt ges. Lg. fest	*beständig 70°: 514* *beständig 40°: 512;* *bedingt beständig 80°: 512* *beständig 60°: 511;* *beständig 70°: 514*
52	Polymere halogenierte Kohlenwasserstoffe	verd.-konz. Lg.	*beständig 40°: 522*
77	Bitumenhaltige und asphalthaltige Stoffe	12% Lg.	*beständig 25°*
91	Silikatzemente		*beständig 520°*
96	Phenolzemente	25% Lg. fest	*beständig 100°* *beständig 120°*
98	Furanzemente	10% Lg. fest	*beständig 100°* *beständig 120°*

Zitronensäure. $HO \cdot C(CH_2 \cdot COOH)_2 \cdot COOH$

W. V. Nr.	Werkstoff	Zusammensetzung des angreifenden Stoffes	Verhalten gegen den angreifenden Stoff
1	Kohlenstoff	verd.-konz. Lg.	*beständig bei Siedetemp.: 14*
21	Glas	Lg. verd.-konz. Lg.	*beständig* *beständig 20°: 218*
22	Quarz	verd.-konz. Lg.	*beständig*
23	Natursteine	verd.-konz. Lg.	*beständig 25°: 239*
24	Zementhaltige Baustoffe	verd.-konz. Lg.	*unbeständig*
25	Keramische Auskleidungen	verd.-konz. Lg.	*beständig*
26	Steinzeug	verd.-konz. Lg.	*beständig*
27	Porzellan	verd.-konz. Lg.	*beständig*
29	Email	0,5% Lg.	*beständig, bei Siedetemp.*
31	Weichgummi	verd.-konz. Lg.	*beständig 50°*
32	Hartgummi	verd.-konz. Lg.	*beständig 50°*
33	Butadienpolymerisate		
35	Isoprenmischpolymerisate	25—50% Lg.	*beständig 40°: 351*
36	Chloroprenpolymerisate	10% Lg.	*beständig 30°*
41	Phenolharze	Lg.	*beständig 50°: 411 + Asbest*
43	Furanharze	Lg. Lg.	*beständig 12° (zersetzt sich)* *beständig: 43 + Asbest*

W. V. Nr.	Werkstoff	Zusammensetzung des angreifenden Stoffes	Verhalten gegen den angreifenden Stoff
44	Polyesterharze	10% Lg. 25% Lg. fest	*beständig 100°: 441* *beständig 100°: 441* *beständig 120°: 441*
51	Polymere Kohlenwasserstoffe	Lg. 25% Lg. kalt ges. Lg. fest	*beständig 60°: 511* *beständig 70°: 514* *beständig 60°: 512* *beständig 60°: 511, 514*
52	Polymere halogenierte Kohlenwasserstoffe	10% Lg. kalt ges. Lg.	*beständig 40°: 521, 523;* *bedingt beständig 60°: 521* *beständig 50°: 523;* *beständig 60°: 521*
55	Polyacryl- und Polymethacrylverbindungen	bis 20% Lg.	*beständig: 552, 553*
77	Bitumenhaltige und asphalthaltige Stoffe	25% Lg. fest	*beständig 65°* *beständig 20°*
8	Holz	Handelsware	*beständig*
91	Silikatzemente	25% Lg. fest	*beständig 110°* *beständig 150°*
92	Säurekitte mit Wasserglas	Lg.	*beständig: 922*
93	Säurekitte mit Kunstharz	Lg.	*beständig: 931, 932, 933, 934*
95	Säurekitte mit Asbest und Phenolharz	Lg. mit 2—10% SO_3	*beständig* *unbeständig 60°*
96	Phenolzemente	25% Lg. fest	*beständig 100°* *beständig 130°*
97	Schwefelzemente	Lg. fest	*beständig 80°* *beständig 80°*
98	Furanzemente	25% Lg. fest	*beständig 100°* *beständig 120°*

Zucker. $C_{12}H_{22}O_{11}$

W. V. Nr.	Werkstoff	Zusammensetzung des angreifenden Stoffes	Verhalten gegen den angreifenden Stoff
1	Kohlenstoff	Lg. und Säfte	*beständig*
21	Glas	Lg. und Säfte	*beständig*
22	Quarz	Lg. und Säfte	*beständig*
23	Natursteine	Lg. und Säfte	*beständig*
24	Zementhaltige Baustoffe	Lg. Säfte	*bedingt beständig (wenn Beton einwandfrei gehärtet ist, sonst wird Abbinden verhindert, Schutz durch Glas- oder keramische Platten, bzw. Überzüge aus Wasserglas, Silicofluoriden, Bitumen, Asphalt empfohlen)* *unbeständig*
25	Keramische Auskleidungen	Lg. und Säfte	*beständig*
26	Steinzeug	Lg. und Säfte	*beständig*
27	Porzellan	Lg. und Säfte	*beständig*
29	Email	Lg. und Säfte	*beständig*
31	Weichgummi	Lg. und Säfte	*beständig*
32	Hartgummi	Lg. und Säfte	*beständig*

W. V. Nr.	Werkstoff	Zusammensetzung des angreifenden Stoffes	Verhalten gegen den angreifenden Stoff
33	Butadien-polymerisate	Lg. und Säfte	*beständig*
51	Polymere Kohlen-wasserstoffe	verd.-konz. Lg.	*beständig 70°: 512* (gefüllt und ungefüllt)
52	Polymere halo-genierte Kohlen-wasserstoffe	verd.-konz. Lg.	*beständig 60°: 521*
8	Holz	konz. Lg.	*beständig*
95	Säurekitte mit Asbest und Phenolharz	konz. Lg.	*beständig*